U0312273

辽宁省职业教育石油化工虚拟仿真
实训基地系列软件教学指导书

甲苯歧化生产仿真软件
教学指导书

- 孙志岩　齐向阳　编
- 李晓东　主　审

JIABENQIHUA SHENGCHAN FANGZHEN RUANJIAN
JIAOXUE ZHIDAOSHU

化学工业出版社
·北京·

《甲苯歧化生产仿真软件教学指导书》为石油化工虚拟仿真实训基地的甲苯歧化生产仿真软件教学指导书，内容包括甲苯歧化仿真软件操作指导和甲苯歧化装置工艺规程两部分，主要介绍仿真教学软件操作方法，甲苯歧化装置开车、停车、事故处理等仿真操作。

《甲苯歧化生产仿真软件教学指导书》可作为职业院校化工类专业以及相关专业仿真教学教材，也可供从事甲苯歧化生产的企业人员、技术人员培训使用及参考。

图书在版编目（CIP）数据

甲苯歧化生产仿真软件教学指导书 / 孙志岩，齐向阳编. —北京：化学工业出版社，2018.1
辽宁省职业教育石油化工虚拟仿真实训基地系列软件教学指导书
ISBN 978-7-122-31075-0

Ⅰ.①甲… Ⅱ.①孙… ②齐… Ⅲ.①甲苯-化工设备-计算机仿真-职业教育-教学参考资料 Ⅳ.①TQ241.1-39

中国版本图书馆 CIP 数据核字（2017）第 295611 号

责任编辑：张双进 　　　　　　　　　　　文字编辑：孙凤英
责任校对：边　涛 　　　　　　　　　　　装帧设计：刘丽华

出版发行：化学工业出版社（北京市东城区青年湖南街 13 号　邮政编码 100011）
印　　装：北京京华虎彩印刷有限公司
787mm×1092mm　1/16　印张 19¾　字数 437 千字　2018 年 3 月北京第 1 版第 1 次印刷

购书咨询：010-64518888（传真：010-64519686）　售后服务：010-64518899
网　　址：http://www.cip.com.cn
凡购买本书，如有缺损质量问题，本社销售中心负责调换。

定　　价：48.00 元 　　　　　　　　　　　　　　　　版权所有　违者必究

在辽宁省教育厅、财政厅专项资金支持建设的第二期职业教育数字化教学资源建设项目中，石油化工虚拟仿真实训基地是其中的项目之一，由辽宁石化职业技术学院作为牵头建设单位，联合本溪市化学工业学校、沈阳市化工学校、相关企业共同建设。

辽宁石化职业技术学院具体承担汽柴油加氢、苯乙烯、甲苯歧化、尿素、甲基叔丁基醚以及动力车间的仿真软件开发。其特点是对接企业、岗位新技术、新规范、新标准、新设备、新工艺，以突出教学、训练特征的理想的现场教学环境为目标，建设高仿真、高交互、智能化、实现 3D 漫游，具有单人独立操作、多人独立操作、联合操作及对关键设施设备实施拆装、解体、检测、维护功能的积式结构、网络传输的大型计算机虚拟仿真实训软件。解决"看不见、进不去、摸不着、难再现、小概率、高污染、高风险、周期长、成本高"等现场实训教学难以解决的教学问题。

辽宁石化职业技术学院是国家骨干高职院校建设项目优秀学校，凭借校企合作体制机制的优势，与生产一线的工程技术人员组成研发团队，共同承担石油化工虚拟仿真实训基地建设工作，实现了石油化工装置 DCS 仿真操作 2D 与 3D 实时进行信息及数据的传输与转换，实现了班组团队协同操作训练，实现了按照实践教学体系认识实习、生产实习、顶岗实习分级训练。在 2013 年天津举办的全国职业院校学生技能作品展洽会信息化专项展中，苯乙烯项目展示得到相关领导的驻台观看和肯定，虚拟仿真实训软件开发的资金绩效得到财政厅的肯定。由于在信息化方面的积极探索与创新，该校教师多次在省内和全国职业院校教师信息化教学大赛中摘金夺银。

本次出版的与石油化工虚拟仿真实训基地配套的系列指导书，是一次尝试。表现形式上更直观和多样性，图文并茂；在内容安排上，反映石油化工生产过程的实际问题，突出应用训练，理论的阐述以满足学生理解掌握操作技能为目的，并渗透职业素质的培养，实现教学做一体，提高了学生参与度和主动学习的意识，利于学生职业素质和能力培养，教学过程的有效性得以提升。为优质教育资源共享、推广和应用提供了详尽而准确的帮助，对提升教育教学质量和教师信息技术能力，探索学习方式方法和教育教学模式起到积极促进作用。

该系列指导书与石油化工虚拟仿真实训基地软件开发同步出版，体现了职业教育的教学规律和特点。不但具有很好的可教性和可学性，而且加强了数字资源建设理论研究，丰富了辽宁省职业教育数字化教学资源第二期建设成果，对辽宁省职业教育数字化教学资源建设项目验收和应用推广起到引领示范作用。

辽宁省职业教育信息化教学指导委员会委员

为了进一步深化高职教育教学改革，加强专业与实训基地建设，推动优质教学资源共建共享，提高人才培养质量，辽宁省教育厅辽宁省财政厅于2010年启动了辽宁省职业教育数字化教学资源第二期建设项目。

辽宁石化职业技术学院是"国家示范性高等职业院校建设计划"骨干高职院校建设项目优秀学校，辽宁省首家采用校企合作办学体制的高职学院，2014年牵头组建辽宁石油化工职业教育集团。近年来大力加强教育信息化建设，打造数字化精品校园，取得了令人瞩目的成绩。作为牵头建设单位，联合本溪市化学工业学校、沈阳市化工学校，共同完成了辽宁省职业教育石油化工数字教学资源建设二期项目。重点建设以实习实训教学为主体的、功能完整、实现虚拟环境下的职业或岗位系列活动的虚拟仿真实训基地。解决"看不见、进不去、摸不着、难再现、小概率、高污染、高风险、周期长、成本高"等现场实训教学难以解决的教学问题。

为高质量完成石油化工虚拟仿真实训基地建设任务，辽宁石化职业技术学院组成了以辽宁省职业教育教学名师、辽宁省职业教育信息化教学指导委员会委员李晓东为组长的项目建设领导小组，负责整个项目建设的组织管理工作。并由全国职业院校信息化教学大赛一等奖获得者、辽宁省职业教育教学名师、辽宁省高等院校石油化工专业带头人齐向阳担任项目负责人。负责项目整体设计、制订建设实施方案和任务书、主项目与子项目间的统筹、研发团队建设与管理。参加建设的专业教师都有丰富的教学经验，并在辽宁省职业院校信息化教学设计比赛和课堂教学比赛中获得过优异成绩。

辽宁石化职业技术学院在本次虚拟仿真实训基地建设中，具体承担汽柴油加氢、苯乙烯、甲苯歧化、尿素、甲基叔丁基醚以及动力车间的仿真软件开发，其特点是选用具有代表性的石化生产工艺路线，以突出教学、训练特征的理想的现场教学环境为目标，重点建设高仿真、高交互、智能化、可以实现3D漫游，具有单人独立操作、多人独立操作、联合操作及对关键设施设备实施拆装、解体、检测、维护功能的积式结构、网络传输的大型计算机虚拟仿真实训软件。

本次出版的与虚拟仿真实训基地配套的甲苯歧化仿真实训指导书，第一部分、第二部分的第 1～4 章由孙志岩编写，第二部分的第 5～10 章由齐向阳编写。全书由孙志岩统稿，李晓东任主审。

由于水平有限，难免存在不妥之处，敬请读者批评指正。

编　者
2017 年 6 月

目 录

第二部分　甲苯歧化装置工艺规程

绪论

　　本套软件通过三维模拟方式，以真实存在的甲苯歧化生产工厂为蓝本，构建一个网络化、三维互动式的虚拟甲苯歧化生产环境平台，基于 virtools 三维虚拟现实技术平台构建，在计算机屏幕上，逼真再现了真实的甲苯歧化生产的操作场景与生产装置，把场景和工艺流程等通过虚拟现实技术逼真地呈现出来。精准地再现了甲苯歧化工艺生产厂中的反应系统、汽提系统、分馏系统等各工序中的重点生产设备，如反应器、加热炉、精馏塔等，该虚拟仿真实训系统平台能将真实的生产场景虚拟可视化，逼真的三维场景，可以清楚地查看场景中的每一个角落、每一台设备和每一处细微结构。同时，系统运用虚拟外设与场景中的设备进行人机互动，进行场景漫游、设备查看、设备操作、结构学习等交互操作。同时具备沉浸感、交互性、真实感等特征，能够在虚拟环境中实现相关项目的实训教学目的。

　　实时模拟真实生产过程与现象，仿真模拟了化工生产的全部操作过程及各个车间的技术操作；通过模块和程序实现三维动态全景漫游与动态实时交互设计，拥有熟悉单元设备与生产装置、了解生产工艺流程与参数、虚拟生产过程反馈跟踪考核等多项实训功能。实训操作界面简明清晰、易于操作。虚拟生产过程的数据实时反馈，现象模拟逼真，并可用来自动评价虚拟实训效果，便于学生自主学习生产过程，大大提高了学生的实地动手能力，构成学生与真实环境对接的桥梁，是一款实用的三维情景交互式虚拟仿真化工生产实训软件。

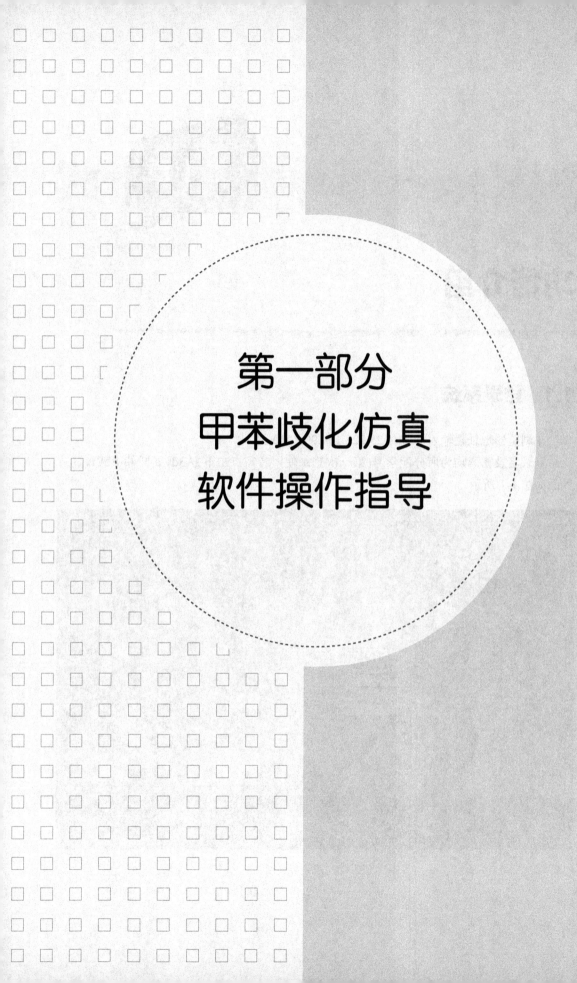

第一部分
甲苯歧化仿真
软件操作指导

第1章

功能介绍

1.1 登录系统

在浏览器地址栏输入 http://125.222.104.90:8010/。

登录名及密码均为所分配学号(第一次登录使用者需点击下方 3dvia 插件下载)。登录界面如图 1-1 所示。

图 1-1 登录界面图

1.2　进入课程

登录后（图 1-2），点击左侧我的课程，进入所选课程（图 1-3），点击资源选项，选择仿真实训项目（图 1-4）。

本仿真课程设置灵活，既可按照顺序练习，又可选择特定项目练习。

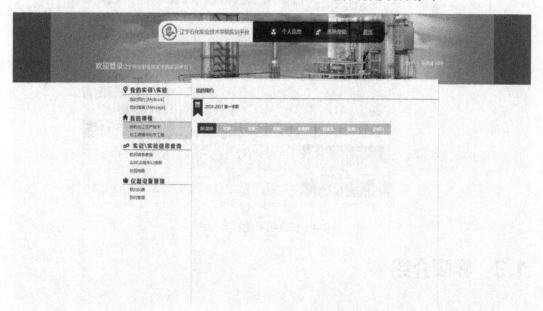

图 1-2　个人信息界面图

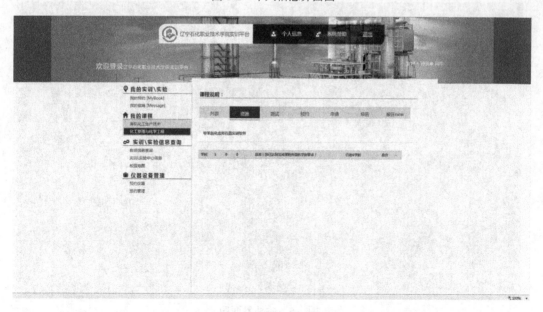

图 1-3　课程选择界面图

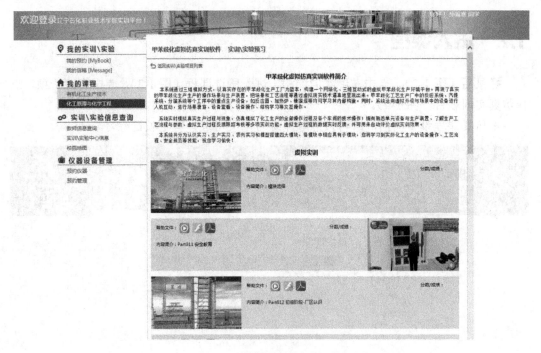

图 1-4　仿真项目选择界面图

1.3　界面介绍

进入软件后首先要熟悉界面（图 1-5）。

图 1-5　软件界面图

1.3.1 人物属性栏

人物属性栏界面如图 1-6 所示。

图 1-6 人物属性栏界面图

◇ 图像区域：显示学生自行设定的头像。
◇ 信息区域：显示学生姓名及学号。
◇ 时间区域：显示当前系统时间，橙色进度条代表当前剩余实训时间。
◇ Level 区域：显示学生当前的等级，操作累积经验值/升级所需要的经验值。

学生等级分为三个等级，分别为初级工程师、中级工程师、高级工程师，系统中以 LV(0～4)表示。

蓝色进度条代表当前总经验值。

当完成任务后，任务属性栏上方会出现经验增加的提示信息。

1.3.2 操作信息栏

操作信息栏界面如图 1-7 所示。

图 1-7 操作信息栏界面图

◇ 蓝色隐藏按钮：点击左侧蓝色按钮可将步骤说明区隐藏。
◇ 步骤提示区：显示当前操作步骤。点击右侧切换按钮可以查看所有已完成及未完成的步骤。已完成的操作步骤将加上"√"作为标识。
◇ 步骤说明区：对当前操作步骤进行详细说明。该区域可通过点击右下角红色箭头切换按钮切换至设备详情查看功能。切换后将显示设备代表图标及设备详细信息。

1.3.3 设备查看按钮

点击设备查看按钮（图 1-8）将出现设备类别选择的一、二级菜单，选择对应的设备类别及名称后可在步骤说明区查看该设备的详细介绍。同时切换至大场景镜头后，被选择的设备将会进行高光显示。

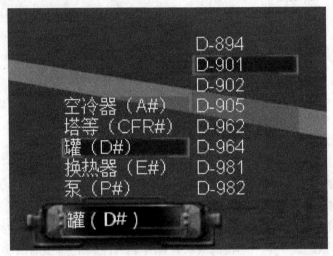

图1-8　设备查看按钮界面图

1.3.4　系统栏

系统栏界面和快速切换界面分别如图1-9和图1-10所示。

图1-9　系统栏界面图

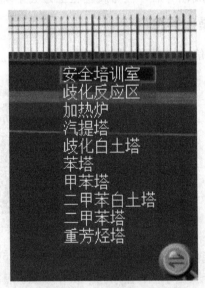

图1-10　快速切换界面图

◇ 快速切换按钮：点击橙色按钮将弹出不同区域的列表，选择其中一项后人物会快速转到相应的位置区域。

◇ 全景视角按钮：点击蓝色按钮，将切换至甲苯歧化全景镜头，使用键盘按键可360°观察甲苯歧化生产设备全景。使用键盘上的"WASD"键可以上下左右移动摄像机，

使用键盘 "QE" 键可以实现摄像机的视角放大及缩小。再次点击后切换回人物视角。

✧ 地图按钮：点击地图按钮将弹出大地图，地图范围为生产厂区，不包括安全培训室部分。绿色标识代表人物当前位置及人物朝向，红色标识代表任务点，黄色标识代表设备查看按钮中选中的设备；按键盘 "M" 键可动态调用地图。再次点击或按 "M" 键关闭地图。该地图按钮的方向将随着人物移动进行转动。仿真工厂地图如图 1-11 所示。

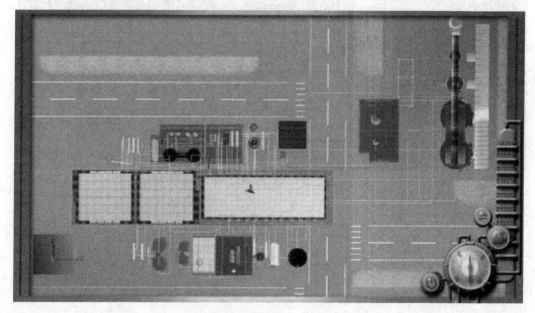

图 1-11　仿真工厂地图

✧ 退出按钮：点击红色退出键退出系统。

1.4　操作简介

本系统人物方式分为键盘控制及鼠标控制两种方式。

✧ 键盘控制：通过键盘控制人物操作，操作的按键如下。

向前——方向键上，向后——方向键下；

向左——方向键左，向右——方向键右；

视角向左——A，视角向右——D；

视角向上——W，视角向下——S；

视角缩小——E，视角放大——Q。

✧ 鼠标控制：鼠标点击人物想要移动的位置，出现黄色提示圈后人物将自动移动。控制视角的键盘按键依然有效。

鼠标控制人物如图 1-12 所示。

图 1-12　鼠标控制人物

甲苯歧化工艺介绍

中国甲苯歧化工业起步于 20 世纪 70 年代，1973 年上海石油化工总厂引进了第一套 4.5t/a 甲苯歧化和烷基转移装置，之后又陆续引进了 10 套歧化装置。甲苯歧化工艺路线主要有三条，第一条为 ARCO 开发的 Xylene-Plus 路线，采用的企业有中油辽化化工一厂；第二条为 UOP 开发的 Tatoray 路线，采用的企业有中石化天津石油化工公司、中石化上海石化、中石化辽化公司聚酯一厂、中石化洛阳石化总厂等；第三条为上海石化研究院开发的 STDT 路线，采用的企业有中国石化镇海炼化公司、中国石油抚顺石化公司石油三厂等。本仿真工厂采用第二种工艺路线作为基础。

40 多年来，中国的甲苯歧化工业从无到有，从小到大，由最初的依赖国外到今天可以自给自足，得到了长足的发展。甲苯歧化得到的二甲苯是涤纶纤维生产和轮胎等工业的重要原材料，是国民生产中必不可少的战略性资源，完备的工业基础将对民族的伟大复兴起到强有力的保障作用。

2.1 认识歧化反应

在反应中，若氧化作用和还原作用发生在同一分子内部处于同一氧化态的元素上，使该元素的原子（或离子）一部分被氧化，另一部分被还原。这种自身的氧化还原反应称为歧化反应。甲苯歧化反应示意如图 2-1 所示。

图 2-1　甲苯歧化反应示意图

2.2　认识原料及产品

甲苯，无色澄清液体。有苯样气味。有强折光性。能与乙醇、乙醚、丙酮、氯仿、二硫化碳和冰醋酸混溶，极微溶于水。相对密度 0.866。凝固点–95℃。沸点 110.6℃。折射率 1.4967。闪点（闭杯）4.4℃。易燃。蒸气能与空气形成爆炸性混合物，爆炸极限 1.2%～7.0%（体积分数）。低毒，半数致死量（大鼠，经口）5000mg/kg。高浓度气体有麻醉性。有刺激性。

二甲苯，无色透明液体。有芳香烃的特殊气味。系由 45%～70%的间二甲苯、15%～25%的对二甲苯和 10%～15%的邻二甲苯三种异构体所组成的混合物。易流动。能与无水乙醇、乙醚和其他许多有机溶剂任意混合。储于低温通风处，远离火种、热源。避免与氧化剂等共储混运。禁止使用易产生火花的工具。灭火用泡沫、二氧化碳、干粉、砂土。

二甲苯广泛用于涂料、树脂、染料、油墨等行业做溶剂；用于医药、炸药、农药等行业，做合成单体或溶剂；也可作为高辛烷值汽油组分，是有机化工的重要原料。还可以用于去除车身的沥青。医院病理科主要用于组织、切片的透明和脱蜡。

2.3　甲苯歧化工艺说明

甲苯歧化工艺主要由三部分组成：反应系统、汽提系统、分馏系统。

2.3.1　反应系统工艺说明

罐区 212#、213#的甲苯、C9A 混合进入歧化原料缓冲罐 V-201→歧化进料泵 P-201升压→流量控制器 FRCA-201→与循氢压缩机 C-202 出的循氢混合→换热器 E-201（原料与产物换热）→加热炉 F-201→反应器 R-201（上进）→经过催化剂床层反应→气态产物出 R-201（下出）→换热器 E-201→空冷 E-202/A-D→后冷 E-203A/B→分离罐 V-202→富氢气相 V-202 顶部出，大部分去 C-202，部分出装置；液相底部排出→换热器 E-207（与白土塔出料换热）→换热器 E-204（与塔底物换热）→汽提塔中部第 22 块塔板。

2.3.2　汽提系统工艺说明

汽提塔 T-201→塔顶空冷器 E-205A/B（T-201 顶部烃类蒸气）→后冷器 E-206→回流罐 V-203→（气相排出或循环）液相→塔顶回流泵 P-203A/B 升压→汽提塔 T-201 的第 1层塔板。

汽提塔 T-201→塔底重沸炉泵 P-202A/B 升压（T-201 塔底液）→重沸炉 F-202→塔底。

汽提塔 T-201→E-204A/B（与进料换热）→歧化白土塔 V-204→E-207（与进料换热）→分馏塔 T-301 第 33 块塔板（共 60 块）。

2.3.3　分馏系统工艺说明

A．分馏塔（苯塔）→塔顶空冷器 E-303/1-6（塔顶油气）→回流罐 V-302→气体至放空罐，液体→P-302A/B 升压→T-301 第 1 块塔板。

分馏塔（苯塔）→塔底泵 P-304A/B 升压（塔釜液）→LIC-302/FIC-308 串级调节→甲苯塔第 34 块塔板（共 65 块）。

B．甲苯塔→空冷器 E-306/1-6（塔顶馏分）→回流罐 V-303→气相至放空罐，液相→回流泵 P-305A/B 升压→部分回流，另一部分→TDIC-303/FIC-313 串级调节→甲苯冷却器 E-307→中间罐区（212#、213#）。

甲苯塔→塔底重沸器 E-308A/B→塔底泵 P-306A/B 升压→LIC-305/FIC-315 串级调节→E-303（与 T-303 底出料换热）→二甲苯塔 T-303 第 63 块塔板（共 151 块塔板）。

C．二甲苯塔→回流罐 V-304（塔顶馏分）→回流泵 P-307A/B 升压→部分回流，另一部分→LIC-308/FIC-320 串级调节→冷却器 E-310→中间罐区（作为主产品）。

二甲苯塔→重沸炉泵 P-308A/B/C 升压后分为 4 路（塔釜液）→第一路进 F-301，加热后返回二甲苯塔；其余两路分别经邻二甲苯塔重沸器 E-313、重芳烃塔重沸器 E-317 冷却后进 F-301，返塔；第四路→E-309（与甲苯塔底液换热）→LIC-307/FIC-316 串级调节→邻二甲苯塔第 50 块塔板（共 100 块）。

D．邻二甲苯塔→空冷器 E-311（塔顶馏分）→回流罐 V-305→气相至放空罐，液相→回流泵 P-309A/B 升压→部分回流，另一部分→冷却器 E-312→TDIC-305/FIC328 串级调节→中间罐区（作为主产品）。

邻二甲苯塔→塔底泵 P-310A/B 升压→LIC-311/FIC-326 串级调节→重芳烃塔第 51 块塔板（共 100 块）。

E．重芳烃塔→E-304（塔顶馏分）→空冷器 E-315→回流罐 V-306→气相至放空罐，液相→回流泵 P-311A/B 升压→部分 LIC-314/FIC-329 串级调节回流，另一部分 TRC-306/FIC-331 串级调节→中间罐区。

重芳烃塔→塔底重沸器 E-317→塔底泵 P-312A/B 升压→冷却器 E-318→LIC-313/FIC-332 串级调节→出装置（作为副产品）。

甲苯歧化生产工艺流程如图 2-2 和图 2-3 所示。

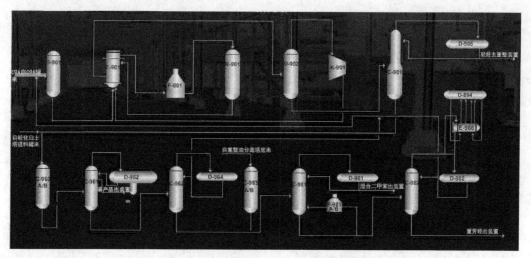

图 2-2　甲苯歧化生产工艺流程图

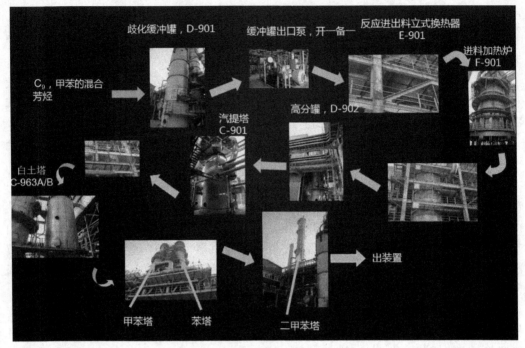

图 2-3　甲苯歧化生产流程示意图

第3章

安全教育项目

3.1 安全生产学习

安全生产学习（图 3-1～图 3-3）：控制人物找到安全员，安全员位置在安全培训室前方。安全员上方有任务提示，红色叹号代表有可以接受的任务；黄色问号代表任务已完成可以交还人物；灰色问号代表任务待完成。点击安全员与安全员进行对话，接受安全生产学习的任务。

图 3-1　安全员引领学生进行安全教育

图 3-2　待完成任务提示　　　　　　　　图 3-3　任务完成提示

3.2　进入安全室

认识安全装备（图 3-4）：点击安全培训室大门，进入安全培训室。可看到室内存放各种类型的安全生产设备。各个设备都可进行点击，点击设备后弹出对话框，点击对话框中**放大镜按钮**可以查看该设备的具体细节。

图 3-4　安全设备学习

学习设备的操作方式：按住鼠标左键滑动鼠标可旋转查看设备，滑动鼠标滑轮可进行放大缩小。

可查看的设备为安全帽、空气呼吸器、工作鞋、工作手套、工作服、高空安全带、气体检测仪、护目镜、巡检器、听诊器共 10 种。每个设备可点击反复学习，当所有的设备都学习后将出现任务完成的提示框。全部设备学习完成后找到安全员交还任务。

安全设备模型认识功能如图 3-5 所示，任务完成提示如图 3-6 所示。

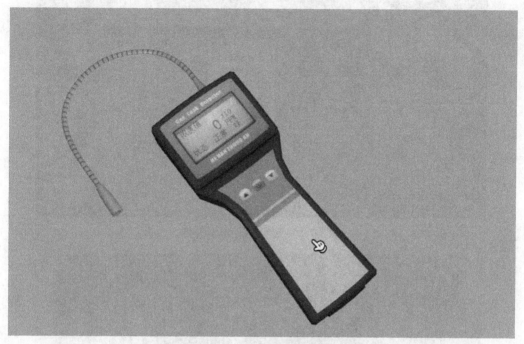

图 3-5　安全设备模型认识功能

图 3-6　任务完成提示

3.3　认识安全色标

认识安全色标：找到安全员接受认识安全图标的任务安全认识图标分为两种，一种学习不同颜色代表的含义、另一种为不同图形代表的含义。点击空格键在两种类别中进行切换。点击每个按钮会弹出相应的标识与介绍，点击窗口中右上方关闭按钮可关闭学习窗。全部类型的标识学习完毕后到安全员处交还任务。安全图标颜色认识功能如图 3-7 和图 3-8 所示。

图 3-7　安全图标颜色认识功能

图 3-8　安全图标标识认识功能

3.4　学习灭火器的结构及使用

学习灭火器（图 3-9）的结构及使用：在安全员处接受学习灭火器的任务，至安全培训室，点击干粉灭火器，出现灭火器学习界面。灭火器学习的操作方式为按住鼠标左键滑动鼠标可旋转查看设备，滑动鼠标滑轮可进行放大缩小。在人物属性栏下方出现学习设备的四个按钮：

铅笔按钮：点击可查看设备的文字介绍。

图片按钮：点击可查看设备相关图片。点击下面的红色"Prev"按钮、"Next"按钮可查看多张图片。

螺丝按钮：点击可查看设备动画（部分设备有此功能）。

关闭按钮：点击切换回普通界面。完成任务后找到培训员交还任务。

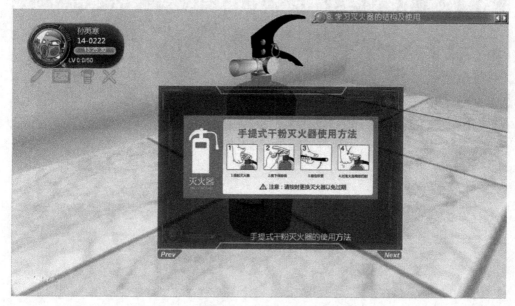

图 3-9　灭火器的学习

3.5　安全生产知识测验

当完成全部学习任务后至安全员处，接受安全生产知识测验（图 3-10）。点击安全员，弹出测验窗口，开始答题。答题正确率 80%以上为安全培训合格（图 3-11），可进入下面的学习。若未合格需重新学习，再次测验。

图 3-10　安全知识问答

图 3-11　通过测验

第4章

厂区认识项目

生产过程复杂、生产工序多、操控要求高是化工生产的主要特点，有些产品需要几十个生产工序才能完成，涉及物料的输送、化学反应及反应产物的分离等过程。化工厂设备林立，管道纵横交错，密如蛛网。因此，对厂区的大体布局有所了解对一名化学生产初学者来说十分重要。

本系统将甲苯歧化生产厂区按照工艺流程的顺序划分为9个区域，分别是歧化反应系统区、气液分离罐区、汽提塔区、歧化白土塔区、苯塔区、甲苯塔区、二甲苯白土塔区、二甲苯塔区、重芳烃塔区。每个区域介绍该区域的装置布局、装置作用，全部区域介绍完后学生可自由操作系统观察厂区模型，点选设备了解详细信息。通过本功能使学生对该厂区有整体认识，为接下来的入厂操作做好准备工作。

进入系统后，将出现人物对该模块任务进行解说，按"空格键"结束解说，系统将从歧化反应系统区开始进行介绍。文字介绍该区域包含的设备，点击"关闭"对话框后，将会从第一个设备开始进行黄色高亮显示，同时右上角步骤说明区将会显示该设备的详细信息。

一个区域学习结束后，将跳到下一区域进行学习。苯塔区介绍如图4-1所示。

图4-1　苯塔区介绍

当九个区域全部学习结束后，方可进入到厂区自由查看功能（图 4-2）。使用键盘按键可 360°观察甲苯歧化生产设备全景。使用键盘上的"WASD"键可以上下左右移动摄像机，使用键盘"QE"键可以实现摄像机的视角放大及缩小。点击左下角设备查看按钮将出现设备类别选择的一、二级菜单，选择对应的设备类别及名称后可在步骤说明区查看该设备的详细介绍。同时被选择的设备将会进行高亮显示。歧化反应系统如图 4-3 所示，设备简介如图 4-4 所示。

图 4-2　厂区自由查看功能

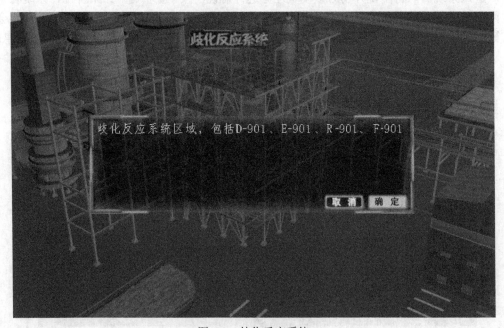

图 4-3　歧化反应系统

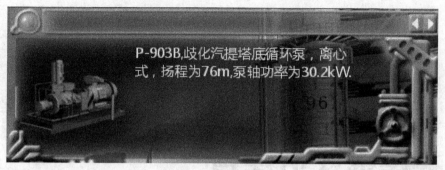

图 4-4　设备简介

第 5 章

工艺原理认识项目

5.1 认识歧化反应

进入系统后人物解说出现，按空格键跳过。在人物属性栏下方出现学习歧化反应的四个按钮。

铅笔按钮：点击可查看歧化反应的文字介绍。

图片按钮：点击可查看歧化反应相关图片（图 5-1）。点击下面的红色"Prev"按钮、"Next"按钮可查看多张图片。

螺丝按钮：点击可查看歧化反应动画（图 5-2）。

关闭按钮：点击切换回普通界面，结束认识歧化反应任务。

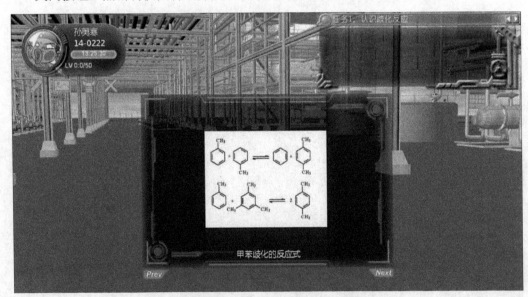

图 5-1　甲苯歧化反应式的图片说明

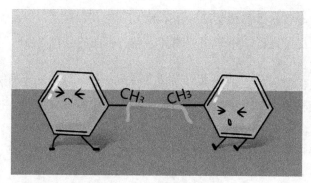

图 5-2　甲苯歧化反应动画

5.2　认识原料——甲苯

在人物属性栏下方出现学习甲苯（图 5-3）的四个按钮。

铅笔按钮：点击可查看甲苯的文字介绍。

图片按钮：点击可查看甲苯相关图片。点击下面的红色"Prev"按钮、"Next"按钮可查看多张图片。

螺丝按钮：点击可查看甲苯分子动画。甲苯分子模型的学习方式为：按住鼠标左键滑动鼠标可旋转查看分子模型，滑动鼠标滑轮可进行放大缩小。按空格键关闭动画窗口。

关闭按钮：点击切换回普通界面，结束认识原料——甲苯任务。

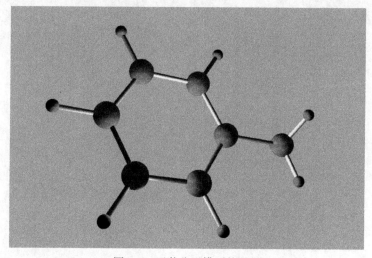

图 5-3　甲苯分子模型的展现

5.3　认识原料——二甲苯

在人物属性栏下方出现学习二甲苯的四个按钮。

　　铅笔按钮：点击可查看二甲苯的文字介绍。

　　图片按钮：点击可查看二甲苯相关图片。点击下面的红色"Prev"按钮、"Next"按钮可查看多张图片。

　　螺丝按钮：点击可查看二甲苯分子动画。二甲苯分子模型的学习方式为：按住鼠标左键滑动鼠标可旋转查看分子模型，滑动鼠标滑轮可进行放大缩小。按空格键关闭动画窗口。

　　关闭按钮：点击切换回普通界面，结束认识原料——二甲苯任务。实验结束。

第6章

设备认识项目

项目引导

6.1 认识泵 P-968B

找到班长：出现解说对话框后按空格键跳过。找到班长接受学习任务（图6-1），点击地图，红色叹号代表班长位置，找到班长后点击班长，出现对话框，点击确定接受任务。以找班长同样的方式找到泵 P-968B（图6-2），点击泵 P-968B，出现学习界面。

图6-1　找到班长接受学习任务

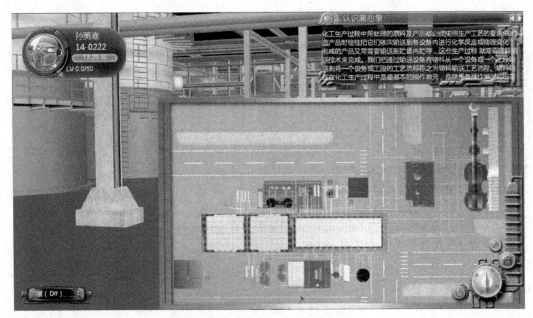

图 6-2　按地图指引找到泵 P-968B

　　学习泵 P-968B 的结构及使用：点击泵 P-968B，出现泵 P-968B 学习界面（图 6-3）。泵 P-968B 学习的操作方式为按住鼠标左键滑动鼠标可旋转查看设备，滑动鼠标滑轮可进行放大缩小。在人物属性栏下方出现学习设备的四个按钮。

图 6-3　泵 P-968B 学习界面

　　铅笔按钮：点击可查看设备的文字介绍。
　　图片按钮：点击可查看设备相关图片（图 6-4）。点击下面的红色"Prev"按钮、"Next"

按钮可查看多张图片。

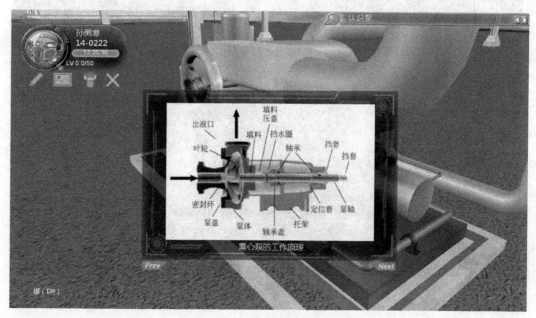

图 6-4　泵的图片介绍

螺丝按钮：点击可查看泵 P-968B 内部结构动画。泵内部结构及运转时动画如图 6-5 和图 6-6 所示。

关闭按钮：点击切换回普通界面。完成任务后找到培训员交还任务。

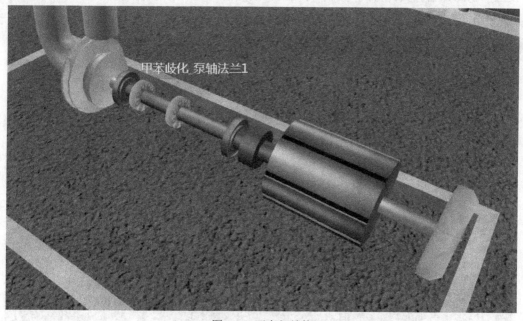

图 6-5　泵内部结构

图 6-6　泵运转时动画

6.2　认识 E-901 歧化反应产物冷却器

泵 P-968B 的学习结束后，点击班长交还任务，接受下一项任务，认识 E-901 歧化反应产物冷却器。具体方式与泵学习相同。换热器 E-901 学习界面及文字介绍分别如图 6-7 和图 6-8 所示。

图 6-7　换热器 E-901 学习界面

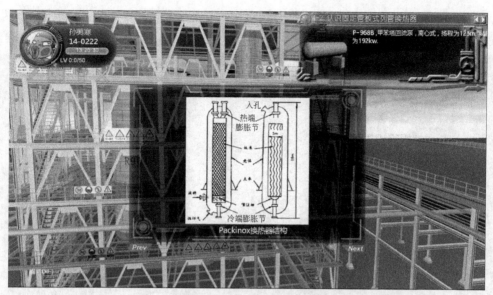

图 6-8　换热器 E-901 文字介绍

6.3　认识 E-902B 歧化反应产物冷却器

换热器 P-968B 的学习结束后，点击班长交还任务，接受下一项任务，认识 E-902B 歧化反应产物冷却器，该换热器为典型的列管式换热器。具体方式与泵学习相同。换热器的内部结构中制作了物料流向的动画。管程的液体为冷却水，绿色一端表示温度较高的一边，蓝色为温度较低的一边；壳程的液体为反应物料，绿色一端表示温度较低的一边，红色为温度较高的一边。整体换热器的换热通过液体的颜色变化体现。E-902B 的图片介绍、内部结构及物料流向分别如图 6-9～图 6-11 所示。

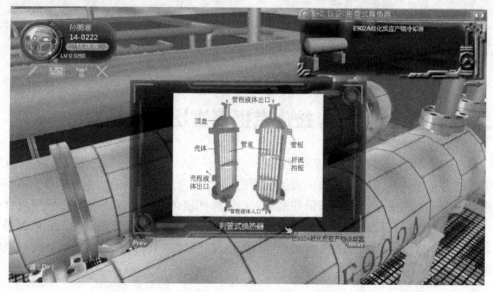

图 6-9　E-902B 图片介绍

图 6-10　E-902B 内部结构

图 6-11　E-902B 内部物料流向

6.4　认识 E-905A 歧化汽提塔进出料换热器

　　换热器 E-902B 的学习结束后，点击班长交还任务，接受下一项任务，认识 E-905A 歧化汽提塔进出料换热器，该换热器为典型的 U 形管换热器。具体方式与泵学习相同。换热器的内部结构中制作了物料流向的动画。管程的液体为冷却水，在 U 形管中进行循环，以蓝色标识；壳程的液体为反应物料，绿色一端表示温度较低的一边，红色为温度较高的一边。整体换热器的换热通过液体的颜色变化体现。E-905A 内部结构及物料流向分别如图 6-12 和图 6-13 所示。

图 6-12　E-905A 内部结构

图 6-13　E-905A 内部物料流向

6.5　认识 C-962 甲苯塔

换热器 E-902B 的学习结束后，点击班长交还任务，接受下一项任务，认识 C-962 甲苯塔，该塔为典型的浮阀式筛板塔。具体方式与泵学习相同。系统中制作了筛板塔的内部结构细节展示，当出现细节展示时有一块区域为红色标识，点击该处红色区域可查看筛板物料流向及筛板气液分离的动画，在动画中可以看到浮阀的上下移动以及气液交换过程。筛板塔图片介绍及内部结构分别如图 6-14 和图 6-15 所示。筛板塔动画如图 6-16 所示。

图 6-14　筛板塔图片介绍

图 6-15　筛板塔内部结构

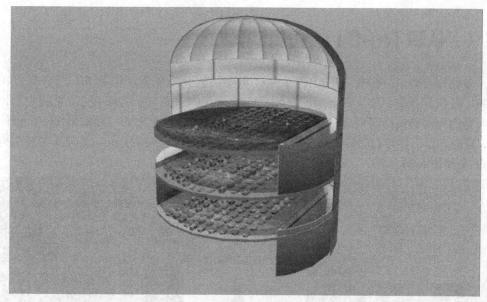

图 6-16 筛板塔动画

6.6 认识歧化白土塔 C-963B

C-962 甲苯塔的学习结束后，点击班长交还任务，接受下一项任务，认识歧化白土塔 C-963B。具体方式与泵学习相同。系统中制作了白土塔的内部结构（图 6-17）细节展示，可看到白土塔中的白土布局及上方的喷淋系统。

图 6-17 白土塔内部结构

6.7 认识 R-901 歧化反应器

歧化白土塔 C-963B 的学习结束后，点击班长交还任务，接受下一项任务，认识 R-901 歧化反应器。该反应器为固定床反应器。具体方式与泵学习相同。系统中制作了反应器的内部结构细节展示，可以看到反应器从进料管路至中间的喷淋系统、反应催化剂、瓷球、反应器出口等详细过程。反应器图片学习如图 6-18 所示，反应器内部结构如图 6-19 和图 6-20 所示。

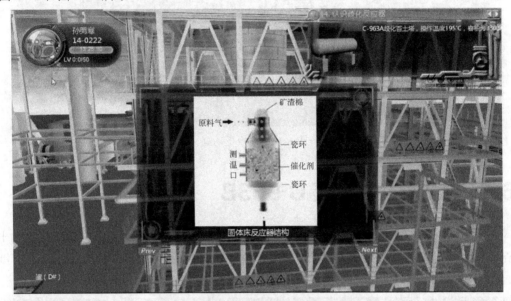

图 6-18　反应器图片学习

图 6-19　反应器内部结构（一）

图 6-20　反应器内部结构（二）

6.8　认识主要仪表

　　R-901 岐化反应器的学习结束后，点击班长交还任务，接受下一项任务，认识工厂仪表。主要学习的仪表为温度测量仪表、压力测量仪表、液位测量仪表、流量计等。具体方式与泵学习相同。仪表认识图片如图 6-21 所示，现场仪表如图 6-22 所示。

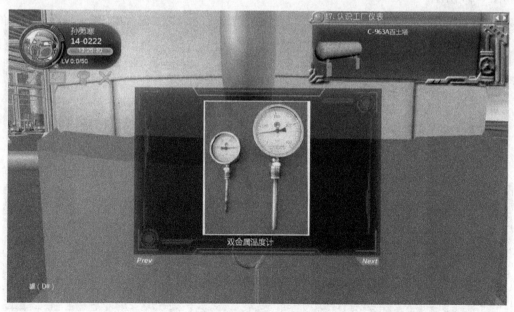

图 6-21　仪表认识图片

图 6-22　现场仪表

6.9　认识中控室

仪表的学习结束后，点击班长交还任务，接受下一项任务，认识中控室。具体方式与泵学习相同。中控室图片学习如图 6-23 所示，中控室外场景及内场景分别如图 6-24 和图 6-25 所示。

图 6-23　中控室图片学习

图 6-24 中控室外场景

图 6-25 中控室内场景

6.10 知识测验

当中控室的学习结束后，点击班长交还任务，全部设备认识操作结束。接受设备学习知识测验。点击班长，弹出测验窗口，开始答题。答题正确率 80% 以上为安全培训合格，可进入下面的学习。若未合格需重新学习，再次测验。设备学习答题如图 6-26 所示，考题示例如图 6-27 所示。

图 6-26　设备学习答题

图 6-27　考题示例

第7章

工艺认识项目

项目引导

　　进入系统后，将出现人物对该模块任务进行解说，按"空格键"结束解说，系统将打开甲苯歧化工艺流程总界面，进行工艺路线展示。歧化总貌（图 7-1）中显示了完整的甲苯歧化生产工艺。

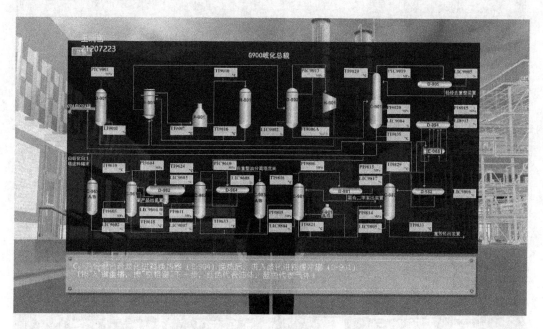

图 7-1　歧化总貌图

　　该模块按照工艺顺序由最初的 D-901 储罐开始进行展示，线行进的方向代表物料走向，线的颜色代表物料属性。由 D-901 到 E-901 为一个单位的工艺步骤，当一步工艺结束后，可以按"R"键重复播放路径，也可以直接按"空格键"进行下一步的展示。在总貌图下方的蓝色区域中会对当前的工艺过程进行详细的说明介绍。工艺流程线如图 7-2

所示，D-902—C-901 工艺流程如图 7-3 所示。

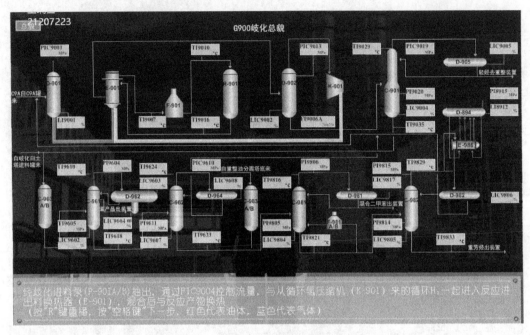

图 7-2　工艺流程线

全部工艺共有 35 个部分，当 35 个工艺部分都展示完毕后，本模块学习结束（图 7-4）。

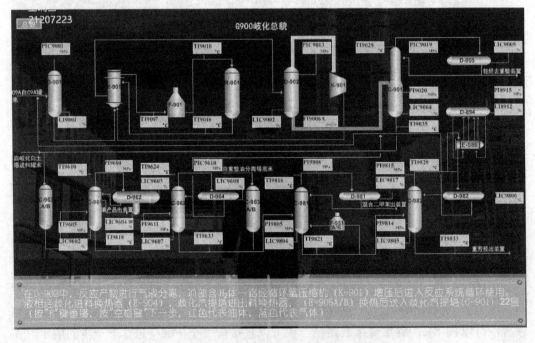

图 7-3　D-902—C-901 工艺流程

图 7-4　学习结束画面

自动巡检项目

项目引导

进入系统后，将出现人物对该模块任务进行解说（图 8-1），按"空格键"结束解说，进入自动巡检点模块。首先将会出现甲苯歧化厂区大地图（图 8-2），在地图上会按照 20 个巡检点的顺序出现 20 个红色叹号，分别代表 20 个巡检点。学生可以通过此地图对所有巡检点的布局有宏观的印象。

图 8-1　模块任务解说

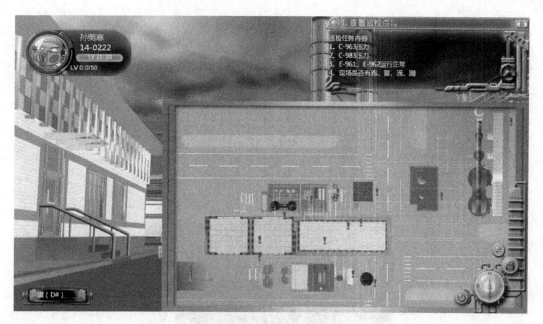

图 8-2　甲苯歧化巡检点地图分布

　　介绍结束后，进入查看巡检点 1 的学习，在右上角步骤说明区中将显示巡检点 1 中需要学习的内容。本系统中的学习为引导型学习，班长将作为引导人带领学生找到需要学习的巡检点。学生可控制人物跟随班长的指引，如果学生未按班长的指引进行行动，或者学生自行漫游厂区，班长将会原地等待，直到学生在班长的可见范围内行动，班长才会继续指引（图 8-3）。

图 8-3　巡检点跟随指引

　　当在班长的指引下来到巡检点 1 的标牌所在地后，班长将停止行动。鼠标放在巡检点 1 标牌上方，将出现"巡检点 1"的字样。鼠标点击标牌，将进入该巡检点的学习界面，在界面的右下方将出现下拉菜单，点击该菜单出现该巡检点所有的巡检内容，按顺序依次点击各项内容进行学习。巡检点标识如图 8-4 所示。

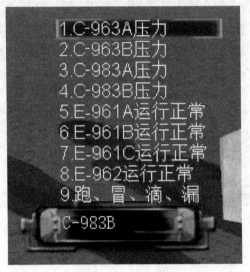

图 8-4　巡检点标识

　　例如，点击"C-963A 压力"，镜头将自动旋转对准 C-963A，同时 C-963A 将高亮闪烁提示，闪烁三次后将出现文字介绍巡检时 C-963A 需要检查的内容以及它正常的数值范围。C-963A 闪烁提示如图 8-5 所示。

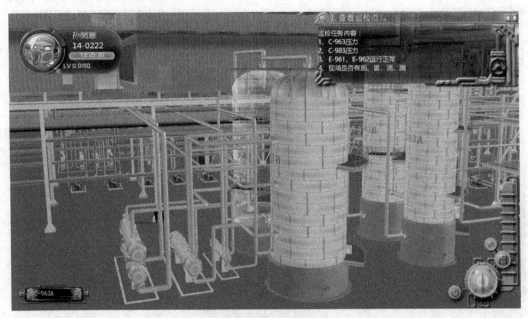

图 8-5　C-963A 闪烁提示

当巡检点1中9个内容全部都学习完毕后，该巡检点处学习结束，班长将带领学生自动前往下一个巡检点。巡检内容介绍如图8-6所示。

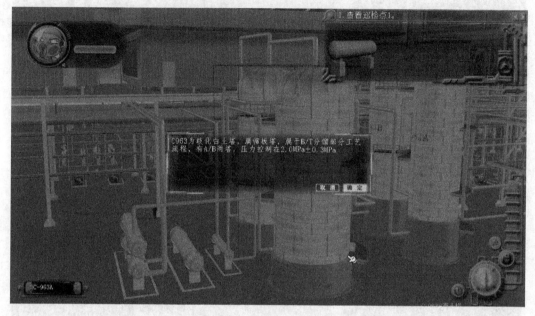

图8-6　巡检内容介绍

巡检点共 20 个，全部学习结束后，该模块学习结束。可前往下一个模块"记录巡检点"进行学习。巡检点 2 示例如图 8-7 所示，遍布厂区各处的不同巡检点如图 8-8 所示。学习结束画面如图 8-9 所示。

图8-7　巡检点2示例

图 8-8　遍布厂区各处的不同巡检点

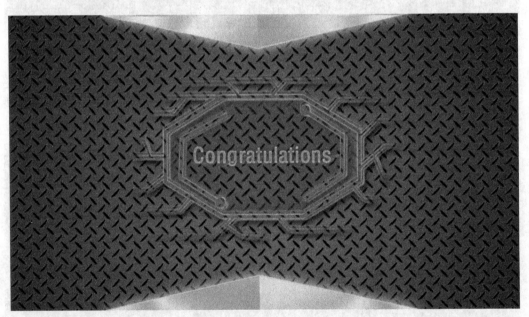

图 8-9　学习结束画面

第 9 章

记录巡检点项目

项目引导

进入系统后，将出现人物对该模块任务进行解说，按"空格键"结束解说，进入记录巡检点模块。请根据自动巡检点部分学习掌握的内容，找到巡检点 1，如果找寻过程中有困难，请打开地图配合寻找，红色叹号标识目标巡检点 1（图 9-1）。

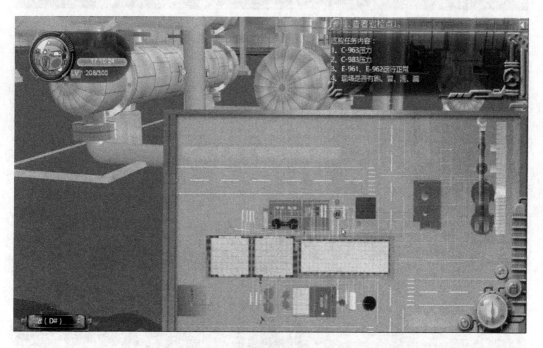

图 9-1　寻找目标巡检点

找到巡检点 1 后，进入查看巡检点 1 的学习，在右上角步骤说明区中将显示巡检点 1 中需要学习的内容。鼠标放在巡检点 1 标牌上方，将出现"巡检点 1"的字样。鼠标点击标牌，将在正下方出现该巡检点的记录界面，界面中将出现该巡检点的记录详情，虚线上方为巡检点名称及总记录数，下方为目前带记录的具体内容及记录表格。点击红色箭头可前后切换记录的具体内容（图 9-2）。

图 9-2　巡检点 1 记录内容

　　例如，"C-963A 压力"的记录，首先找到 C-963 塔底压力表，当出现"压力表"字样后，鼠标点击，将在屏幕左方出现压力表的放大显示，可通过压力表的指针进行读数。读数后将具体的数值填入下方的记录表格中。C-963A 压力表位置如图 9-3 所示，C-963A 压力表盘如图 9-4 所示，C-963A 压力表记录如图 9-5 所示。

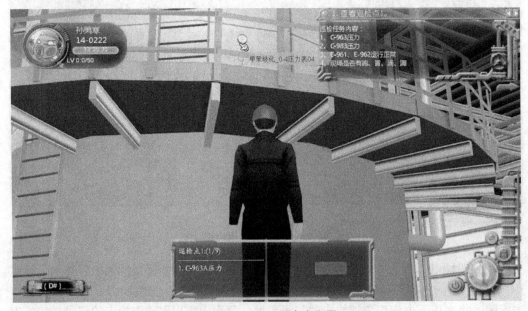

图 9-3　C-963A 压力表位置

图 9-4　C-963A 压力表盘

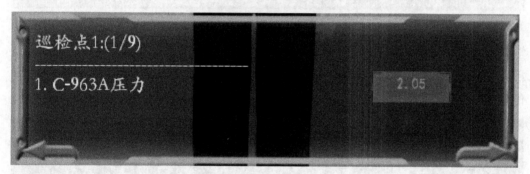

图 9-5　C-963A 压力表记录

当 C-963A 记录后点击红色箭头进行页面切换（图 9-6），切换至 C-963B，以同样的方式进行查找及记录。巡检记录中分为两种类型，一种是记录类型，另一种为选择类型，点击记录框，弹出状态选择框，共有"正常""故障""泄漏"3 个类型可供选择记录，如图 9-7 所示。

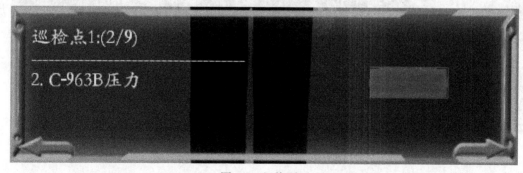

图 9-6　切换页面

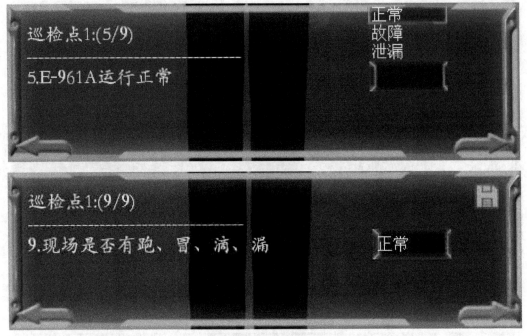

图 9-7　选择记录

　　当巡检点 1 全部记录点都记录完毕后，记录窗口的右上角将出现保存按钮，点击该按钮后弹出对话框，点击"取消"可返回继续记录，点击"确定"将保存记录内容并上传至服务器中。如图 9-8 所示。

图 9-8　保存记录

　　巡检点共 20 个，全部记录结束后，该模块学习结束（图 9-9）。

图 9-9　学习结束画面

第 10 章

炉管破裂事故处理项目

项目引导

在操作信息栏（图 10-1）区域功能有所变化，步骤提示区可点击，显示、隐藏全部操作步骤，蓝色隐藏按钮可点击，显示、隐藏 DCS 操作面板。同时，点击步骤说明区左侧蓝色滑条可以滑动操作步骤。

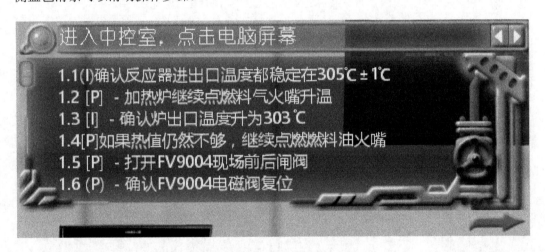

进入中控室，点击电脑屏幕
1.1(I)确认反应器进出口温度都稳定在305℃±1℃
1.2 [P] - 加热炉继续点燃料气火嘴升温
1.3 [I] - 确认炉出口温度升为303℃
1.4[P]如果热值仍然不够，继续点燃燃料油火嘴
1.5 [P] - 打开FV9004现场前后闸阀
1.6 (P) - 确认FV9004电磁阀复位

图 10-1　操作信息栏

进入系统后，将出现人物对该模块任务进行解说，按"空格键"结束解说，进入事故处理模块。可以看到炉管破裂，加热炉有黑烟冒出，管路发红，需要进行紧急处理。事故现场如图 10-2 所示。

应急处理时首先需佩戴好安全设备，树立安全生产的责任意识。安全设备放置在安全室，通过地图和快速切换的功能进入到安全室，点击安全设备进行穿戴。穿戴安全设备如图 10-3 所示。

图 10-2　事故现场

图 10-3　穿戴安全设备

　　回到加热炉区，右上方将出现操作步骤，同时事故现场需要操作的阀门将出现粒子提示，地图上的红色叹号同样标识要操作的阀门。由于事故处理对步骤的要求较严格，若操作阀门错误将会扣分。操作阀门提示如图 10-4 所示。

图 10-4　操作阀门提示

　　找到阀门后，鼠标放置在阀门上方将会显示该阀门的名称，滑动鼠标滑轮将开启或关闭阀门。当前步骤操作结束后，系统将自动提示下个需要操作的阀门。阀门操作如图 10-5 所示。

图 10-5　阀门操作

　　当应急步骤全部都操作完毕后，该模块学习结束（图 10-6）。

图 10-6　学习结束画面

第11章

泵泄漏事故处理项目

项目引导

在操作信息栏（图 11-1）区域功能有所变化，步骤提示区可点击，显示、隐藏全部操作步骤，蓝色隐藏按钮可点击，显示、隐藏 DCS 操作面板。同时，点击步骤说明区左侧蓝色滑条可以滑动操作步骤。

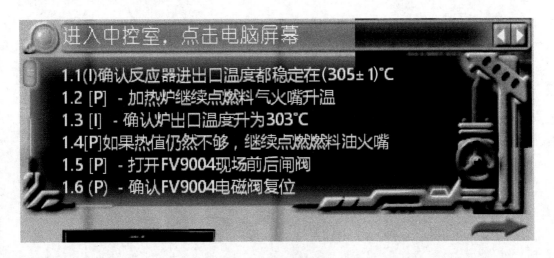

图 11-1　操作信息栏

进入系统后，将出现人物对该模块任务进行解说，按"空格键"结束解说，进入事故处理模块。可以看到 P-901A 泵出现泄漏，不能正常使用，需要进行紧急处理。事故现场如图 11-2 所示。

泵的应急处理是将泵切换，将 B 泵盘车，使用 B 泵代替 A 泵，然后对 A 泵进行停机检修。首先对 B 泵进行盘车，点击泵盖将其打开。开泵盖如图 11-3 所示。

图 11-2 事故现场

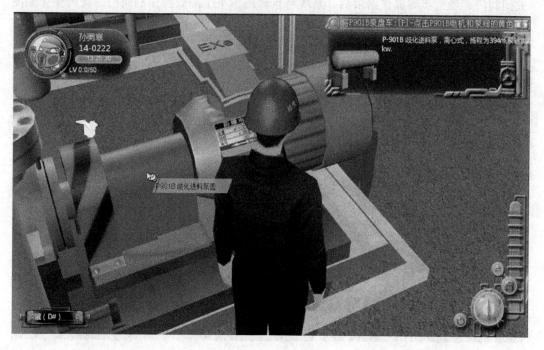

图 11-3 开泵盖

点击泵轴使其旋转（图 11-4）。旋转结束后再次点击泵盖将其关闭。

图 11-4 转轴

　　找到阀门后，鼠标放置在阀门上方将会显示该阀门的名称，滑动鼠标滑轮将开启或关闭阀门。当前步骤操作结束后，系统将自动提示下个需要操作的阀门。阀门操作如图 11-5 所示。

图 11-5 阀门操作

　　每台泵都有相应的电动机控制装置，绿色按钮代表打开电动机，红色按钮代表关闭电动机。当出现要求开启电动机时，点击绿色按钮（图 11-6）。

图 11-6 打开电动机

泵泄漏事故全部应急操作结束后，P-901A 泵将恢复正常操作。事故现象也将消失。当全部应急步骤都操作完毕后，该模块学习结束（图 11-7）。

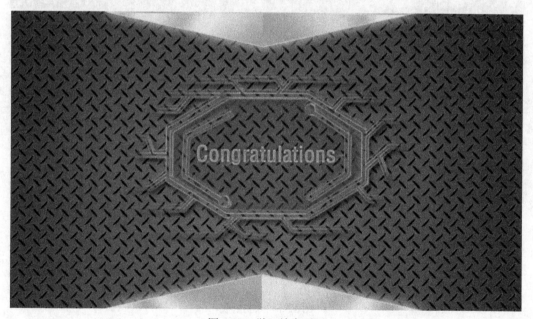

图 11-7 学习结束画面

第12章

工艺生产项目

项目引导

进入系统后，将出现人物对该模块任务进行解说，按"空格键"结束解说，进入顶岗实习。人物解说如图 12-1 所示。

图 12-1　人物解说

系统将弹出"操作性质代号"，对顶岗实习时不同字母所表示的岗位进行说明。如图 12-2 所示

按屏幕右上角操作步骤提示进行操作，点击电脑屏幕，将出现甲苯歧化生产 DCS

控制界面。界面左右下方的箭头可以点击,用来切换不同的控制页面。点击屏幕如图 12-3
所示。

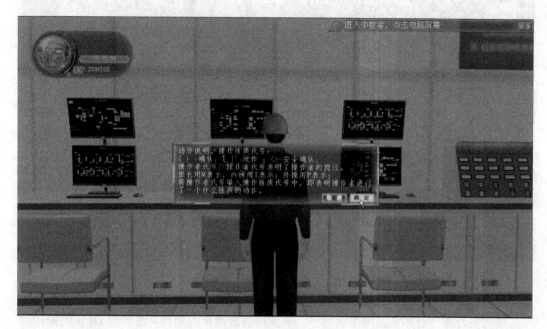

图 12-2 操作性质代号说明

图 12-3 点击屏幕

DCS 控制界面如图 12-4 所示。

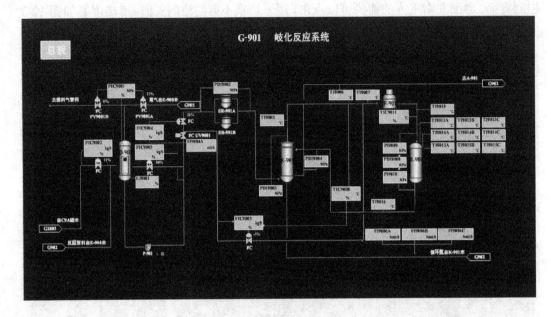

图 12-4　DCS 控制界面

　　顶岗实习操作开始。在顶岗实习中，学生扮演内操员的角色，通过对 DCS 的操作控制反应，外操及班长的操作将会通过对话框的方式呈现。当出现对话框时点击"确定"即可进行下一步。消息对话框如图 12-5 所示。

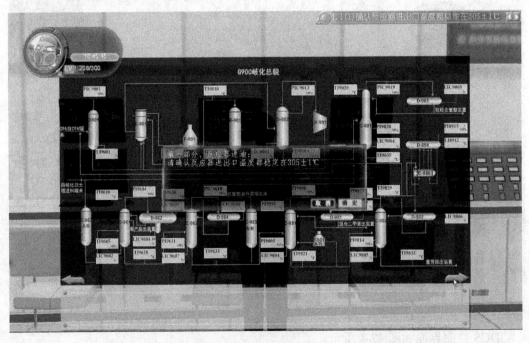

图 12-5　消息对话框

当操作步骤[I]类别，表示内操员操作，例如，当提示[I]-打开 PIC9004 控制阀时，切换"G-901 歧化反应系统"页面，找到 FIC9004 控制阀，点击灰色方框，出现 FIC9004 控制调节阀，拖动滑块可以改变该阀门的开度，当开度改变时，该控制点的开度实时显示在控制阀上，同时该阀门关联的参数也将显示在 DCS 图中。控制该阀门达到操作要求的开度即可完成操作，进入下一步操作。FIC9004 位置如图 12-6 所示，FIC9004 和 FIC9005 的控制分别如图 12-7 和图 12-8 所示。

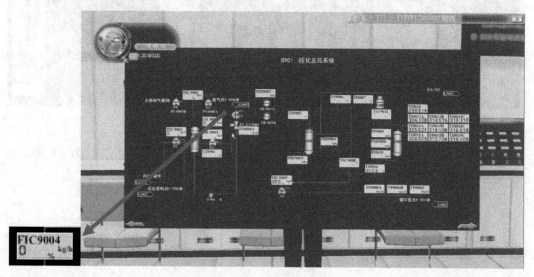

图 12-6　FIC9004 位置

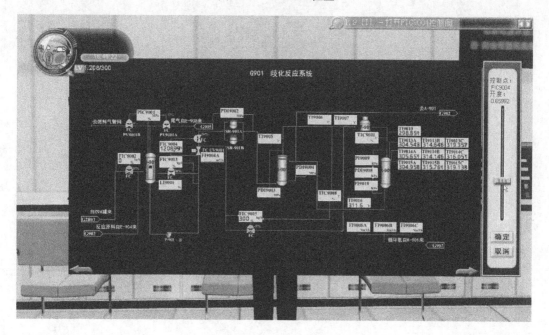

图 12-7　FIC9004 控制

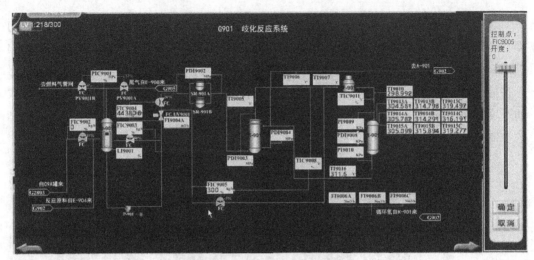

图 12-8　FIC9005 控制

　　同理进行 FIC9005 的操作，后续操作方式相同。投料开车全部操作共为 35 步，全部完成后该模块学习结束。

第13章

工艺模型搭建项目

项目引导

进入软件后，出现厂区基本模型及工具菜单。如图 13-1 所示。

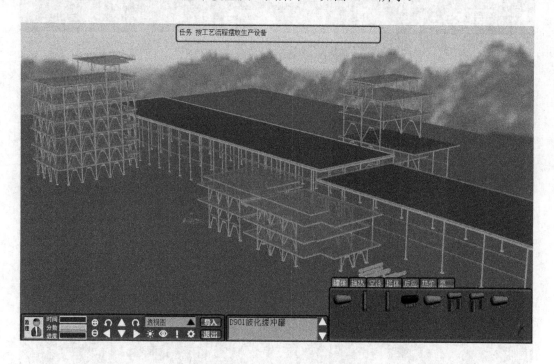

图 13-1　工艺搭建场景全图

　　点击图中方向键，可移动和缩放厂区观察视角，如图 13-2 所示。

　　点击图中视图选择键，可选择 3 种不同的房屋观察视角，分别是透视图、漫游视图和顶视图，软件默认视图为透视图，如图 13-3 所示。

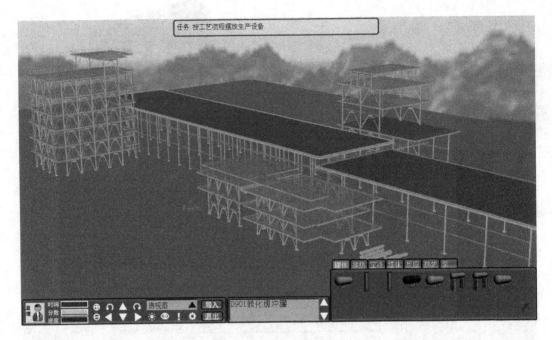

图 13-2　工艺搭建控制键

图 13-3　工艺搭建视图选择键

俯视图效果如图 13-4 所示。

漫游视图中用户可以以第一人称视角进行屋内漫游，按住鼠标右键拖动鼠标可旋转视角，键盘的 WASD 键控制人物移动，效果如图 13-5 所示。

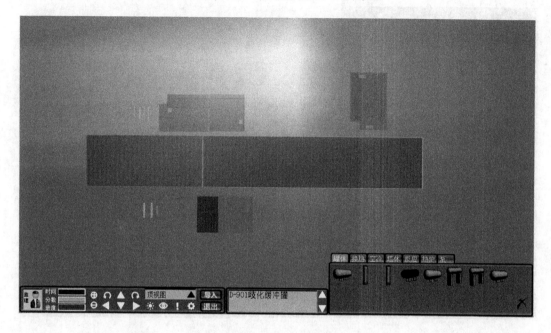

图 13-4 工艺搭建俯视图

图 13-5 工艺搭建漫游视图

模型搭建部分的设备选择栏为用户提供了多种设备，具体可分为罐体、换热、空冷、塔体、反应、热炉、泵七大类别，每个类别包含多种设备。如图 13-6 所示。

图 13-6　工艺搭建模型库

设备摆放操作方法。

（1）以 D-901 为例，首先选择设备选项卡中的罐体，如图 13-7 所示。

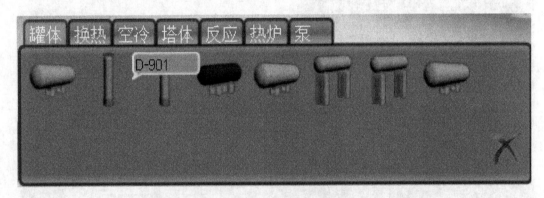

图 13-7　工艺搭建模型选择

（2）保持点击 D-901 图标的状态拖动鼠标到想要 D-901 的位置，可见到平面 D-901 图标消失，出现 D-901 的三维模型，如图 13-8 所示。

（3）出现三维模型后继续按住鼠标，滑动鼠标滑轮可以旋转 D-901 到用户想要的角度，如图 13-9 所示。

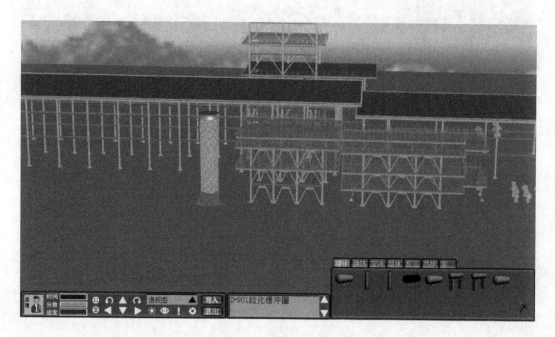

图 13-8　模型消除功能

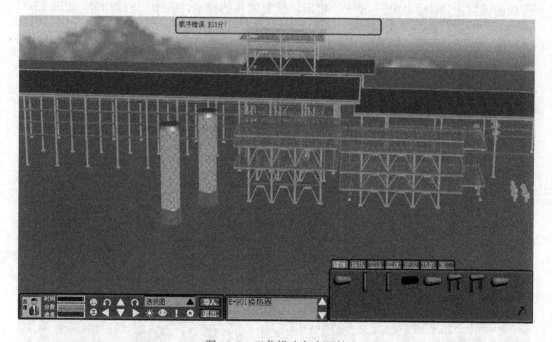

图 13-9　工艺搭建角度调整

（4）在屏幕下方的绿色提示区域中将按照工艺顺序显示模型安装的顺序，搭建者需按照工艺顺序搭建，若搭建顺序错误将扣分并出现提示，如图 13-10 所示。

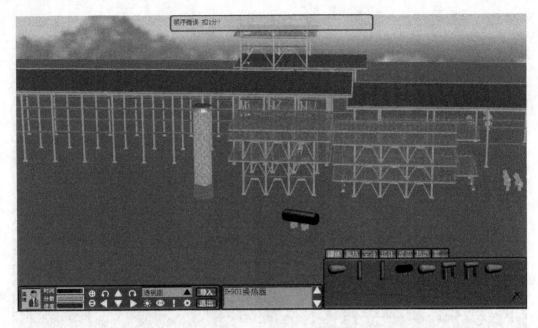

图 13-10　工艺搭建错误提示

系统为设备设置了可摆放的位置区域，最佳摆放位置将有闪烁标志，若设备放置在正确的位置上，则标志消失，否则，将出现位置错误的提示，并相应进行扣分，如图 13-11 所示。

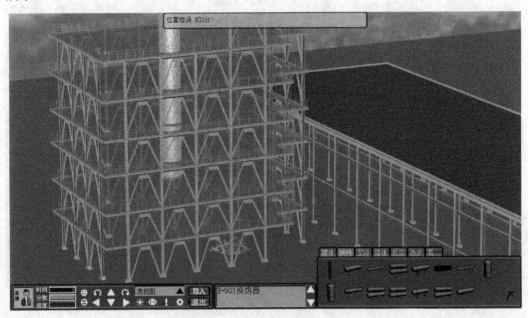

图 13-11　工艺搭建错误示例

各类装置可根据自身学习后的知识摆放，完成效果如图 13-12 所示。

图 13-12　工艺搭建效果图

　　摆放结束后，点击界面下方"退出"按钮，保存并退出虚拟实验室，如图 13-13 所示。

图 13-13　工艺搭建结束

　　点击"退出"后出现对话框，不想退出继续操作的话选择"否"按钮，回到操作界面，确认退出选择"是"按钮，如图 13-14 所示。

图 13-14　工艺搭建退出

点击"是"按钮后软件将自动连接服务器，上传所装修的作品，左上角出现载入进度提示，如图 13-15 所示。

图 13-15　工艺搭建上传信息

第二部分
甲苯歧化装置
工艺规程

第 1 章

工艺流程

1.1 装置简介

甲苯歧化装置为 30 万吨/年芳烃装置,作为 60 万吨/年连续重整装置的后续配套装置投入生产,由某石化公司设计院设计并审核,与 20 世纪 90 年代中期开始工程建设并试运投产成功,在 2005 年本装置进行了扩能改造。

芳烃装置由三个单元组成:抽提单元、歧化单元和分馏单元。具体分为六个系统,即预分馏、抽提、歧化、分馏、公用工程和辅助系统。

抽提单元的主要任务是将来自预分馏系统的 $C_6 \sim C_8$ 组分(脱辛烷塔顶馏分),用抽提、精馏相结合的方法,分离成抽提油(芳烃混合物)和抽余油,抽提油送至芳烃分馏单元进一步分离成单体芳烃和混合芳烃,而抽余油则作为副产品送出装置。

歧化单元主要任务是将分馏单元产出的甲苯和 C_9A 在一定温度、一定压力和临氢条件下,通过催化剂作用,转变成苯和 C_8A 及少量 $C_{10}A$ 等,以增产二甲苯和苯。

分馏单元的主要任务是使用精馏的方法,将抽提、歧化、预分馏系统来的混合芳烃分离成符合要求的单体芳烃和混合芳烃,即生成合格的苯、甲苯、混合二甲苯、邻二甲苯、C_9A 及重芳烃,其中苯、混合二甲苯、邻二甲苯为主产品,重芳烃为副产品,甲苯和 C_9A 作为芳烃歧化单元的原料。

本装置的建成投产,不仅充分利用了大化工基地重整生成油的芳烃资源,生产处高纯度的苯类化工原料,来满足日益增长的石油化学工业及化学纤维工业的需要,而且也是传统炼厂由炼油型企业步入炼化一体型企业的一座桥梁。

1.1.1 设计能力

装置生产芳烃产品能力为 30 万吨/年,抽提单元设计能力为 35 万吨/年,歧化单元设计能力为 40 万吨/年,分馏单元设计能力为 60 万吨/年。装置开工按 8000h 设计,操作弹性按设计负荷的 60%~100%考虑。2005 年改造后,装置生产芳烃能力为 32 万吨/年,抽提单元设计能力为 42.84 万吨/年。歧化、分馏单元未变。

1.1.2　装置变动，改造情况

1998 年，将抽提塔再沸器 E-105A/B，回收塔再沸器 E-107，溶剂再生塔再沸器 E-109 由碳钢材质更换为白钢材质。

1999 年，将歧化催化剂 ZA-95 型更换为 HAT-95 型；抽提单元回收塔增设了抽真空凝液回收管与回收油泵。

2000 年，E-103A/B/C/D 贫富溶剂换热器增设了在线切割阀门，使其清洁工作可以在不停工的状态下进行。

2001 年，抽提溶剂系统增设了三台溶剂过滤器，其中两台为二级过滤，一台为一级过滤。

2005 年，采用了华北某工程技术公司的 SAE 型芳烃抽提专有工艺技术，对抽提单元进行了扩能改造。

1.1.3　装置特点

① 芳烃抽提采用国际广泛采用的环丁砜溶剂抽提的先进工艺技术，为防止环丁砜氧化，需要用氮气对有关设备密封。

② 歧化采用了某石化公司石化研究院研制的 ZA-95 型催化剂，歧化单元是我国首次国产化项目。

③ 为了有效利用装置的余热，降低能耗，分馏部分二甲苯塔，提高其操作压力，合理利用塔顶、塔底热源，以满足苯塔、甲苯塔、邻二甲苯、重芳烃塔、脱辛烷塔塔底热源的需要，同时，利用二甲苯塔顶油气，还可产生 10t/h 的 1.0MPa 蒸汽，经歧化进料加热炉对流室过热后，供歧化循环氢压缩机汽轮机使用。

④ 抽提单元和歧化单元共用一个分馏系统，致使分馏单元设计能力为 60 万吨/年，在国内属大型化的精密分馏装置，如二甲苯塔规格为 $\varphi 5400mm \times 89024mm$，塔内设计 151 层大孔筛板塔板。

⑤ 抽提过程采用环丁砜液-液抽提与抽提精馏相结合工艺技术；分馏过程采用平衡控制方案。

⑥ 抽余油溶剂回收新工艺。采用专用膜分离抽余油水洗系统，可大幅度降低抽余油中的溶剂含量和游离水含量，提高抽余油的质量。可避免对下游装置的影响，避免抽余油带水而造成的冬季冻凝和冻裂管线现象的发生。

⑦ 多效工艺液技术。集消泡、缓蚀、稳定于一身，配合两级溶剂过滤技术，使循环溶剂的质量始终处在较好的水平，提高抽提效率，保持溶剂 pH 值稳定。

⑧ 抽提塔多路进料新工艺。提塔采用多路、不同温位进料，可以大大提高抽提塔分离效率，避免抽提塔混相，降低装置能耗。

⑨ 改进抽提塔性能新工艺。采用改进后的新工艺，使得抽提塔溶剂相上段、下段含水不同（上段溶剂相含水较低，下段溶剂相含水较高），提高了抽提塔上段溶解性和下段选择性等性能，提高了抽提塔的分离效率；抽提塔不同的板间距，有利于在抽提塔塔

盘上溶剂相及抽余相的分离。

⑩ 抽余油返回新工艺。用抽余油返回新工艺制备合适的抽提进料，既降低了原料油中的芳烃含量，同时不增加抽余油水洗塔的进料量。

⑪ 汽提水新工艺。利用不同温位的能量，采用两台换热设备分别产生不同温位的汽提蒸汽，以最大限度地减少贫溶剂中的烃含量，同时，将汽提水中的非芳烃汽提到返洗液中。

1.1.4 原料及产品

本装置主要原料是大化工炼厂催化重整装置生产的脱戊烷油，乙烯公司生产的乙烯裂解汽油（4 号苯）。原料经本装置后可得苯、邻二甲苯、混合二甲苯及 C_{10} 以上重芳烃，还可得到抽余油和戊烷油等副产品。

1.2 工艺原理

1.2.1 抽提单元工艺原理

抽提也叫萃取，是利用各组分在溶剂中的溶解度不同而使液体或固体混合物分离的一种过程。芳烃抽提就是利用抽提的方法从芳烃类混合物中分离芳烃的过程。芳烃抽提所用的环丁砜溶剂是液体，所分离的混合物也是液体，所以是一种液-液分离。

当用溶剂处理芳烃类混合物时，会形成两层不完全互溶的液相层，一相的组成以溶剂为主，并溶有较多的芳烃组分和少量非芳烃，称为抽提相（萃取相），另一相称为抽余相（萃取相），组成以非芳烃为主，含有少量溶剂和芳烃组分。因此，分别将两相中的溶剂除去后，即可得到较高纯度的芳烃和非芳烃，进而芳烃和非芳烃就得到了一定程度的分离。

（1）抽提塔　芳烃抽提是一种物理分离方法，又称液-液萃取，芳烃抽提的原理是利用烃类各组分在溶剂中溶解度不同，即当溶剂与原料油混合后，溶剂对芳烃和非芳烃进行选择性溶解，形成组成和密度都不相同的两相，从而使芳烃和非芳烃达到一定程度的分离，抽提塔中的溶剂相遇原料油在塔板之间经过多次接触传质，最终在塔顶得到芳烃含量很低的抽余油，在塔底得到富含芳烃的富溶剂。

抽提过程要有效地进行，必须满足以下条件。

① 抽提原料中各组分在溶剂中有不同的溶解度。

② 溶剂与原溶剂（这里指非芳烃）不能完全互溶。

③ 抽提相与抽余相具有不同的比重，并明显分为两层。

在抽提塔中，进料口以上为抽提段，进料口以下为返洗段，返洗段利用溶剂的族选择性（芳烃>环烷烃>烯烃>链烷烃）和轻重选择性（轻质烃>重质烃），用富含苯和轻质非芳烃的返洗液置换出富溶剂中的重质芳烃。

（2）抽余油水洗塔 抽余油水洗也是一个液-液萃取的过程，目的是利用水对溶剂和抽余油的溶解度不同，把抽余油中的溶剂全部洗下来并进行回收，降低损耗。

（3）提馏塔 在提馏塔里由于溶剂的存在，使易溶于溶剂中的芳烃组分挥发度下降，从而使非芳烃和芳烃的相对挥发度增加，故可用普通的蒸馏方法把非芳烃从富溶剂中完全蒸出来。

（4）回收塔 为降低芳烃组分的分压，使芳烃能在较低的操作温度下从溶剂中完全蒸出，采用减压和水蒸气蒸馏，从而减少了溶剂降级分解的可能性。

1.2.2 歧化单元工艺原理

芳烃的歧化反应是指两个相同的芳烃分子在催化剂作用下一个分子的侧链烷基转移到另一个芳烃分子上，形成两个不同的芳烃分子的反应。

芳烃的烷基转移反应是指两个不同的芳烃分子之间在催化剂作用下，发生烷基转移，形成两个新的芳烃分子的反应。

主反应有两类，即歧化反应和烷基转移反应，生成物为混合二甲苯和苯，副反应主要有三类，即烷基转移、歧化和加氢脱烷基反应。上述反应的产物又可参与二次或三次反应。此外，还可能发生裂解和聚合反应。

（1）主反应
① 歧化反应。

② 烷基转移反应。

（2）副反应
① 产物自身歧化反应。

$$2 \quad \text{CH}_3\text{-benzene-CH}_3 \quad \rightleftharpoons$$

$$\text{CH}_3\text{-benzene} \quad + \quad \text{CH}_3\text{-benzene-(CH}_3)_2$$

或

$$\text{benzene} \quad + \quad \text{CH}_3\text{-benzene-(CH}_3)_3 \qquad (\text{生成重芳烃})$$

② 产物与原料的烷基转移反应。

$$\text{CH}_3\text{-benzene} \; + \; \text{CH}_3\text{-benzene-CH}_3 \; \rightleftharpoons \; \text{benzene} \; + \; \text{CH}_3\text{-benzene-(CH}_3)_2$$

$$\text{CH}_3\text{-benzene} \; + \; \text{C}_2\text{H}_5\text{-benzene-CH}_3 \; \rightleftharpoons \; \text{CH}_3\text{-benzene-CH}_3 \; + \; \text{C}_2\text{H}_5\text{-benzene} \qquad (\text{乙基反应})$$

③ 加氢脱烷基反应。

$$\text{CH}_3\text{-benzene} \; + \; \text{H}_2 \; \rightleftharpoons \; \text{benzene} \; + \; \text{CH}_4$$

$$\text{CH}_3\text{-benzene-C}_2\text{H}_5 \; + \; \text{H}_2 \;
\begin{cases}
① \rightarrow \text{CH}_3\text{-benzene} \; + \; \text{C}_2\text{H}_6 & (\text{乙基反应}) \\
② \rightarrow \text{C}_2\text{H}_5\text{-benzene} \; + \; \text{CH}_4 & (\text{甲基反应})
\end{cases}$$

$$\text{C}_3\text{H}_7\text{-benzene} \; + \; \text{H}_2 \;
\begin{cases}
\rightarrow \text{benzene} \; + \; \text{C}_3\text{H}_8 \\
\rightarrow \text{CH}_3\text{-benzene} \; + \; \text{C}_2\text{H}_6
\end{cases}$$

④ 换损失反应。

$$芳烃 + H_2 \longrightarrow 饱和烃$$

⑤ 饱和烃加氢裂化反应。

⑥ 茚满和其他环缩合成稠环芳烃。

从反应式中可看出，如果只用甲苯作原料，将只发生甲苯的歧化反应，反应产物中苯与二甲苯的比例为 1:1（mol）。本工艺特点之一就是利用相对不大的 C_9A 通过烷基转移反应生成二甲苯，而 C_9A 原料中生成二甲苯的有效成分主要是三甲苯。当加入 C_9A 后，甲苯不仅发生歧化反应，而且还与三甲苯及甲乙苯发生烷基转移反应，使得苯产率下降，二甲苯产率升高。理论上讲，甲苯与三甲苯比例为 1:1 时，可得到最大量的二甲苯。因此，可通过改变进料中甲苯与 C_9A 的比例来调节产物中二甲苯与苯的比例。

从上述反应式中还可看出碳九芳烃中甲乙苯。丙苯会发生加氢脱烷基反应而增加耗氢量。另外，甲乙苯的存在和转化会使乙苯的生成量明显增加，丙苯在反应中脱烷基生成苯，均使甲苯歧化反应受限制。因此选用的碳九芳烃原料应尽可能使用三甲苯浓度高的 C_9A。

1.2.3　分馏单元工艺原理

精馏是分离液体混合物的一种方法。由于组成混合物各组分的沸点不同，在受热时，低沸点的组分优先被汽化，冷凝时则高沸点的组分优先被冷凝。但是只经过一次汽化和冷凝，在气相中还会留有高沸点的组分，而在液相中也会含有一定量的低沸点物，在液相中也会得到较纯的高沸物。精馏就是运用了不断部分汽化和冷凝的方法，使混合物分成纯组分的单元操作。

1.3　工艺流程

1.3.1　抽提单元工艺流程

抽提是将原料中的芳烃与非芳烃分离，获得芳烃作为精馏单元进料，非芳烃则作为副产品送出装置。

自重整装置来的脱戊烷油进入脱辛烷塔第 26 层。塔顶产品经脱辛烷塔顶空冷器冷却后，进入脱辛烷塔回流罐，罐底物料经脱辛烷塔回流泵，一部分回流至脱辛烷塔塔顶；另一部分经抽提原料冷却器冷却后与处理过的 4 号苯、返回的抽余油汇合后，进入抽提进料缓冲罐，作为抽提进料。

（1）抽提塔　来自预分馏、中间罐区的抽提原料油进入抽提进料缓冲罐 TK-101 后，由抽提塔进料泵 P-104 输送，一路经流量控制器控制流量后，与上返洗液汇合，再经换热器与抽提塔顶抽出的抽余油换热进入抽提塔第 46 层塔板；另一路经流量控制器控制流量后，进入抽提塔 T-101 的第 51 块塔板上，与贫溶剂环丁砜进行逆流接触，进行传质。贫溶剂自回收塔抽离并在贫富溶剂换热器中与富溶剂换热后，进入 T-101 的第一块板上，其流量由流量控制器控制。贫溶剂与原料油在抽提塔中逆向接触传质后，形成了抽余相

（轻相）和抽出相（重相）。大部分非芳烃作为抽余相，抽余相由塔顶自压到 V-124 下段，而溶解在溶剂中的芳烃和少量的非芳烃作为抽出相（也称为富溶剂）由塔底自压到 T-103 中。

为提高芳烃的纯度，在 T-101 下部设置了一条返洗线（回流），用提馏塔顶回流罐中的轻质非芳烃和轻质芳烃作为返洗液，以置换溶解在富溶剂中的重质非芳，返洗液的流量由串级回路控制，若返洗液中积累较多烯烃时，部分返洗液总量的 10%～20%可以同抽提塔上路进料一起入塔，以利于烯烃从塔顶随抽余油排出。

当抽提进料中芳烃潜含量或烯烃含量较高时，为了保证芳烃纯度，在 T-I01 进口处还设置了第三溶剂线，其流量由 FRC-128 控制。

T-101 塔压采用分程控制，为的是一方面保证进料不汽化，在液体状态下操作，另一方面因 T-101 底没设泵，要把 T-101 塔底富溶剂自压到提馏塔中。

（2）抽余油分离器、抽余油水洗塔、抽余油切割塔　抽提塔顶部出来的含有溶剂及微量芳烃的抽余油，经与抽提塔上部进料在抽提塔进料/抽余油换热器换热后，至抽余油冷却器进一步冷却，进入抽余油分离器进行沉降、过滤分离。

抽余油分离器下段沉降分离所产生的含溶剂的洗涤水经溶剂回注泵送至抽提塔进料管线与抽提进料混合后送入抽提塔。从溶剂分离器下段顶部出来的抽余油一部分返回抽提进料缓冲罐与抽提进料混合；一部分与来抽余油水洗塔底的抽余油水洗塔循环泵 P-106 的水洗水在抽余油水洗混合器中混合，然后送到抽余油水洗塔的底部。回收塔顶回流罐水包内的水经回收塔顶冷凝水泵送至抽余油水洗塔 T-102 顶，在抽余油水洗塔中水洗水与抽余油逆流接触，洗去抽余油携带的溶剂。

抽余油水洗塔塔釜的含溶剂的水洗水由抽余油水洗塔循环水泵抽出，部分送往抽余油冷却器前与溶剂分离器进料混合；另一部分送至抽余油水洗混合器。

抽余油水洗塔塔底的水洗水则依靠自压与来自抽余油分离器中段和上段过滤分离的水洗水汇合进入集水罐。水洗后的抽余油从抽余油水洗塔塔顶排出，分别经过抽余油分离器的中段水洗、上段，过滤分离后，从抽余油分离器顶部排出，经抽余油泵泵送，一路返回到抽余油水洗塔进料；一路作为作为副产品送出装置或进入抽余油切割塔分离；其余返回至抽提进料缓冲罐。

来自提馏塔顶回流罐、抽余油水洗塔底部、抽余油分离器中、上段的水汇集在集水罐中，再用集水罐水泵送至溶剂再生单元。

经水洗后的抽余油在抽余油切割塔进料加热器中与来自再生溶剂加热器的蒸汽冷凝水换热后，进入抽余油切割塔的 15(10、20)层进料（若轻组分较多，则从上进料口进料，反之则从下进料口进料）。抽余油切割塔塔顶气相经抽余油切割塔顶空冷器、切割塔顶后冷器冷凝、冷却后，进入抽余油切割塔回流罐。由抽余油切割塔回流泵抽出，一部分返回抽余油切割塔顶作为回流；另一部分作为产品出装置。塔底物料经抽余油切割塔底泵后，与重芳烃塔底物料合并，一起至产品中间罐区。抽余油切割塔底再沸器的热源为二甲苯塔底油。

（3）提馏塔　自 T-101 塔底抽出的富溶剂在 E-103A/B/C/D 与贫溶剂换热后，由 LRCA-122 与 FRC-126 组成的串级回路控制其排出量，靠自压进入到提馏塔 T-103 的第一块塔板，富溶剂中的轻质烃（大部分是非烃）被蒸出，由流量控制器 FRC-130 控制其流量，并与 T-105 含烃水蒸气一起经提馏塔顶空冷器 E-106，在与拔顶苯汇合经提馏塔顶后冷器 E-111 冷凝冷却后，进入提馏塔顶回流罐 V-102，V-102 水包中的水由提馏塔顶冷凝水泵 P-108A/B 抽出，在界面控制器 LRCA-127 控制下，与自 T-102 底部出来的水一起被送至集水罐 V-123，为保护 P-108A/B 还设置了最小流率线。提馏塔重沸器 E-105A/B 由 2.36MPa 消过热蒸汽加热，塔温度由温度控制器 TIC-137 与 E-105A/B 蒸汽凝水流量控制器 FRC-131 串级调节控制，塔顶不凝气排放量由 FRC-130 来控制。

多效工艺液加入到 V-102 中，经过再生水进入系统。 V-102 顶设有 N_2 封，以防止溶剂氧化分解。

消泡剂加入至消泡剂罐 V-101 中经消泡剂泵 P-105 抽出，在 E-103A/B/C/D 之前与 T-101 底富溶剂混合，以防止物料在 T-103 中发泡。

T-103 塔底的富溶剂经液面控制器 LRCA-124 与流量控制器 FIC-142 串级调节，由提馏塔底泵 P-117A/B 抽出送至回收塔。

为防止进料中芳烃含量过高和提高汽提效果，在 T-103 进料线上设了第二溶剂线，加入第二溶剂后，可提高芳烃与非芳烃间的相对挥发度，进一步提高抽提油的纯度。

（4）回收塔 自 T-103 底来的富溶剂被送至回收塔 T-104 的第 14 块塔盘上，自 T-104 顶部引出的含芳烃的蒸汽，经回收塔顶空冷器 E-110 冷凝冷却后，收集在回收塔顶回流罐 V-103 中，V-103 中的芳烃经回收塔回流泵 P-113A/B 抽出，一部分由流量控制器 FRC-136 控制后，作为回流进入到 T-104 的第一层塔盘，另一部分送至芳烃水洗罐 V-105，V-103 水包中的水用回收塔顶冷凝水泵 P-112A/B 升压后，一部分经 FRC-125 控制去 T-102 作为洗涤水，另一部分经 FIC-0158 控制去 V-124 中段作为洗涤水，其界面由 LRAHL-132 控制，当水界面高时，可打开手阀将水排至地下，系统的补充水可由 HIC-101 进行手动控制。T-104 塔底设内置式重沸器 E-107，由 2.36MPa 消过热蒸汽加热，通过蒸汽冷凝水流量控制器 FRC-133 与温度控制器 TIC-121 进行串级调节来保证贫溶剂中烃类含量合格。

T-104 塔底贫溶剂由贫溶剂泵 P-110A/B 升压后，送至水汽提塔重沸器 E-108 换热，作为第一、二、三溶剂用。然后进入贫/富溶剂换热器与抽提塔底富溶剂换热冷却后，大部分送到抽提塔的顶部循环使用，少部分由 FIC-0168 控制送至溶剂过滤系统进行过滤。在进 E-108 之前一小部分经 LRCA-126 与 FRC-135 串级控制下，进入溶剂再生塔 T-106 进行再生。

T-104 系统在负压下操作，真空借助于抽提喷射泵 P-116A/B 抽 V-103 中气体而完成，用 FRC-138 来控制喷射器中蒸汽的流量，真空度通过 PRCA-125 向系统补充 N_2 来控制，抽真空尾气经蒸汽喷射泵后冷器 E-112A/B 冷凝冷却后，通过大气腿进入大气腿水封罐 V-104A/B，V-104A/B 中的轻质烃通过界面控制器 LIC0150，送至 V105。

在 V-103 抽空线上装有紧急切断阀 HIC-102 以防止烃类被喷射泵抽出。

由于 T-104 在真空下操作，与之相连的泵 P-110A/B、P-112A/B、P-113A/B 均设有压力平衡线，同时为了降低溶剂分压，保护和回收溶剂，将由 E-108 来的汽提蒸汽送至 E-107

的上方，将由 E-122 来的汽提蒸汽和无烃水分别通至 E-107 的下方和上方。

（5）水汽提塔　来自再生溶剂过滤器的溶剂和水的混合物进到水汽提塔 T-105 第一块浮阀盘上，经水汽提塔再沸器 E-108 管程中的贫溶剂加热，含有非芳的不凝气自塔顶蒸出，通过 FRC-139 控制蒸出管线上的阀门开度，再送至 E-106 冷凝。汽提蒸汽经 PIC-0159 控制 T-105 一定压力，由 FR-143 计量后去 T-104 再沸下部。无烃水经水汽提塔底泵 P-111A/B 升压后，通过 LICA-128 控制去汽提水加热器 E-122。自系统来的蒸汽凝结水作为汽提水加热器 E-122 的热源，壳程蒸汽去回收塔塔釜下部，液相的再生溶剂经汽提水加热泵 P-122A/B 送到回收塔下部集液板上。

（6）溶剂再生塔　在溶剂再生塔 T-106 中，挥发和非挥发性物质得到了分高，溶剂再生塔重沸器 E-109 用。2.36MPa 消过热蒸汽加热，由 FRC-134 控制其冷凝水量来调节加热负荷，T-106 与 T-104 处于同一真空系统，溶剂中所含的聚合物或固体残留在 T-106 底部，定期进行排放、清洗。

（7）芳烃水洗罐　由 P-113A/B 抽出的抽出油在 V-103 液面控制器 LICA-129 与流量控制器 FRC-137 串级调节下，经静态混合器 V-114 进入芳烃水洗罐 V-105，冷凝水在 FIC-140 控制下，在 V-114 前与抽出油混合后，进入 V-105 目的是为了保证抽出油和水能更好地混合，以提高洗涤效果，V-105 顶混芳由 PIC-127 控制送到分馏进料缓冲罐 V-300（也可经 3049 线去分馏循环罐），V-105 底水由芳烃水洗罐水循环泵 P-114A/B 升压后，一部分经 FIC-141 控制其流量循环使用，另一部分水由 LICA-130 控制其流量送至水处理系统。

1.3.2　歧化单元工艺流程

（1）反应系统　来自分馏单元或中间罐（212#、213#）的 C₉A、甲苯混合后进入歧化进料缓冲罐 V-201，经歧化进料泵 P-201 升压，由流量控制器 FRCA-201 控制流量，并与循环氢压缩机 C-202 来的循环氢混合后进入进料反应产物换热器 E-201，进一步被加热到反应需要温度。

加热炉 F-201 的燃料气流量由加热炉出口的温度控制器 TRCA-241 与燃料气的控制器 PICAS-202 组成串级回路进行调节。加热炉 F-201 和循环氢气管线之间设置了流量低位联锁报警 FRAS-206/1-2-PICAS-202，当循环氢压缩机 C-202 因故障而停机导致循环氢流量过低时，就会报警并自动切断加热炉 F-201 的燃料气供给，以避免炉管超温结焦，实现对 F-201 的联锁保护。

经 F-201 加热后的进料从上部进入歧化反应器 R-201，原料在临氢条件下，通过 Cat.床层，其中甲苯与 C₉A 发生歧化和烷基转移反应，获得的反应产物呈气态离开 R-201，进入 E-201 壳程，与低温进料换热后，经反应产物空冷器 E-202/A-D，反应产物后冷器 E-203A/B 冷凝冷却后，进入分离罐 V-202。

在 V-202 内反应产物被分离成气相和液相。气相为富氢气体从 V-202 顶部导出，其中大部分经 C-202 增压后，与来自新氢压缩机 C-201 增压的补充氢气一起和进料混合后进入反应系统。另一部分富氢气体经 FRC -209 调节流量，作为副产品送出装置。自 V-202

底部排出的液体产物作为汽提塔进料在液位控制器 LICA-202 控制下，相继进入汽提塔进料/白土塔出料换热器 E207，汽提塔进料/塔底物换热器 E-204，与白土塔出料、汽提塔底物换热后进入汽提塔中部第 22 块塔板上。

在 V-202 上设有高液位联锁报警器 LASH-203/1-3 对 C-202 实施联锁保护。

（2）汽提塔　T-201 顶蒸出的烃类蒸汽经汽提塔顶空冷器 E-205A/B，汽提塔顶后冷器 E-206 冷凝冷却后，进入汽提塔顶回流罐 V-203 中进行汽液分离，呈气相的汽提塔顶贫氢气体自罐顶排出后，引出一股分氢气通向 V-201 罐顶，由压力控制器 PICA-201 进行分程调节，实现对 V-201 的压力控制与密封保护。另一股贫氢气体作为副产品送至燃料系统，并利用 T-201 顶排出物管线上的压力控制器：PRC-210 调节其流量，以实现对 T-201 顶压力的控制。V-203 中的液体经汽提塔顶回流泵 P-203AFB 升压后，一股在 LICA-205 与 FRC-217 串级控制下作为回流进入到 T-201 的第一层塔盘上，另一股作为副产品 FRQC-216 控制其流量送至脱戊烷塔。

由 T-201 底出来的塔底液，大部分经汽提塔底重沸炉泵 P-202A/B 升压送至汽提塔底重沸炉 F-202 加热后呈汽液两相返回塔底，另一部分经 E-204A/B 与 T-201 进料换热 TRC-242 温度调节进入歧化白土塔 V-204 进行处理。在 V-204 脱除微量烯烃之后，通过 E-207 与 T-201 进料换热。由 FRC-219 控制送至分馏部分 T-301。

1.3.3　分馏单元工艺流程

（1）脱辛烷塔　来自稳定塔（C-201）底的脱戊烷油与罐区的脱戊烷油进到原料油缓冲罐 TK-001 内，经脱辛烷塔进料泵 P-001A/B 升压，由 FIC-101 控制流量，在脱辛烷塔进料/重芳烃塔顶换热器 E-314 与重芳烃塔顶蒸汽换热后，进入脱辛烷塔 T-001 第 26 块板上。

T-001 塔顶馏出物（C_6～C_8组分）经脱辛烷塔顶空冷器 E-001 冷凝冷却进入脱辛烷塔回流罐 V-001 中，分为气、液两相。气体排到放空罐，并通过自力式调节阀 PCV-102 补入 N_2，维持一定压力；液体经脱辛烷塔回流泵 P-002A/B 升压，一部分作为回流由 TIC-101 与 FIC-103 组成串级回路控制其流量，进入 T-001 的第一块板上，另一部分作为芳烃抽提原料经抽提原料冷却器 E-002 冷却后，在 LICA-102 与 FIC-104 串级调节下，送至抽提进料缓冲罐 TK-101。

脱辛烷塔底重沸器 E-003 由二甲苯塔底油提供热源，通过 FIC-102 控制加热油的冷却量来调节塔釜的汽化量。塔釜液（C_9^+芳烃）经脱辛烷塔底泵 P-003A/B 升压后，由 LICA-101 与 FRC-105 组成的串级回路控制其流量送至重芳烃塔。

（2）白土塔　自抽提单元来的混合芳烃进到分馏进料缓冲罐 V-300，通过白土塔进料泵 P-301A/B 升压后，经 E-301A/B 与白土塔底流出物换热，再经白土塔进料加热器 E-302 加热到 150～199℃后，从上部进入白土塔，脱除微量烯烃等不安定物。白土塔的压力用其出口管线上的压力调节器 PIC-303 来控制，操作压力为 1.5～1.8MPa 以维持进料为液相状态。

（3）苯塔　由白土塔底出来的物流与白土进料换热后，和歧化单元来的混合芳烃一起进入苯塔 T-301 的第 33 块板上（共 60 块板）。从塔顶出来的油气在空冷器 E-303/1-6 冷凝后，收集在苯塔回流罐 V-302 中，分成气、液两相。气体排到放空罐，并通过 PCV-302 补入 N_2，维持一定压力，液体经 P-302A/B 升压后，一部分在 LIC-303 与 FIC-309 串级调节进入 T-301 的第一块塔板上，一小部分在 FIC-310 控制下送至抽提单元。

苯塔进料中会带有一些非芳烃和水分，进到塔里以后会积存于塔顶回流罐中。如果不把这些物质及时除去，是会影响苯产品质量的。我们把此部分引出的物料称为拔顶苯，即拔顶苯的作用是清除随抽提和歧化单元来料带入苯塔的轻质非芳和水分，以保证苯产品纯度合结晶点合格。

V-302 水包中的水在 LIC-304 的控制下排至污水系统。

自第六块板侧线引出的苯经冷却器 E-304 冷却至 40℃后，在 TDRC-302 与 FIC-307 串级控制下，作为主产品通过苯产品泵 P-303AB 送出装置。

苯塔重沸器 E-305A/B 由二甲苯顶油气加热，通过 FIC-304、FIC-305 控制油气的冷凝量来调节苯塔釜液的汽化量。塔釜液一路经苯塔底泵 P-304A/B 升压后，在 LIC-302 与 FIC-308 串级调节下，送至甲苯塔第 34 块板上（共 65 块）；一路经苯塔底调和组分输送泵 P-326A/B 升压后，在 FIC-0301 调节下，经调和组分冷却器 E325A/B 冷却，作为高辛烷值汽油调和组分与 E316 出口管线汇合送至汽油调和罐区。

（4）甲苯塔　甲苯塔顶馏分经空冷器 E-306/1-6 冷却至 90℃进入甲苯塔回流罐 V-303 中，分成气、液两相。气体排到放空罐，并通过 PCV-303 补入氮气维持一定压力。液体经甲苯塔回流泵 P-305A/B 升压后，一部分在 LIC-306 与 FIC-314 串级调节下打回流，另一部分在 TDIC-303 与 FIC-313 串级调节下，作为歧化反应的原料送至歧化单元或者经甲苯冷却器 E-307 冷却至 40℃以后，送至中间罐区（212#、213#）。

甲苯塔重沸器 E-308A/B 由二甲苯塔顶油气提供热源，通过 FIC-311/FIC-312 控制加热油气的冷凝量来调节甲苯塔釜汽化量。塔釜液经甲苯塔底泵 P-306A/B 升压后，在 LIC-305 与 FIC-315 串级调节下，在 E-309 与二甲苯塔（T-303）底出料换热后，送至 T-303 的第 63 块板上（共 151 块）。

（5）二甲苯塔　从二甲苯顶出来的馏分（乙苯、间、对二甲苯）一部分在苯塔重沸器 E-305A/B 和甲苯塔重沸器 E-308A/B 冷凝后被收集在二甲苯塔回流罐 V-304，另一部分由塔顶压力控制器 PIC-308 控制下，在蒸汽发生器 E-319 产出 0.7MPa 或 1.0MPa 蒸汽，其冷凝液也被收集在 V-304 中，通过 PDIC-307 调节维持 T-303 顶与 V-304 之间有二定压差。

V-304 中的冷凝液经二甲苯回流泵 P-30 7A/B 升压后，一部分在 TIC-304 与 FIC-317 串级调节下打回流，另一部分在 LIC-308 与 FIC-320 串级调节下，经二甲苯冷却器 E-310 冷却后，作为主产品送至中间罐区。

二甲苯塔釜液经二甲苯塔底重沸炉泵 P-308A/B/C 升压后分成 4 股。二股通过 PDIC-310 控制一定压差后分成 4 路进入重沸炉 F-301，由 FRC-324、FRC-323、FRC-335、FRC-334

调节 4 路流量均匀。塔釜液从 F-301 炉对流室进入再从辐射室出来，加热到一定温度后返回到塔里，其余三股分别在邻二甲苯塔重沸器 E-313、重芳烃塔重沸器 E-317、脱辛烷塔重沸器 E-003 冷却后，合并回到 F-301 入口管线上。T-303 塔釜汽化量通过 PDIC-323 与燃料气（油）压力控制器组成的串级回路来调节。

为了避免安全隐患，分别在 T-303 塔至 P-308 泵入口总管线上、V-304 罐至 P-307 泵入口总管线上、F-301 炉出口返回塔管线上、P-308 泵出口总管线上增设了远程切断阀，以便在发生事故的时候对其进行紧急切断，以避免重大事故发生。

二甲苯塔釜液一部分在 E-309 与二甲苯进料换热后，通过 LIC-307 与 FIC-316 串级调节下，压送至邻二甲苯塔的第 50 块（共 100 块）板上。

（6）邻二甲苯塔　邻二甲苯塔塔顶馏分经空冷器 E-311 冷却至 120℃后，进入邻二甲苯塔回流罐 V-305 中，分成气、液两相。气体排到放空罐，并通过 PCV-304 补入 N_2，维持一定压力。冷凝液经邻二甲苯塔回流泵 P-309A/B 升压后，一部分由 LIC-312 与 FIC-327 串级调节下打回流，另一部分经邻二甲苯塔冷却器 E-312 冷却至 40℃，在 TDIC-305 与 FIC-328 串级调节下，作为主要产品送至中间罐区。

邻二甲苯塔重沸器 E-313 由二甲苯塔底油提供热源，通过 FIC-325 控制加热油的冷却量来调节塔釜汽化量。塔釜液经邻二甲苯塔底泵 P-310A/B 升压后，通过 LIC-311 与 FIC-326 串级调节与来自预分馏部分 T-001 底来的物料混合后，送至重芳烃塔的第 51 块（共 100 块）板上。

（7）重芳烃塔　重芳烃塔顶馏分在 E-314 与脱戊烷油换热后，经空冷器 E-315 冷却至 60℃进入重芳烃塔回流罐 V-306 中，分为气、液两相。气体排至放空罐，并通过 PCV-305 补入 N_2 维持一定压力。

冷凝液经重芳烃塔回流泵 P-311A/B 升压后，一部分由 LIC-314 与 FIC-329 串级调节下打回流，另一部分在 TRC-306 与 FIC-331 串级调节下，作为歧化反应的原料送至歧化单元，或者经 C_9A 冷却器 E-316 冷却至 40℃后，送至中间罐区。

重芳烃塔重沸器 E-317 由二甲苯塔底油提供热源，通过 FIC-330 控制加热油的冷却量来调节塔釜汽化量。塔釜液经重芳烃塔底泵 P-312A/B 升压后，在重芳烃冷却器 E-318 冷却至 40℃，通过 LIC-313 与 FIC-332 串级调节下，作为副产品送出装置。

（8）几点说明

① 苯塔进料用白土处理的目的：除去抽提物中少量烯烃等不安定物，以保证芳烃的硫酸着色（或溴指数）合格。

② 苯塔回流罐（V-302）、甲苯塔回流罐（V-303）、邻二甲苯塔回流罐（V-305）、重芳烃塔回流罐(V-306)、脱辛烷塔回流罐(V-001)中的不凝气排至放空罐的同时，通过自力式调节阀(PCV)连续补入 N_2，以维持各塔压力。

③ 在苯塔重沸器（E-305A/B）、甲苯塔重沸器（E-308A/B）的壳程上部设有不凝气线，目的是防止二甲苯塔塔顶油气在冷凝冷却时，若发生气阻可通过不凝气线将不凝气排至二甲苯塔回流罐（V-304）中。

　　④ 为了有效利用热源，降低能耗，二甲苯采用升压技术，将操作压力升至 0.58MPa。利用塔顶、塔底热源来满足苯塔、甲苯塔、邻二甲苯塔、重芳烃塔、脱辛烷塔塔底热源的需要，同时利用二甲苯塔顶油气还可产生 l0t/h 的 1.0MPa 蒸汽，经 F-201 对流室过热后供 C-202 汽轮机使用。

　　⑤ 二甲苯重沸炉 F-301 控制说明。F-301 炉被加热物料为 C_8^+A 混合物，炉子的出入口温差非常小，因此不宜采用温度控制。由于炉子出口管线内存在大量的气、液相混合物，故在 F-301 炉出口管线上安装一个偏心孔板，通过在偏心孔板两端设置的压差 PDIC-323 与燃料气（油）压力控制器进行串线调节来控制炉出口压差，以稳定炉子的汽化率。

　　⑥ 重芳烃塔 T-305 顶油气温度较高，约为 178℃，热量值得回收。因此在空冷器 E-315 之间设一台换热器 E-314 给脱戊烷油加热用。

第 2 章

操作指南

2.1 原料分馏系统

2.1.1 原料分馏系统操作原则

严格执行分馏岗位的工艺操作指南，保证脱 C_5 塔、脱 C_6 塔的正常生产。负责本岗位的开、停工及事故处理，根据产品质量要求，生产合格的戊烷油、高辛烷馏分油、抽提原料等馏分油；同时负责原料分馏系统所有的换热器、水冷器、空冷器及机泵的正常运转，确保 C-701 和 C-707 底再沸器的安全平稳运行，做好设备和工艺管线的日常维护工作。加强巡回检查力度，并做好本岗位的交接班和原始数据记录，保证装置的安全平稳运行。

原料分馏系统的目的是通过分馏重整生成油，得到合格的高辛烷值馏分油，抽提原料。利用脱戊烷塔、脱 C_6 塔把重整生成油分割成戊烷油、高辛烷值馏分油、抽提原料等馏分。

分馏岗位操作主要把握下列原则　物料平衡、气液平衡和热量平衡的原则；定性参数轻易不要改变，利用定量参数来调节的原则。分馏操作对全装置的平稳操作起着重要的作用。

分馏系统稳定操作的原则　在稳定物料平衡的基础上，调节塔的热量供给和热量分布，确保各塔顶底物料分析合格，在操作中重要区别什么是定性参数(p、T)，什么是定量参数(F)，尽量保持定性参数不变，通过调节定量参数来调节质量指标。即在正常操作中应稳定塔顶压力，塔顶、塔底温度，塔底液面及回流罐液位，以回流量、抽出量来调整中间产品质量。

温度　温度是系统热平衡和物料平衡的关键因素，要想保持系统的平稳操作，就要严格控制好各点的温度。分馏各点温度的高低主要视进料性质而定，温度是随着进料中轻组分含量的增加而降低的，所以在正常操作中，应随进料性质变化及时调整各点温度。

压力　　压力控制的平稳与否直接影响塔的分离精度、系统的热平衡和物料平衡，甚至威胁到装置的安全生产。在对塔压力进行调节时要进行全面分析，尽力找出影响塔压的主要因素(一般情况下主要有进料、轻组分量变化)，进行准确而合理的调整使操作平稳下来。在进行压力调节时要缓慢，不要过猛，不要随便改变给定值，防止大幅度波动造成冲塔事故。

液面　　液面是系统物料平衡的集中体现，塔底液面的高低将不同程度地影响分离精度、收率及平稳操作，液面过高将会造成携带甚至冲塔现象，液面过低易造成塔底泵抽空，以致损坏设备。所以平衡好各塔液位尤其重要，它是系统稳定操作的基础，一般液位控制在 40%～60%。

分馏操作是一种连续的动态操作，针对不同的处理量和原料组成，有着不同的稳定操作参数，当进料和原料组成发生改变时，分馏就要做及时调整，以保证各塔分离精度。这是因为在固有塔设备的条件下，压力、进料量和进料组成一定时，要使目的产品通过汽化、冷凝，得以分离需要的最少热量值是一定的，而在实际生产中，所提供的热量要大于这一热量值，才能使在每层塔盘上的传质传热过程进行的充分，保证塔盘效率和分离精度，而多余的那部分热量即是塔顶回流取走的热量。这部分过剩热量的大小决定了操作能耗的大小，在正常操作过程中，应时刻注意顶回流量及相应温度。不能只为了控制顶温一味地增大回流量，可以通过调节塔底温度稳定顶温。

选择适当的回流量对塔的操作很重要，在进料和原料组分有小的波动时，只需将过剩热量做一下调整，就可保证操作仍在原操作参数下进行。在正常操作时应尽量稳定塔顶回流量和回流温度。

（1）脱戊烷塔 C-707 操作因素分析　　C-707 的作用是除去进料中的戊烷组分，确保塔底物料初馏点不低于 65℃。主要的操作参数有塔操作压力、温度、流量。

① 压力　　压力是 C-707 操作的定性值，它决定于油品的沸点，在相同温度、相同组成下，决定油品的汽化率，对整塔的操作有直接影响。

塔压力升高，油品的沸点升高，汽化率下降，塔内气相减少，组分分离难度增加，要保证分离效果，所需热量增加，能耗高，此时应注意塔的温度。

塔压力降低，油品的沸点降低，相同温度下汽化率增加，塔温下降，塔内气相负荷增加，塔盘负荷增加，且易产生雾沫夹带，分离效果差。

为了避免混乱或事故，不要迅速改变 PRC-7104 的压力给定值。通常此压力是恒定不变的。当塔顶压力发生变化时，应着重检查塔底温度、塔顶冷后温度、塔顶外排量、进料负荷及原料组成是否发生变化，并根据具体原因进行相应调节。

脱戊烷塔的塔顶压力是通过设在脱戊烷塔回流罐 D-720 顶的瓦斯线上的压控 PRC-7104 来调节，利用 C-707 顶干气的排出量来调节脱戊烷塔 C-707 的塔顶压力。正常操作期间，脱戊烷塔 C-707 的操作压力为 0.35MPa(表)。

② 温度　　温度在一定的压力和油品组成下，反映油品的汽化率。为了生产合格产品，在脱戊烷塔操作中，温度是重要的调节参数。

脱戊烷塔 C-707 共有三个温度可供调节，即塔顶温度、回流温度、塔底温度。可以控制塔底再沸器温度、塔顶空冷、水冷器冷后温度，来控制塔的各点温度。这些温度反映了塔的分离精度。

a. 塔顶温度　塔顶气相温度是塔顶液相的泡点温度，是塔顶产品中重关键组分浓度的主要标志，如果塔顶温度高可通过加大回流量，或调整塔底温度。脱戊烷塔的塔顶温度设计值为 85℃。

b. 回流温度　回流温度受空冷器 A-704 及水冷器 E-717 的控制，回流温度的高低直接影响塔的分离效果和操作费用。TI-7110 即为脱戊烷塔顶回流温度，回流温度设计值为 40℃。

回流温度高(饱和回流)，取热方式为汽化潜热，所需的换热塔盘数少，能保证其他塔盘的效率；

回流温度低(冷回流)，取热方式为潜热和显热，所需换热塔盘多，且塔顶轻组分易被携带到下层塔盘，影响塔盘的分离效果。

c. 塔底温度　塔底液体温度是它的泡点温度，体现塔底液体中轻关键组分的浓度，如果塔底温度太高，就必须加大回流量，反之应减少回流量。

③ 流量

a. 进料量　当装置的处理量改变时，脱戊烷塔 C-707 的进料也要相应改变，这就打破了原有的物料平衡和热量平衡，因此塔的操作也相应地调整。当脱戊烷塔的进料率增加(减少)时，为维持物料平衡和热量平衡，保持 C-707、D-720 的液位稳定，须按比例增加(减少)塔底再沸量，以维持塔顶和塔底产物质量稳定。

b. 抽出量　塔顶液适当的连续稳定排出，是确保塔顶压力稳定的前提。如果塔顶液排出量小，会使轻组分在塔顶不断循环聚集，最后导致塔顶压力不断升高。塔顶外排量过大时，会导致塔顶轻组分含量减少、塔压下降、塔顶温度升高。

c. 回流量　回流量是调节塔内热量平衡的重要手段之一，也是调整产品分馏精度的主要手段，还是衡量操作好坏的方法之一。回流量增加，塔顶取热量增加，塔顶温度、塔底温度降低，同时增加了塔顶冷凝负荷，生产能耗和操作费用增加。

（2）脱 C_6 塔 C-701 操作因素分析　C-701 是将 C-707 底组分中的 C_6 组分分离出来，塔底料为苯含量小于 1.0% 的高辛烷汽油，塔底油经汽油组分线去罐区，塔顶富苯组分作为抽提原料。影响该塔操作的关键因素是塔底温度和回流比。质量指标是控制好塔底苯含量，以保证高辛烷汽油苯含量。

① 温度　脱 C_6 塔 C-701 塔顶温度、塔底温度、回流温度，用于调整脱 C_6 塔产品分离精度、热量平衡和操作能耗。

a. 塔顶温度　脱 C_6 塔的塔顶温度控制，是通过对塔顶回流量控制阀 FIC-7102 进行调节而实现的。塔顶温度决定抽提进料中 C_6 组分的拔出量，此温度随原料组分变化而变化。

b. 塔底温度　脱 C_6 塔底温度，是通过控制塔底热载体再沸器出口温度来实现的，

脱 C_6 塔底再沸器出口温度 TIC-7102 与再沸器热载体流量控制阀 FIC-7103 串级调节。

脱 C_6 塔塔底温度是塔底油品的泡点温度，塔底温度高，蒸发量大，塔底油轻组分少，抽提进料组分变重，塔底温度低时，脱苯汽油苯含量超标，同时苯收率降低。塔底温度的设计值为 163℃。

c．回流温度　回流温度的作用与 C-707 相同，它是靠塔顶空冷器 A-701 和 E-703 来调节的，设计值为 40℃。

② 流量

a．进料量　脱戊烷塔底油依靠自压送往脱 C_6 塔。脱 C_6 塔的进料量随装置进料量变化而变化。

b．塔顶抽出量　脱 C_6 塔塔顶抽出线：一部分作为返塔回流，一部分去抽提原料罐。

当塔顶抽出量改变时，塔的内回流改变。抽出量增加，内回流减少，汽相负荷相对增加，使塔下部温度升高，操作上为了保证塔顶产品的质量，就需要增加回流量或降低塔底温度。塔顶抽出量的大小是由进料量和原料组分决定的，一般情况不宜大幅度波动。

c．塔顶回流量　顶回流量的作用与 C-707 相同。

2.1.2　各单元控制指南

2.1.2.1　C-707 底温度控制

控制范围　脱戊烷塔底温度: TR-7109 为 154～164℃。

控制目标　脱戊烷塔底温度：TR-7109 为 157～159℃。

相关参数　再沸器出口温度 TRC-7108、再沸器热载体流量 FIC-7108、压力控制 PRC-7104、回流控制 FIC-7107。

控制方式　TRC-7108 与 FIC-7108 串级控制，TRC-7108 为主调，FIC-7108 为副调，控制再沸器热载体流量来控制再沸器出口温度 TR-7108。通过控制脱戊烷塔塔底再沸器出口温度，来控制脱戊烷塔底温度。如图 2-1 所示。

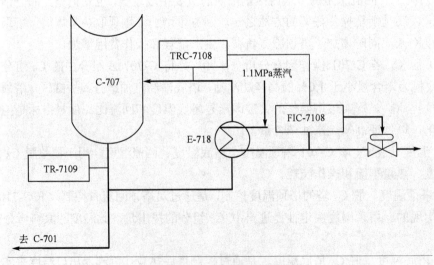

图 2-1　C-707 底温度控制线路图

正常操作

影　响　因　素	调　整　方　法
原料组分波动	联系重整装置稳定原料组分
塔底再沸器蒸汽流量波动	调节 C-707 底再沸器蒸汽流量控制阀 FIC-7108，确保流量稳定
进料流量波动	联系重整装置稳定进料流量
塔顶压力波动	调节 C-707 顶压力控制阀 PIC-7104，稳定 C-707 操作压力
回流量波动	稳定 C-707 回流

异常处理

现　象	原　因	处　理　方　法
再沸器出口温度快速上升；塔底温度上升	再沸器温控阀失灵	迅速提高回流量，再沸器温控阀 FIC-7108 改为手动控制，联系仪表修理待恢复正常后改为自动控制
再沸器出口温度迅速下降；塔底温度下降	再沸器热源丧失	及时恢复再沸器热源，如果短时间无法恢复，及时降 C-707 进料量。见事故处理预案

2.1.2.2　C-707 底液位控制

控制范围　脱戊烷塔底液位：LRCA-7103 为 40%～60%。

控制目标　脱戊烷塔底液位：LRCA-7103 为 45%～55%。

相关参数　C-707 进料、C-707 底抽出量 FIC-7109。

控制方式　LRCA-7103 与 FIC-7109 串级控制，LRCA-7103 为主调，FIC-7109 为副调，通过控制塔底抽出量来控制 C-707 底液位。从而确保塔底液位控制到指标 50%±10%。如图 2-2 所示。

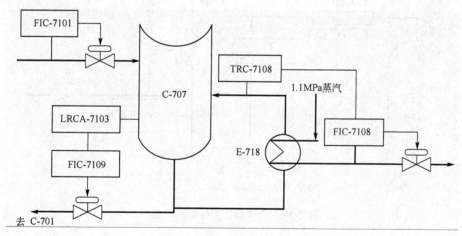

图 2-2　C-707 底液位控制线路图

正常操作

影　响　因　素	调　整　方　法
原料组分波动	联系重整装置稳定原料组分
塔底再沸器蒸汽流量波动	调节 C-707 底再沸器蒸汽流量控制阀 FRC-7108，确保流量稳定

续表

影 响 因 素	调 整 方 法
进料流量波动	联系重整装置稳定进料流量
塔底抽出量波动	检查 C-707 底抽出控制阀 FIC-7109，排除控制阀故障，调整流量稳定
回流量波动	稳定 C-707 回流量

异常处理

现 象	原 因	处 理 方 法
C-707 底液位迅速上升	FIC-7109 故障	改手动或副线调节，联系仪表校验 FIC-7109，检查后路是否畅通，确保后路畅通
C-707 底液位迅速下降	进料中断	立即联系重整装置迅速恢复进料，同时及时关小塔底外排控制阀 FIC-7109，关小塔底再沸器蒸汽控制阀，如果无法及时恢复，见事故处理预案
	FIC-7109 失灵	改手动或副线调节，联系仪表校验 FIC-7109

2.1.2.3　C-707 顶压力控制

控制范围　脱戊烷塔顶压力 PI-7104 为 0.20～0.55MPa（表）。

控制目标　脱戊烷塔顶压力 PI-7104 为 0.30～0.40MPa（表）。

相关参数　C-707 底温度、塔顶冷后温度、进料组分、进料负荷。

控制方式　C-707 顶压力是分程控制，它是通过 C-707 顶压力控制阀 PRC-7104，调节塔顶回流罐 D-720 的气体去装置放空罐 D-716 的排放量及补入的氮气量，来实现对 C-707 顶压力的控制。如图 2-3 所示。

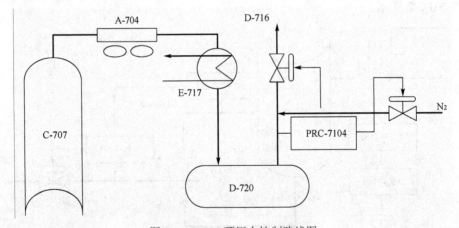

图 2-3　C-707 顶压力控制路线图

正常操作

影 响 因 素	调 整 方 法
原料组分变化	联系重整装置稳定原料组分，控制好原料中轻组分含量
塔底温度波动	调节 FIC-7108 控制阀，稳定塔底温度
进料流量变化	联系重整装置，确保进料流量稳定
冷后温度变化	调节 A-704 和 E-717，控制冷后温度稳定

异常处理

现　象	原　因	处　理　方　法
C-707 顶压力升高或下降	PRC-7104 故障	改手动或副线调节，联系仪表校验 PRC-7104，检查后路是否畅通，确保后路畅通
C-707 顶压力升高、冷后温度升高	塔顶空冷器 A-704 故障	联系钳工、电修检修 A-704 压力超高，可适当开回流罐顶压控阀 PV-7104A 副线或适当降低塔底温度

2.1.2.4　C-707 顶温度控制

控制范围　脱戊烷塔顶温度：TI-7111 为 72～88℃。

控制目标　脱戊烷塔顶温度：TI-7111 为指标值±2℃。

相关参数　C-707 底温度、C-707 顶压力、进料组分、回流量、回流温度。

控制方式　C-707 顶温度单参数控制，通过 C-707 顶回流控制阀 FIC-7107 调节塔顶回流量来实现对 C-707 顶温度的控制。如图 2-4 所示。

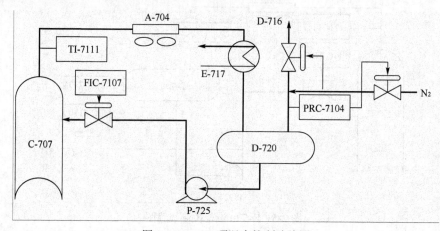

图 2-4　C-707 顶温度控制路线图

正常操作

影 响 因 素	调 整 方 法
回流量变化	稳定 C-707 顶回流量
进料组分变化	联系重整装置稳定原料组分
塔底温度波动	调节 FIC-7108 控制阀，稳定塔底温度
冷后温度变化	调节 A-704 和 E-717，控制冷后温度稳定
塔顶压力波动	调节 C-707 顶压力控制阀 PIC-7104，稳定 C-707 操作压力

异常处理

现　象	原　因	处　理　方　法
C-707 顶温度迅速升高	FIC-7107 失灵	改手动或副线调节，联系仪表校验 FIC-7107，检查后路是否畅通，确保后路畅通
	A-704 故障	见紧急停工预处理部分
	E-717 故障	见紧急停工预处理部分
	P-725 跳车	启动原运行泵或备用泵，迅速恢复外排。如不能启动原运行泵或备用泵，见事故处理预案

续表

现　象	原　因	处 理 方 法
C-707 顶温度迅速下降	塔底再沸器热载体热源丧失	及时恢复再沸器热载体热源，如果短时间无法恢复，及时降 C-707 进料量。见事故处理预案
	FIC-7107 失灵	改手动或副线调节，联系仪表校验 FIC-7107

2.1.2.5　D-720 液位控制

控制范围　脱烷塔顶 D-720 液位 LICA-7104 为 40%～60%。

控制目标　脱烷塔顶 D-720 液位 LICA-7104 为 50%±5%。

相关参数　C-707 进料流量、C-707 底温度、塔顶温度、进料组分、C-707 顶外排流量 FIC-7110。

控制方式　D-720 液位是串级控制，它是通过液位控制阀 LICA-7104 调节塔顶回流罐 D-720 的液体去罐区的流量，来实现对 D-720 液位的控制。如图 2-5 所示。

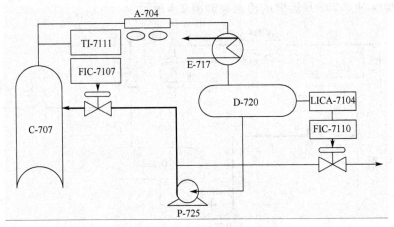

图 2-5　D-720 液位控制线路图

正常操作

影 响 因 素	调 整 方 法
进料流量变化	联系重整装置，确保进料流量稳定
外排量波动	检查外排控制阀工作状态，排除控制阀故障及时调整流量稳定。检查外排泵运行状态，确保外排泵运行正常
塔顶压力波动	检查塔顶压力是否正常，排除控制阀故障及时调整压力稳定
回流量波动	检查回流控制阀工作状态，排除控制阀故障及时调整流量稳定。检查回流泵运行状态，确保回流泵运行正常
塔底温度波动	检查塔底再沸控制阀工作状态，排除控制阀故障，落实热载体系统运行状况，确保塔底温度稳定
原料组分变化	联系重整装置，确保原料组分稳定

异常处理

现　象	原　因	处 理 方 法
回流罐液位迅速下降	热源丧失	迅速恢复塔底热源，同时及时关小塔顶外排和进料，如果无法及时恢复，见事故处理预案
	FIC-7110 失灵	改手动或副线调节，联系仪表校验 FIC-7110

续表

现 象	原 因	处 理 方 法
回流罐液位迅速上升	回流中断	改手动或副线调节，联系仪表校验 FIC-7107，检查后路是否畅通，确保后路畅通
	P-725 跳车	启动原运行泵或备用泵，迅速恢复外排。如不能启动原运行泵或备用泵，见事故处理预案
	后路不畅	迅速检查后路，确保后路畅通

2.1.2.6 C-701 底温度控制

控制范围　C-701 底温度：TR-7106 为 151~163℃。

控制目标　C-701 底温度：TR-7106 为指标值±1℃。

相关参数　C-701 返塔温度 TRC-7102、E-701 热载体流量 FRC-7103、进料组分。

控制方式　TRC-7102 与 FRC-7103 串级控制，TRC-7102 为主调，FRC-7103 为副调，通过控制热载体流量来控制 C-701 底再沸器返塔温度。通过控制 C-701 底再沸器返塔温度来控制塔底温度，从而确保塔底温度达到指标：指标值±1℃。如图 2-6 所示。

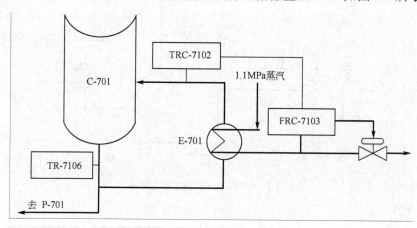

图 2-6　C-701 底温度控制线路图

正常操作

影 响 因 素	调 整 方 法
塔底再沸器蒸汽流量波动	调节 C-701 底再沸器蒸汽流量控制阀 FRC-7103，确保流量稳定
进料流量波动	调节 C-701 进料控制阀 FIC-7109，确保进料流量稳定
塔顶压力波动	调节 C-701 顶压力控制阀 PRC-7103，稳定 C-701 操作压力
回流量波动	稳定 C-701 回流
进料组分变化	及时稳定进料组分

异常处理

现 象	原 因	处 理 方 法
再沸器出口温度快速上升；塔底温度上升	再沸器温控阀 FRC-7103 失灵	迅速增加搭顶回流量，C-701 底再沸器蒸汽流量控制阀 FRC-7103 改为手动控制，联系仪表修理待恢复正常后改为自动控制

续表

现　象	原　因	处　理　方　法
再沸器出口温度迅速下降；塔底温度下降	再沸器热源丧失，造成塔底温度低	及时恢复再沸器热源，如果短时间无法恢复，及时降 C-701 进料量。见事故处理预案

2.1.2.7　C-701 底液位控制

控制范围　C-701 底液位 LRCA-7101 为 40%～60%。

控制目标　C-701 底液位 LRCA-7101 为 50%±5%。

相关参数　C-701 进料 FIC-7109，C-701 底外排 FIC-7104、进料组分。

控制方式　LRCA-7101 与 FIC-7104 串级控制，LRCA-7101 为主调，FIC-7104 为副调，控制出装置高辛烷汽油量来控制 C-701 底液位。从而确保塔底液位控制到指标：50%±10%。如图 2-7 所示。

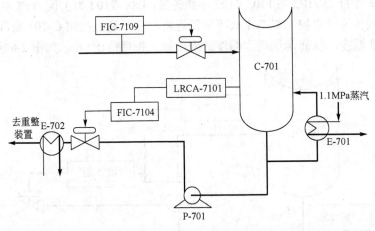

图 2-7　C-701 底液位控制线路图

正常操作

影　响　因　素	调　整　方　法
进料流量变化	调节 C-701 进料控制阀 FIC-7109，确保进料流量稳定。检查进料泵运行情况，运行泵故障时及时切换机泵
FIC-7104 流量波动	检查 FIC-7104 工作状态，排除控制阀故障，调整流量稳定
塔底温度波动	检查塔底再沸器控制阀工作状态，排除控制阀故障，落实再沸器系统运行状况，确保塔底温度稳定
回流量波动	稳定 C-701 回流量
进料组分变化	稳定进料组分

异常处理

现　象	原　因	处　理　方　法
塔底液位迅速下降	进料中断	迅速恢复进料，同时及时关小塔底外排高辛烷汽油量，关小塔底再沸器控制阀，如果无法及时恢复见事故处理
	回流中断	及时关小塔底外排高辛烷汽油量，关小塔底再沸器热源控制阀，迅速恢复回流
	FIC-7104 故障	改手动或副线调节，联系仪表校验 FIC-7104

续表

现　象	原　因	处 理 方 法
塔底液位迅速上升	P-701 跳车	启动原运行泵或备用泵，迅速恢复外排。如不能启动原运行泵或备用泵，见事故处理预案
	FIC-7104 故障	改手动或副线调节，联系仪表校验 FIC-7104

2.1.2.8　C-701 顶压力控制

控制范围　C-701 顶压力 PI-7102 为 0.08～0.16MPa。

控制目标　C-701 顶压力 PI-7102 为 0.12MPa±0.02MPa。

相关参数　C-701 底温度、塔顶冷后温度、进料负荷、进料组分。

控制方式　C-701 顶压力是分程控制，它是通过 D-701 顶压力控制阀 PRC-7103，调节塔顶回流罐 D-701 的气体去装置瓦斯罐 D-716 的排放量及补入的氮气量，来实现对 C-701 顶压力的控制。如图 2-8 所示。

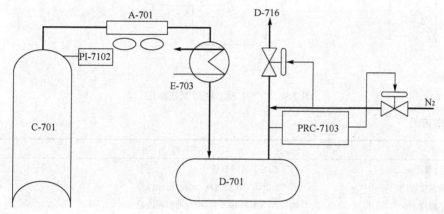

图 2-8　C-701 顶压力控制线路图

正常操作

影 响 因 素	调 整 方 法
塔底温度波动	调节 FRC-7103 控制阀，稳定塔底温度
进料流量变化	联系重整装置，确保进料流量稳定
冷后温度变化	调节 A-701 和 E-703，控制冷后温度稳定
进料组分变化	稳定进料组分

异常处理

现　象	原　因	处 理 方 法
C-701 顶压力升高或下降	PRC-7103 故障	改手动或副线调节，联系仪表校验 PRC-7103，检查后路是否畅通，确保后路畅通
C-701 顶压力升高、C-701 冷后温度升高	A-701 故障	联系钳工、电修检修 A-701
压力超高，可适当开 PV-7103A 副线或适当降低塔底温度

2.1.2.9　C-701 顶温度控制

控制范围　C-701 顶温度 TI-7103 为 88～110℃。

控制目标　C-701 顶温度 TI-7103 为 90～94℃。

相关参数　C-701 底温度、C-701 顶压力、回流量、回流温度、进料组分。

控制方式　C-701 顶温度是单参数控制，它是通过 C-701 顶回流控制阀 FIC-7102，调节塔顶回流量来实现对 C-701 顶温度的控制。如图 2-9 所示。

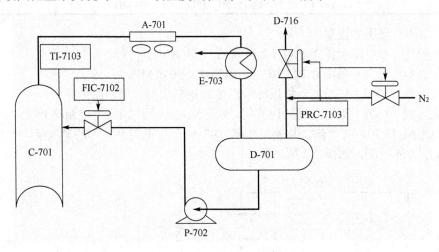

图 2-9　C-701 顶温度控制线路图

正常操作

影 响 因 素	调 整 方 法
回流量变化	稳定 C-701 顶回流量
塔底温度波动	调节 FRC-7103 控制阀，稳定塔底温度
冷后温度变化	调节 A-701 和 E-703，控制冷后温度稳定
塔顶压力波动	调节 D-701 顶压力控制阀 PRC-7103，稳定 C-701 操作压力
进料组分变化	稳定进料组分

异常处理

现　象	原　因	处 理 方 法
C-701 顶温度迅速升高	FIC-7102 失灵	改手动或副线调节，联系仪表校验 FIC-7102，检查后路是否畅通，确保后路畅通
	A-701 故障	见紧急停工预处理部分
	E-703 故障	见紧急停工预处理部分
	P-702 跳车	启动原运行泵或备用泵，迅速恢复外排。如不能启动原运行泵或备用泵，见事故处理预案
C-701 顶温度迅速下降	塔底再沸器热源丧失	及时恢复塔底再沸器热源，如果短时间无法恢复，及时降 C-701 进料量。见事故处理预案
	FIC-7102 失灵	改手动或副线调节，联系仪表校验 FIC-7102

2.1.2.10　D-701 液位控制

控制范围　D-701 液位 LICA-7102 为 40%～60%。

控制目标　D-701 液位 LICA-7102 为 45%～55%。

相关参数　C-701 顶回流 FIC-7102，C-701 顶外排量 FIC-7106、C-701 顶温度、进料量、进料组分。

控制方式　优先确保 C-701 顶回流量稳定，D-701 多余物料由 FIC-7106 控制外排至 D-702。从而确保回流罐液位控制到指标 50%±10%。如图 2-10 所示。

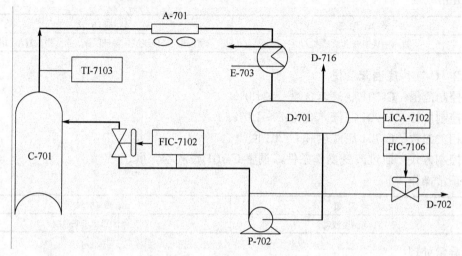

图 2-10　D-701 液位控制线路图

正常操作

影 响 因 素	调 整 方 法
进料流量变化	调节 C-701 进料控制阀 FIC-7109，确保进料流量稳定。检查进料泵运行情况，运行泵故障时及时切换机泵
塔底温度波动	检查塔底再沸器控制阀工作状态，排除控制阀故障，落实热载体系统运行状况，确保塔底温度稳定

异常处理

现 象	原 因	处 理 方 法
回流罐液位迅速下降	塔底再沸器热源丧失	迅速恢复塔底再沸器热源，同时及时关小塔顶外排和进料，如果无法及时恢复见事故处理
回流罐液位迅速上升	回流中断	迅速恢复回流，同时及时开大塔顶外排 FV-7103 的量，关小塔底再沸控制阀，如果无法及时恢复按应急预案进行停工处理

2.1.3　产品质量控制

2.1.3.1　C-707 底液初馏点

控制范围　C-707 底液初馏点：≥65℃。

控制目标　C-707 底液初馏点：≥65℃。

相关参数　C-707 顶温度、底温度、压力。

控制方式　通过改变操作条件，调整 C-707 底液初馏点。

正常操作

影　响　因　素	调　整　方　法
C-707 顶温度波动	查明原因稳定塔顶温度
C-707 底温度波动	查明原因稳定塔底温度
C-707 塔顶压力波动	查明原因稳定塔顶压力

异常处理

影　响　因　素	处　理　方　法
进料中轻组分含量过多	适当提高塔顶温度，降低回流、增大塔顶液相抽出

2.1.3.2　C-701 底油苯含量

控制范围　C-701 底液苯含量：≤1.0%。

控制目标　C-701 底液苯含量：≤1.0%。

相关参数　C-701 底温度和 C-701 回流。

控制方式　通过改变操作条件，调整 C-701 底液苯含量。

正常操作

影　响　因　素	调　整　方　法
C-701 底温度波动	查明原因稳定塔底温度

异常处理

影　响　因　素	处　理　方　法
进料中苯含量增加	适当降低塔顶回流，增大塔顶抽出
塔底温度降低	适当提高塔底再沸器蒸汽流量，提高塔底温度

2.2　抽提系统操作指南

2.2.1　抽提系统操作原则

严格执行抽提岗位的工艺操作指南，保证抽提塔、汽提塔、水汽提塔、回收塔、抽余油水洗塔、溶剂再生塔、白土罐的正常生产。负责本岗位的开、停工及事故处理，根据产品质量要求，生产合格的芳烃和非芳烃；同时负责抽提单元所有的换热器、水冷器、空冷器及机泵的正常运转，做好设备和工艺管线的日常维护工作。加强巡回检查力度，并做好本岗位的交接班和原始数据记录，保证整个装置的安全平稳运行。

抽提单元的目的是利用芳烃和非芳烃在溶剂中的溶解度不同，并能形成重度不同的两相，经过多次溶解分离，将芳烃从油中提纯出来，然后根据溶剂与芳烃沸点不同，将芳烃和溶剂分开，从而得到高纯度的混合芳烃，对于同碳原子数不同族的烃类在溶剂中的溶解顺序为：芳烃＞烯烃或环烷烃＞烷烃。对于不同碳原子数同族类烃类在溶剂中的溶解顺序为：

苯＞甲苯＞二甲苯＞重芳烃

2.2.1.1　芳烃抽提参数控制重点

（1）温度　随着温度的升高，部分热能转变为分子动能。这样就加速了两相间的传质过程,从而有利于两相的溶解。所以温度升高有利于溶剂溶解芳烃,同时随温度升高,非芳烃的溶解度也随着增大,在一定温度范围内,非芳烃溶解度增大的速度远远小于芳烃溶解度增大速度,在此范围,升高温度有利于提高抽提效果。超过此范围,温度升高、则非芳烃的溶解度迅速增大,芳烃产品纯度下降。温度与抽提效果的关系是:温度升高,溶剂的溶解度增大,而选择性下降,在一定范围内,随温度升高,溶解度增加很快,而选择性下降不大,所以抽提温度应根据使用溶剂控制在最佳范围内。

(2)压力 抽提操作压力一般控制在原料油饱和蒸气压之上。此压力主要是保证抽提塔在液相下工作。塔内若发生汽化,则不利于抽提操作,所以压力的确定应参考原料油性质,保证抽提在液相下进行。压力一般控制在 0.55~0.65MPa。

(3)溶剂比 溶剂比是贫溶剂量与原料量之比。溶剂比大,溶剂溶解的芳烃就多,芳烃回收率增大,但是芳烃的纯度下降;相反,溶剂比减小,则芳烃回收率降低,但纯度增加。对于环丁砜溶剂,溶剂比一般控制在 1.5~3.0。溶剂比与抽提温度的关系是溶剂比增大相当于提高了抽提温度。

(4)返洗比 返洗比是返洗芳烃量与进料量的比值,它是控制芳烃纯度的重要手段,返洗比越大,则进入抽提塔下部的轻质芳烃将更多地替换出已溶的非芳烃,则芳烃的纯度越高,反之返洗比小,则芳烃的纯度下降,返洗比一般控制在 0.45 左右,本单元设计回流比在 0.35~0.75,返洗比太大影响芳烃收率。

(5)溶剂含水量 溶剂含水量是调节溶剂选择性大小的重要手段,溶剂含水量增大,则溶剂的选择性提高,造成芳烃的纯度增高,但收率下降。反之,溶剂含水量减小,溶剂选择性下降,使得芳烃纯度下降,收率增高,溶剂的含水量由C-705底温度和塔的压力决定。一般溶剂含水量控制在2%~4%。

(6)溶剂的pH值 溶剂的pH值大小本身并不直接影响抽提效果,只是表明溶剂酸性或碱性。pH小于7,会对设备产生腐蚀,形成部分锈渣,进入抽提塔后,因塔盘开孔直径小,极易被堵,这样就造成抽提塔开孔率发生变化,最后影响抽提效果。另外碱性、酸性物质对设备腐蚀也很厉害,所以系统溶剂的pH值一般保持在6.0~9.0,即达中性为最佳。

(7)抽提原料性质 抽提原料性质对抽提效果的影响可分为两个方面。

① 抽提原料中的芳含量较高或较低,使原有的操作条件不能保证得到高纯度、高回收率的芳烃产品,因此操作条件作相应改变以适应原料中芳含量的变化。

② 抽提原料中芳烃组分的变化,根据溶剂对不同芳烃组分有不同的选择性,在原料中芳烃组分发生变化时,使原有的操作条件不能保证得到高纯度、高回收率的芳烃产品,因此操作条件作相应改变以适应原料中芳烃组分的变化。

2.2.1.2 芳烃抽提操作因素分析

(1)抽提塔操作因素分析 抽提操作的任务是尽量从进料油中提取更多合格的芳烃(芳烃纯度大于99.80%)。

① 抽提塔采用富溶剂流量FIC-7201单参数控制,非芳烃流量FIC-7203与C-702顶液位LIC-7202串级控制作为正常操作的控制方案,必须掌握操作平衡。

② 由于液体的不可压缩性，以分程控制来控制塔顶压力，对外界干扰有较大适应性，使抽提塔处于比较安全状态。压力的作用是保证在液相下抽提，塔底界面的控制是保证塔内两相具有良好的分离。

③ 溶剂比是保证烃收率的主要手段，回流比是保证芳烃质量的主要手段，一般非芳折射高，应适当增大溶剂比，芳烃折射低，应首先提高回流比，再适当降低溶剂比。

④ 抽提塔的温度主要是由 C-705 底温度决定的，并决定溶剂含水量，不是经常任意调节的操作参数。

（2）汽提塔操作因素分析　汽提塔的主要作用是将 C-702 来的第一富溶剂经闪蒸，将轻质芳烃及少量轻质非芳烃蒸出，作 C-702 底回流，使汽提塔底二次富溶剂的芳烃纯度得到提高。

① 汽提塔的压力控制平稳很重要，压力的高低对 C-702 回流量及芳烃质量有一定影响，汽提塔的压力控制是由分程控制来调节的。

② 汽提塔底温度应控制平稳，塔底温度波动引起塔内气相负荷变化，温度过高将引起跑溶剂现象，对抽提操作有不良影响；塔底温度 TIC-7208 和再沸器蒸汽流量 FIC-7206 串级控制，热载体系统应操作平稳，防止热载体温度波动。

（3）回收塔操作因素分析　回收塔的作用是将第二富溶剂进行精馏，将芳烃和溶剂得到分离，回收溶剂循环使用。

① 汽提汽和汽提水　打汽提汽和汽提水的目的是确保贫溶剂不含油，提高贫溶剂的溶解能力，同时汽提水，汽提汽又影响汽提塔的流速和油气分压，有利于芳烃的挥发但加大了塔底重沸器及冷却器负荷。使能耗增加故汽提水不可随意调节，一般为贫剂量 2%～4%（体积分数）为宜。

② 塔底温度　提高塔底温度即提高 E-708 出口温度，相当于降低溶剂含水和提高抽提温度，有利于提高芳烃回收率，但温度不能太高，否则影响芳烃的纯度。此温度应根据含水量来作小范围调节，不能任意调节。

③ 回流比　回流的主要作用是保证产品质量，保证精馏过程的实现，同时降低塔顶汽相负荷，回流比的大小应根据芳烃中溶剂含量和贫溶剂含油量作小范围调整，一般控制在 0.5～0.8（对塔顶抽出量）。

（4）抽余油水洗塔操作因素分析　主要是将抽余油中携带的环丁砜水洗回收，保证抽余油产品中溶剂含量合格。抽余油水洗塔控制关键是控制好压力，压力波动对抽提操作有一定影响。

（5）溶剂再生塔操作因素分析　环丁砜虽然较稳定，但难免与空气接触而被氧化变质，显酸性，为防止对设备的腐蚀，定量加入多效工艺液以控制溶剂的 pH 值。氧化变质的溶剂容易形成高分子叠合物，堵塞抽提塔盘筛孔，影响抽提效果，为除去溶剂中变质溶剂，必须进行溶剂再生。

（6）白土罐操作因素分析　在一定温度和压力下，白土罐的主要作用是吸附苯中的烯烃。保证苯产品中烯烃含量合格。白土罐控制的关键是控制好压力和温度，压力和温度的变化对产品质量有一定影响。压力一般控制在 1.75～2.10MPa，温度控制在 150～220℃，

空速在 $0.3 \sim 0.6 h^{-1}$。

2.2.2　各单元控制指南

2.2.2.1　C-702 顶压力控制

控制范围　C-702 顶压力 PIC-7202 为 0.40～0.70MPa。

控制目标　C-702 顶压力 PIC-7202 为 0.55～0.65MPa。

相关参数　C-702 进料量、回流芳烃量、贫溶剂量、抽余油量、富溶剂量、进料组分

控制方式　通过 C-702 顶压控阀 PIC-7202 来控制 C-702 压力。如图 2-11 所示。

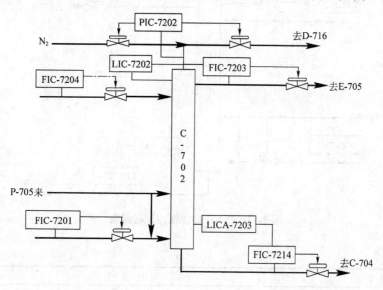

图 2-11　C-702 顶压力控制线路图

正常操作

影 响 因 素	调 整 方 法
进料流量波动	调节 C-702 进料控制阀 FIC-7201，确保进料流量稳定。检查进料泵运行情况，运行泵故障时及时切换机泵
贫溶剂量波动	调节 C-702 贫溶剂控制阀 FIC-7204，确保贫溶剂流量稳定。检查贫溶剂泵运行情况，运行泵故障时及时切换机泵
抽余油量波动	调节 C-702 抽余油控制阀 FIC-7203，确保抽余油流量稳定
进料组分变化	稳定进料组分
富溶剂量波动	调节 C-702 富溶剂控制阀 FIC-7214，确保富溶剂流量稳定

异常处理

现 象	原 因	处 理 方 法
C-702 压力迅速上升	PIC-7202 失灵	改手动或副线调节，联系仪表校验 PIC-7202，检查后路是否畅通，确保后路畅通
C-702 压力迅速下降	PIC-7202 失灵	改手动或副线调节，联系仪表校验 PIC-7202

2.2.2.2 C-702 底界面控制

控制范围 C-702 底界面控制在 30%～60%。

控制目标 C-702 底界面控制在 40%～60%。

相关参数 贫溶剂流量、进料量、抽余油量、富溶剂流量。

控制方式 通过控制富溶剂抽出流量来控制 C-702 底界面。如图 2-12 所示。

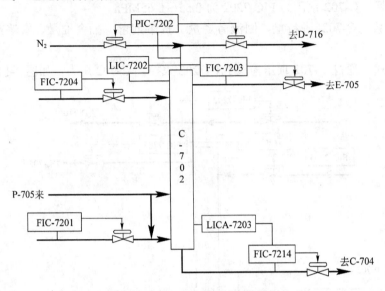

图 2-12 C-702 底界面控制线路图

正常操作

影 响 因 素	调 整 方 法
进料流量波动	调节 C-702 进料控制阀 FIC-7201，确保进料流量稳定。检查进料泵运行情况，运行泵故障时及时切换机泵
贫溶剂流量波动	调节 C-702 贫溶剂控制阀 FIC-7204，确保贫溶剂流量稳定。检查贫溶剂泵运行情况，运行泵故障时及时切换机泵
抽余油量波动	调节 C-702 抽余油控制阀 FIC-7203，确保抽余油流量稳定
富溶剂流量波动	调节 C-702 富溶剂控制阀 FIC-7214，确保富溶剂流量稳定
进料组分变化	稳定进料组分
溶剂比变化	调节 P-710 流量、贫溶剂控制阀 FIC-7204，确保溶剂比稳定

异常处理

现　　象	原　　因	处 理 方 法
C-702 底界面迅速下降	P-710 跳车	启动原运行泵或备用泵，缓慢恢复贫溶剂流量。抽提芳烃、非芳改大循环，产品合格改开路，如不能启动原运行泵或备用泵，见事故处理预案
	富溶剂控制阀 FIC-7214 故障	迅速将富溶剂控制阀切至手动或副线控制，联系仪表处理控制阀 FIC-7214
C-702 底界面迅速上升	富溶剂控制阀 FIC-7214 故障	迅速将富溶剂控制阀切至手动或副线控制，联系仪表处理控制阀 FIC-7214

2.2.2.3 C-702 顶液面控制

控制范围 C-702 顶液面控制在 40%～60%。

控制目标 C-702 顶液面控制在 45%～55%。

相关参数 贫溶剂流量、进料量、抽余油量、富溶剂流量、进料组分。

控制方式 通过控制抽余油抽出流量来控制 C-702 顶液面。如图 2-13 所示。

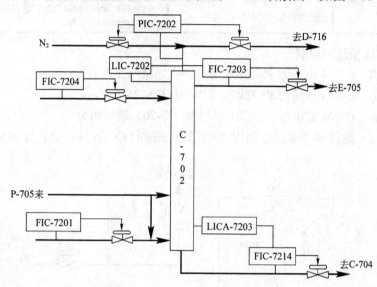

图 2-13 C-702 顶液面控制线路图

正常操作

影 响 因 素	调 整 方 法
进料流量波动	调节 C-702 进料控制阀 FIC-7201，确保进料流量稳定。检查进料泵运行情况，运行泵故障时及时切换机泵
贫溶剂流量波动	调节 C-702 贫溶剂控制阀 FIC-7204，确保贫溶剂流量稳定。检查贫溶剂泵运行情况，运行泵故障时及时切换机泵
抽余油量波动	调节 C-702 抽余油控制阀 FIC-7203，确保抽余油流量稳定
富溶剂流量波动	调节 C-702 富溶剂控制阀 FIC-7214，确保富溶剂流量稳定
进料组分变化	稳定进料组分

异常处理

现　　象	原　　因	处 理 方 法
C-702 顶液面迅速下降	P-710 跳车	启动原运行泵或备用泵，缓慢恢复贫溶剂流量。抽提芳烃、非芳改大循环，产品合格改开路，如不能启动原运行泵或备用泵，见事故处理预案
C-702 顶液面迅速下降	P-703 跳车	启动原运行泵或备用泵，缓慢恢复 C-702 进料。抽提芳烃、非芳改大循环，产品合格改开路，如不能启动原运行泵或备用泵，见事故处理预案
	富溶剂控制阀 FIC-7214 故障	迅速将富溶剂控制阀切至手动或副线控制，联系仪表处理控制阀 FIC-7214

现　象	原　因	处 理 方 法
	抽余油控制阀 FIC-7203 故障	迅速将富溶剂控制阀切至手动或副线控制,联系仪表处理控制阀 FIC-7203
C-702 顶液面迅控制阀	富溶剂控制阀 FIC-7214 故障	迅速将富溶剂控制阀切至手动或副线控制,联系仪表处理 C-702 顶液面迅控制阀 FIC-7214
	抽余油控制阀 FIC-7203　故障	迅速将富溶剂控制阀切至手动或副线控制,联系仪表处理控制阀 FIC-7203

2.2.2.4　C-704 顶压力控制

控制范围　C-704 顶压力 PI-7207:0.06～0.16MPa(表)。

控制目标　C-704 顶压力 PI-7207:0.06～0.12MPa(表)。

相关参数　C-704 底温度、C-704 进料量、C-704 进料组分。

控制方式　通过 D-706 顶压控阀 PIC-7213 来控制 C-704 顶压力。如图 2-14 所示。

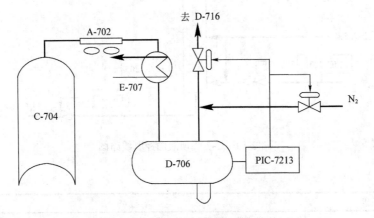

图 2-14　C-704 顶压力控制线路图

正常操作

影 响 因 素	调 整 方 法
塔底温度波动	调节 FIC-7216 控制阀,稳定塔底温度
进料流量变化	调节 FIC-7214 控制阀,确保进料流量稳定
进料组分变化	稳定进料组分

异常处理

现　象	原　因	处 理 方 法
C-704 顶压力迅速升高	PIC-7213 故障	改手动或副线调节,联系仪表校验 PIC-7213,检查后路是否畅通,确保后路畅通
C-704 顶压力迅速下降	PIC-7213 故障	改手动或副线调节,联系仪表校验 PIC-7213
	N₂ 中断	及时联系生产调度恢复 N₂ 供给,手动关闭 PV-7213B

2.2.2.5　C-704 顶温度控制

控制范围　C-704 顶温度:TI-7206 为 90～126℃。

控制目标　C-704 顶温度:TI-7206 为 100～104℃。

相关参数　C-704 底温度、C-704 进料量、C-704 进料组分、C-704 顶抽出量。

控制方式　通过 C-704 顶抽出量控制阀 FIC-7215 来控制 C-704 顶温度。如图 2-15 所示。

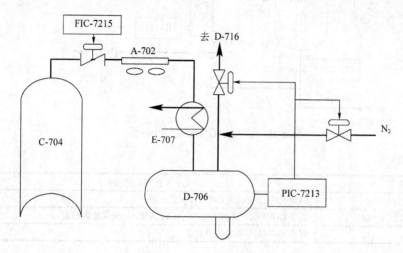

图 2-15　C-704 顶温度控制线路图

正常操作

影　响　因　素	调　整　方　法
塔底温度波动	调节 FIC-7216 控制阀，稳定塔底温度
进料流量变化	调节 FIC-7214 控制阀，确保进料流量稳定
C-704 顶抽出量变化	调节 FIC-7215 控制阀，确保 C-704 顶抽出量稳定
进料组分变化	稳定进料组分

异常处理

现　　象	原　　因	处　理　方　法
C-704 顶温度迅速升高	FIC-7215 故障	改手动或副线调节，联系仪表校验 FIC-7215
	FIC-7216 失灵	改手动或副线调节，联系仪表校验 FIC-7216
C-704 顶温度迅速下降	再沸器热源丧失	及时恢复再沸器热源，如果短时间无法恢复，见事故处理预案
	FIC-7215 故障	改手动或副线调节，联系仪表校验 FIC-7215

2.2.2.6　C-704 底温度控制

控制范围　C-704 底温度：TR-7207 为 145～165℃。

控制目标　C-704 底温度：TR-7207 为 150～158℃。

相关参数　再沸器出口温度 TI-7208、再沸器热载体流量 FIC-7216、进料量、C-704 底抽出量。

控制方式　再沸器出口温度 TIC-7208 与再沸器蒸汽流量 FIC-7216 为串级控制。通过控制再沸器蒸汽流量来控制再沸器出口温度 TIC-7208，从而来控制 C-704 底温度。如图 2-16 所示。

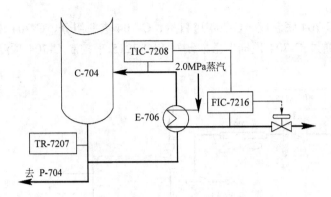

图 2-16　C-704 底温度控制线路图

正常操作

影 响 因 素	调 整 方 法
C-704 底抽出流量波动	调节 FIC-7221 稳定 C-704 底抽出流量
塔底再沸器蒸汽流量波动	调节 C-704 底再沸器热源控制阀 FIC-7216，确保流量稳定
进料流量波动	调节 FIC-7214 稳定进料流量

异常处理

现 象	原 因	处 理 方 法
再沸器出口温度快速上升塔底温度上升	再沸器温控阀失灵	再沸器温控阀 FIC-7216 改为手动控制，联系仪表修理待恢复正常后改为自动控制
再沸器出口温度迅速下降塔底温度下降	再沸器热源丧失	及时恢复再沸器热源，如果短时间无法恢复，及时降 C-704 进料量。见事故处理预案

2.2.2.7　C-704 底液位控制

控制范围　C-704 底液位:LIC-7211 为 30%～70%。

控制目标　C-704 底液位:LIC-7211 为 40%～60%。

相关参数　C-704 进料量、C-704 底抽出量 FIC-7221、C-704 底温度、进料组分。

控制方式　塔底抽出控制阀 FIC-7221 与 LIC-7211 串级控制。确保 C-704 底液位控制到指标：50%±20%。如图 2-17 所示。

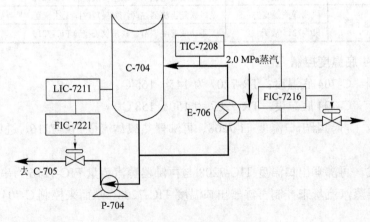

图 2-17　C-704 底液位控制线路图

正常操作

影 响 因 素	调 整 方 法
进料组分波动	稳定进料组分
再沸器蒸汽流量波动	调节 C-704 底再沸器蒸汽流量控制阀 FIC-7216，确保流量稳定
进料流量波动	调节 FIC-7214 稳定进料流量
塔底抽出量波动	检查 C-704 底抽出控制阀 FIC-7221，排除控制阀故障，调整流量稳定；检查 P-704 运行情况，确保 P-704 运行正常

异常处理

现 象	原 因	处 理 方 法
C-704 底液位迅速上升	P-704 跳车	迅速关小进料控制阀，启动原运行泵或备用泵，缓慢恢复进料。如不能启动原运行泵或备用泵，见事故处理预案
	FIC-7221 故障	改手动或副线调节，联系仪表校验 FIC-7221，检查后路是否畅通，确保后路畅通
C-704 底液位迅速下降	进料中断	迅速恢复进料，及时关小塔底外排控制阀 FIC-7221，关小塔底再沸器蒸汽控制阀 FIC-7216，如果无法及时恢复，见事故处理预案
	FIC-7221 失灵	改手动或副线调节，联系仪表校验 FIC-7221

2.2.2.8 D-706 液位控制

控制范围 D-706 液位：LIC-7212 为 30%～70%。

控制目标 D-706 液位：LIC-7212 为 40%～60%。

相关参数 返洗量、C-704 底温度、C-704 顶温度、C-704 进料量、进料组分。

控制方式 通过返洗量控制阀 FRC-7217 与 LIC-7212 串级控制。确保 D-706 液位控制到指标 50%±20%。如图 2-18 所示。

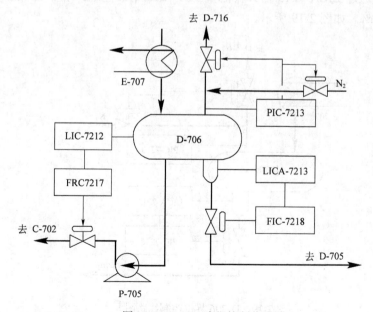

图 2-18 D-706 液位控制线路图

正常操作

影 响 因 素	调 整 方 法
进料流量变化	调节 C-704 进料控制阀 FIC-7214，确保进料流量稳定
塔顶温度及抽出量波动	检查塔顶抽出控制阀 FIC-7215 工作状态，排除控制阀故障，及时调整流量稳定
返洗量波动	检查返洗控制阀 FRC-7217 工作状态，排除控制阀故障及时调整流量稳定。检查 P-705 运行情况，确保 P-705 运行正常
塔底温度波动	检查塔底再沸器控制阀 FIC-7216 工作状态，排除控制阀故障，落实热载体系统运行状况，确保塔底温度稳定

异常处理

现 象	原 因	处 理 方 法
回流罐液位迅速下降	塔底再沸器热源丧失	迅速恢复塔底再沸器热源，同时及时关小塔顶外排和进料，如果无法及时恢复，见事故处理
	FIC-7215 故障	改手动调节，联系仪表校验 FIC-7215
	FRC-7217 故障	改手动或副线调节，联系仪表校验 FRC-7217
回流罐液位迅速上升	FRC-7217 故障	改手动或副线调节，联系仪表校验 FRC-7217。检查后路是否畅通，确保后路畅通
	P-705 跳车	迅速关小塔顶抽出控制阀 FIC-7215，启动原运行泵或备用泵，如不能启动原运行泵或备用泵，见事故处理预案

2.2.2.9 D-706 界位控制

控制范围　D-706 界位 LICA-7213 为 40%～60%。

控制目标　D-706 界位 LICA-7213 为 45%～55%。

相关参数　C-704 底温度、C-704 顶温度、C-704 进料量、贫溶剂含水量。

控制方式　通过 LICA-7213 与外排流量 FIC-7218 串级控制。确保 D-706 界位控制到指标 50%±10%。如图 2-19 所示。

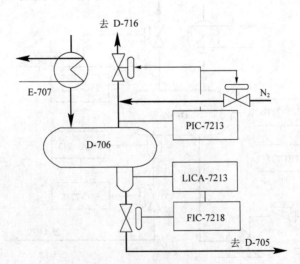

图 2-19　D-706 界位控制线路图

正常操作

影 响 因 素	调 整 方 法
进料流量变化	调节 C-704 进料控制阀 FIC-7214，确保进料流量稳定
塔顶抽出量波动	检查 FIC-7215 工作状态，排除控制阀故障及时调整流量稳定
贫溶剂含水量变化	稳定贫溶剂含水量
塔底温度波动	检查塔底再沸器控制阀工作状态，排除控制阀故障，落实热载体系统运行状况，确保塔底温度稳定

异常处理

现 象	原 因	处 理 方 法
回流罐界位迅速下降	塔底再沸器热源丧失	迅速恢复塔底再沸器热源，及时关小塔顶外排和进料，如果无法及时恢复见事故处理
	FIC-7218 故障	联系仪表校验 FIC-7218
回流罐界位迅速上升	FIC-7218 故障	联系仪表校验 FIC-7218，检查后路是否畅通，确保后路畅通

2.2.2.10 C-703 底界位控制

控制范围　C-703 底界位:LICA-7210 为 70%～90%。

控制目标　C-703 底界位:LICA-7210 为 75%～85%。

相关参数　C-703 进料量、C-703 底抽出水量、下循环水量、一次水洗比。

控制方式　通过 C-703 底界位控制阀 LICA-7210 来控制 C-703 底界位。确保 C-703 底界位控制到指标 80%±10%。如图 2-20 所示。

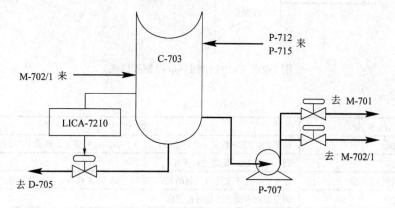

图 2-20　C-703 底界位控制线路图

正常操作

影 响 因 素	调 整 方 法
下循环水量波动	调节 FIC-7212、FIC-7206 稳定下循环水量。检查 P-707 运行情况，确保 P-707 运行正常
进料流量波动	调节 FIC-7203 稳定进料流量
塔底抽出水量波动	检查 C-703 底抽出控制阀 LICA-7210，排除控制阀故障，调整流量稳定
一次水洗比变化	调节一次水洗比在指标范围内

异常处理

现　象	原　因	处 理 方 法
C-703 底界位迅速上升	P-707 跳车	启动原运行泵或备用泵，检查后路是否畅通，确保后路畅通
	PIC-7203 失灵	改手动或副线调节，联系仪表校验 PIC-7203，检查后路是否畅通，确保后路畅通
C-703 底界位迅速下降	FIC-7208 失灵	改手动或副线调节，联系仪表校验 FIC-7208
	PIC-7203 失灵	改手动或副线调节，联系仪表校验 PIC-7203

2.2.2.11　C-703 中部界位控制

控制范围　C-703 中部界位:LIC-7208 为 30%～50%。

控制目标　C-703 中部界位:LIC-7208 为 35%～45%。

相关参数　C-703 进料量、C-703 中部抽出水量、上循环水量、二次水洗比。

控制方式　通过 C-703 中部界位控制阀 LIC-7208 来控制 C-703 中部界位。确保 C-703 中部界位控制到指标 40%±10%。如图 2-21 所示。

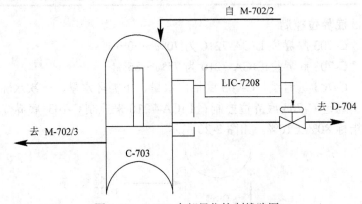

图 2-21　C-703 中部界位控制线路图

正常处理

影 响 因 素	调 整 方 法
上循环水量波动	调节 FIC-7209 稳定上循环水量。检查 P-715 运行情况，确保 P-715 运行正常
进料流量波动	调节 FIC-7203 稳定进料流量
C-703 中部抽出水量波动	检查 C-703 中部抽出控制阀 LIC-7208，排除控制阀故障，调整流量稳定
二次水洗比变化	调节二次水洗比在指标范围内

异常处理

现　象	原　因	处 理 方 法
C-703 中部界位迅速上升	LIC-7208 失灵	改手动或副线调节，联系仪表校验 LIC-7208，检查后路是否畅通，确保后路畅通
C-703 中部界位迅速下降	LIC-7208 失灵	改手动或副线调节，联系仪表校验 LIC-7208
	P-715 跳车	启动原运行泵或备用泵，检查后路是否畅通，确保后路畅通

2.2.2.12　C-703 上部界位控制

控制范围　C-703 上部界位:LIC-7206 为 30%～50%。

控制目标　　C-703 上部界位:LIC-7206 为 40%～50%。

相关参数　　C-703 进料量、C-703 上部抽出水量、上循环水量、三次水洗比。

控制方式　　通过 C-703 上部界位控制阀 LIC-7206 来控制 C-703 上部界位。确保 C-703 上部界位控制到指标 40%±10%。如图 2-22 所示。

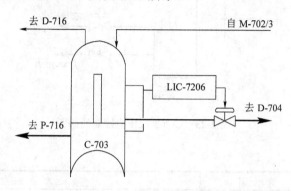

图 2-22　C-703 上部界位控制线路图

正常操作

影 响 因 素	调 整 方 法
P-712 水量波动	检查 P-712 运行情况，确保 P-712 运行正常，稳定水量
进料流量波动	调节 FIC-7203 稳定进料流量
C-703 上部抽出水量波动	检查 C-703 上部抽出控制阀 LIC-7206，排除控制阀故障，调整流量稳定
三次水洗比变化	调节三次水洗比在指标范围内

异常处理

现 象	原 因	处 理 方 法
C-703 上部界位迅速上升	LIC-7206 失灵	改手动或副线调节，联系仪表校验 LIC-7206，检查后路是否畅通，确保后路畅通
C-703 上部界位迅速下降	LIC-7206 失灵	改手动或副线调节，联系仪表校验 LIC-7206
	P-712 跳车	启动原运行泵或备用泵，检查后路是否畅通，确保后路畅通

2.2.2.13　C-703 顶压力控制

控制范围　　C-703 顶压力:PIC-7203 为 0.2～0.4MPa。

控制目标　　C-703 顶压力:PIC-7203 为 0.25～0.35MPa。

相关参数　　C-703 进料量、C-703 顶抽出量、膜分离功能件运行状况。

控制方式　　通过 C-703 顶抽出控制阀 PIC-7203 来控制 C-703 顶压力。确保 C-703 顶压力控制到指标 0.32MPa。如图 2-23 所示。

正常操作

影 响 因 素	调 整 方 法
上循环水量波动	调节 FIC-7209 稳定上循环水量。检查 P-715 运行情况，确保 P-715 运行正常
进料流量波动	调节 FIC-7203 稳定进料流量
塔顶抽出量波动	检查 C-703 顶抽出控制阀 PIC-7203，排除控制阀故障，调整流量稳定

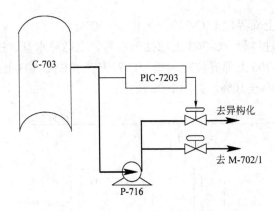

图 2-23　C-703 顶压力控制线路图

异常处理

现　象	原　因	处 理 方 法
C-703 顶压力迅速上升	P-716 跳车	迅速关小 FIC-7203，启动原运行泵或备用泵，缓慢恢复抽余油量。如不能启动原运行泵或备用泵，见事故处理预案
	PIC-7203 失灵	改手动或副线调节，联系仪表校验 PIC-7203，检查后路是否畅通，确保后路畅通
C-703 顶压力迅速下降	PIC-7203 失灵	改手动或副线调节，联系仪表校验 PIC-7203
	C-703 进料中断	迅速恢复进料，及时关小塔顶外排控制阀 PIC-7203，如果无法及时恢复，见事故处理预案

2.2.2.14　C-705 底温度控制

控制范围　C-705 底温度 TR-7225 为 145～179℃。

控制目标　C-705 底温度 TI-7225 为标准值±2℃。

相关参数　C-705 底回流返塔温度 TI-7217、进料量、C-705 汽提水量、C-705 汽提汽量、汽提汽温度 TI-7211。

控制方式　通过控制再沸器蒸汽流量 FIC-7224 来控制再沸器出口温度 TI-7217，从而确保塔底温度达到指标：指标值±2℃。如图 2-24 所示。

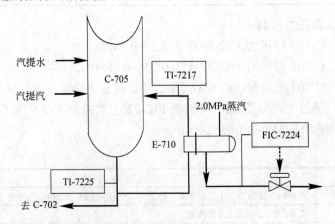

图 2-24　C-705 底温度控制线路图

正常操作

影 响 因 素	调 整 方 法
进料流量变化	调节 C-705 进料控制阀 FIC-7221，确保进料流量稳定。检查进料泵运行情况，运行泵故障时及时切换机泵
热载体温度波动	调节热载体温度在指标范围
汽提水量变化	调节汽提水量在指标范围
汽提汽量变化	调节汽提汽量在指标范围

异常处理

现 象	原 因	处 理 方 法
塔底温度快速上升；塔底液位迅速下降	进料、回流中断引起超温	迅速恢复进料量、回流量及时降低塔底外排，塔底迅速降温处理，待恢复正常后逐步升温
	汽提水、汽提汽丧失引起超温	迅速恢复汽提水和汽提汽量、及时降低塔底外排，塔底迅速降温处理，待恢复正常后逐步升温
塔底温度迅速下降	热载体丧失	及时恢复再沸器热源，如果短时间无法恢复，及时降 C-705 进料量。见事故处理预案

2.2.2.15　C-705 底液位控制

控制范围　C-705 底液位:LI-7215 为 30%～70%。

控制目标　C-705 底液位:LI-7215 为 40%～60%。

相关参数　C-705 进料量、C-705 底抽出量 FIC-7204、C-705 底温度、C-705 顶温度。

控制方式　通过 C-705 底抽出控制阀 FIC-7204 来控制 C-705 底液位。确保 C-705 底液位控制到指标 50%±10%。如图 2-25 所示。

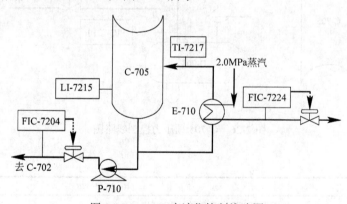

图 2-25　C-705 底液位控制线路图

正常操作

影 响 因 素	调 整 方 法
再沸器蒸汽流量波动	调节 C-705 底再沸器蒸汽流量控制阀 FIC-7224，确保流量稳定
进料流量波动	调节 FIC-7221 稳定进料流量
C-705 顶温度变化	调节 FRC-7223 控制 C-705 顶温在指标范围内
塔底抽出量波动	检查 C-705 底抽出控制阀 FIC-7204，排除控制阀故障，调整流量稳定；检查 P-710 运行情况，确保 P-710 运行正常

异常处理

现　象	原　因	处　理　方　法
C-705 底液位迅速上升	P-710 跳车	迅速关小进料控制阀,启动原运行泵或备用泵,缓慢恢复进料。如不能启动原运行泵或备用泵,见事故处理预案
	FIC-7204 故障	改手动或副线调节,联系仪表校验 FIC-7204,检查后路是否畅通,确保后路畅通
	塔底再沸器热源丧失	及时恢复再沸器热源,如果短时间无法恢复,及时降 C-705 进料量。见事故处理预案
C-705 底液位迅速下降	C-705 进料中断	迅速恢复进料,及时关小塔底外排控制阀 FIC-7204,关小塔底再沸器蒸汽控制阀 FIC-7224,如果无法及时恢复,见事故处理预案
	FIC-7204 故障	改手动或副线调节,联系仪表校验 FIC-7204

2.2.2.16　C-705 顶压力控制

控制范围　C-705 顶压力 PIC-7210 为 0.035～0.055MPa。

控制目标　C-705 顶压力 PIC-7210 为 0.035～0.045MPa。

相关参数　C-705 底温度、C-705 进料量、C-705 顶温度、C-705 顶回流量。

控制方式　通过 D-708 顶压控阀 PIC-7210 来控制 C-705 顶压力。如图 2-26 所示。

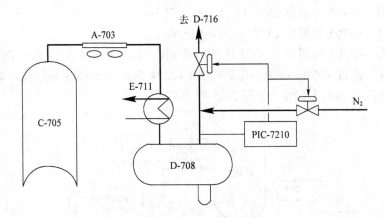

图 2-26　C-705 顶压力控制线路图

正常操作

影　响　因　素	调　整　方　法
塔底温度波动	调节 FIC-7224 控制阀,稳定塔底温度
进料流量变化	调节 FIC-7221 控制阀,确保进料流量稳定
汽提汽、汽提水量变化	调节 PIC-7209、FRC-7222 控制阀,确保汽提汽、汽提水量稳定

异常处理

现　象	原　因	处　理　方　法
C-705 顶压力迅速升高	PIC-7210 故障	改手动或副线调节,联系仪表校验 PIC-7210,检查后路是否畅通,确保后路畅通
C-705 顶压力迅速下降	PIC-7210 故障	改手动或副线调节,联系仪表校验 PIC-7210

2.2.2.17 C-705 顶温度控制

控制范围　C-705 顶温度 TIC-7212 为 74～96℃。

控制目标　C-705 顶温度 TIC-7212 为 74～90℃。

相关参数　C-705 进料量、C-705 底温度、C-705 顶回流量及温度、C-705 顶抽出量、汽提水量、汽提汽量。

控制方式　通过 C-705 顶温度 TIC-7212 与 C-705 顶回流 FRC-7223 串级控制,用回流量来控制 C-705 顶温度到指标 74～96℃。如图 2-27 所示。

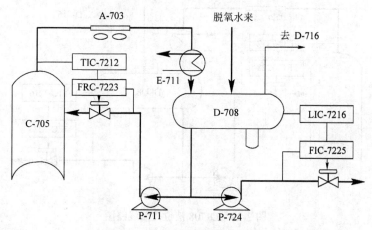

图 2-27　C-705 顶温度控制线路图

正常操作

影 响 因 素	调 整 方 法
进料流量变化	调节 C-705 进料控制阀 FIC-7221,确保进料流量稳定
汽提汽、汽提水量变化	调节 PIC-7209、FRC-7222 控制阀,确保汽提汽、汽提水量稳定
回流量波动	检查回流控制阀 FRC-7223 工作状态,排除控制阀故障及时调整流量稳定。同时调节回流比在指标范围内
进料组分变化	稳定进料组分
塔底温度波动	检查塔底再沸器控制阀工作状态,排除控制阀故障,落实系统蒸气压力是否稳定,确保塔底温度稳定
回流温度变化	检查 A-703 及 E-711 工作状态,确保回流温度稳定

异常处理

现　象	原　因	处 理 方 法
C-705 顶温度迅速下降	塔底再沸器热源丧失	迅速恢复塔底热源,同时关小塔顶外排和回流,如果无法及时恢复见事故处理预案
	FRC-7223 失灵	改手动或副线调节,联系仪表校验 FRC-7223
C-705 顶温度迅速上升	P-711 跳闸	启动原运行泵或备用泵,迅速恢复 C-705 顶回流。如不能启动原运行泵或备用泵,见事故处理预案
	FRC-7223 失灵	改手动或副线调节,联系仪表校验 FRC-7223,检查后路是否畅通,确保后路畅通

2.2.2.18　D-708 液位控制

　　控制范围　D-708 液位 LIC-7216 为 30%~70%。

　　控制目标　D-708 液位 LIC-7216 为 40%~60%。

　　相关参数　C-705 进料量、C-705 底温度、塔顶温度、进料组分、D-708 外排量。

　　控制方式　通过液位 LIC-7216 与外排控制阀 FIC-7225 串级控制，来实现对 D-708 液位的控制。如图 2-28 所示。

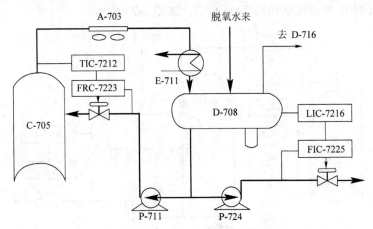

图 2-28　D-708 液位控制线路图

　　正常操作

影 响 因 素	调 整 方 法
进料流量变化	调节 C-705 进料控制阀 FIC-7221，确保进料流量稳定
外排量波动	检查外排控制阀 FIC-7225 工作状态，排除控制阀故障及时调整流量稳定
回流量波动	检查回流控制阀 FRC-7223 工作状态，排除控制阀故障及时调整流量稳定
进料组分变化	稳定进料组分
塔底温度波动	检查塔底再沸器控制阀工作状态，排除控制阀故障，落实系统蒸汽压力是否稳定，确保塔底温度稳定

　　异常处理

现　象	原　因	处 理 方 法
回流罐液位迅速下降	塔底再沸器热源丧失	迅速恢复塔底热源，同时关小塔顶外排和回流，如果无法及时恢复，见事故处理预案
	FRC-7223 失灵	改手动或副线调节，联系仪表校验 FRC-7223
回流罐液位迅速上升	P-711 跳车	启动原运行泵或备用泵，迅速恢复 C-705 顶回流。如不能启动原运行泵或备用泵，见事故处理预案
	P-724 跳车	启动原运行泵或备用泵，迅速恢复 D-708 外排。如不能启动原运行泵或备用泵，见事故处理预案
	FIC-7225 失灵	改手动或副线调节，联系仪表校验 FIC-7225，检查后路是否畅通，确保后路畅通
	FRC-7223 失灵	改手动或副线调节，联系仪表校验 FRC-7223

2.2.2.19　D-708 界位控制

控制范围　D-708 界位 LIA-7217 为 40%～60%。

控制目标　D-708 界位 LIA-7217 为 45%～55%。

相关参数　C-705 底温度、C-705 顶温度、C-705 进料量、汽提水量、汽提汽量。

控制方式　通过调整 P-712 的行程来调整泵出口流量 FI-7213，以此来调节界位 LIA-7217。确保 D-708 界位控制到指标 50%±10%。如图 2-29 所示。

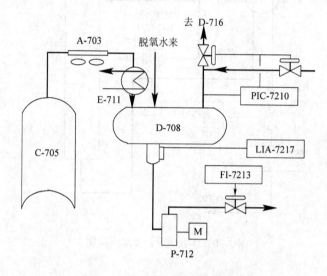

图 2-29　D-708 界位控制线路图

正常操作

影 响 因 素	调 整 方 法
进料流量变化	调节 C-705 进料控制阀 FIC-7221，确保进料流量稳定
汽提汽量波动	检查汽提汽控制阀 PIC-7209 工作状态，排除控制阀故障确保流量稳定
汽提水量波动	检查 FRC-7222 工作状态，稳定汽提水量
塔底温度波动	检查塔底再沸器控制阀工作状态，排除控制阀故障，落实热载体系统运行状况，确保塔底温度稳定

异常处理

现 象	原 因	处 理 方 法
回流罐界位迅速下降	塔底再沸器热源丧失	迅速恢复塔底再沸器热源，及时关小塔顶外排和进料，如果无法及时恢复见事故处理
	P-709 故障	启动原运行泵或备用泵，检查后路是否畅通，确保后路畅通
	PIC-7210 故障	联系仪表校验 PIC-7210
回流罐液位迅速上升	P-712 故障	启动原运行泵或备用泵，检查后路是否畅通，确保后路畅通

2.2.2.20　D-709 压力控制

控制范围　D-709 压力 PIC-7211 为 1.70～2.10MPa。

控制目标　　D-709 压力 PIC-7211 为 1.70～1.90MPa。

相关参数　　D-709 进料量、D-709 出料量。

控制方式　　通过控制 D-709 出料量来控制 D-709 压力。如图 2-30 所示。

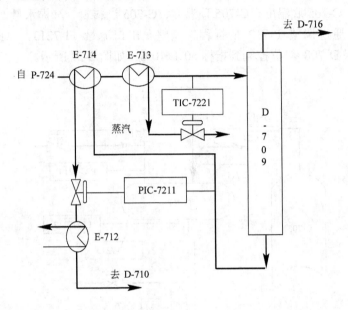

图 2-30　D-709 压力控制线路图

正常操作

影　响　因　素	调　整　方　法
进料流量波动	调节 D-709 进料控制阀 FIC-7225，确保进料流量稳定。检查进料泵运行情况，运行泵故障时及时切换机泵
出料流量波动	调节 D-709 出料控制阀 PIC-7211，检查外排控制阀工作状态，排除控制阀故障及时调整流量稳定

异常处理

现　　象	原　　因	处　理　方　法
D-709 压力迅速上升	PIC-7211 失灵	改手动或副线调节，联系仪表校验 PIC-7211
D-709 压力迅速下降	P-724 跳车	迅速关小 D-709 出料控制阀，启动原运行泵或备用泵，缓慢恢复出料，如不能启动原运行泵或备用泵，见事故处理预案
	FIC-7225 失灵	改手动或副线调节，联系仪表校验 FIC-7225

2.2.2.21　D-709 温度控制

控制范围　　D-709 温度 TIC-7221 为 150～220℃。

控制目标　　D-709 温度 TIC-7221 为目标值±2℃。

相关参数　　D-709 进料温度、D-709 压力、E-713 运行状况。

控制方式　　D-709 温度是通过控制 D-709 进料加热器 E-713 的出口温度，来控制 D-709 温度。从而确保 D-709 温度达到指标：目标值±2℃。如图 2-31 所示。

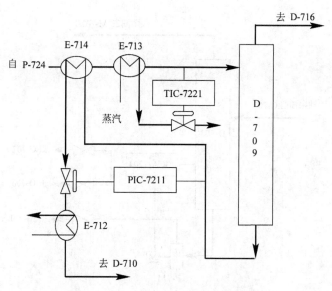

图 2-31 D-709 温度控制线路图

正常操作

影 响 因 素	调 整 方 法
加热器温度波动	调节加热器温度在指标范围内
D-709 压力波动	调节 D-709 出料控制阀 PIC-7211，检查外排控制阀工作状态，排除控制阀故障及时调整流量稳定

异常处理

现 象	原 因	处 理 方 法
D-709 温度迅速下降	加热器热源丧失	D-709 停用，待加热器系统正常后投用
	TIC-7221 失灵	改手动或副线调节，联系仪表校验 TIC-7221
D-709 温度迅速上升	TIC-7221 失灵	改手动或副线调节，联系仪表校验 TIC-7221

2.2.2.22 D-703 底界面控制

控制范围 D-703 底界面 LICA-7204 为 40%～60%。

控制目标 D-703 底界面 LICA-7204 为 45%～55%。

相关参数 溶剂回注量、下循环水量、抽余油量。

控制方式 通过 LICA-7204 来调节 P-714 电动机的转速，从而通过控制溶剂回注量来控制 D-703 底界面。如图 2-32 所示。

正常操作

影 响 因 素	调 整 方 法
下循环水回注量波动	调节 FIC-7206 控制阀，确保下循环水回注量稳定。检查下循环水泵运行情况，运行泵故障时及时切换机泵
溶剂回注量波动	调节 LICA-7204，确保溶剂回注量稳定。检查溶剂回注泵运行情况，运行泵故障时及时切换机泵
抽余油量波动	调节 C-702 抽余油控制阀 FIC-7203，确保抽余油流量稳定

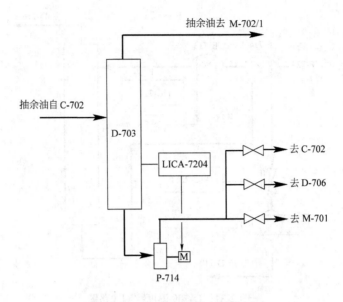

图 2-32　D-703 底界面控制线路图

异常处理

现　　象	原　　因	处 理 方 法
D-703 底界面迅速下降	P-707 跳车	启动原运行泵或备用泵，检查确保后路畅通
	FIC-7206 故障	改手动或副线控制，联系仪表处理控制阀 FIC-7206
D-703 底界面迅速上升	P-714 跳车	启动原运行泵或备用泵，恢复溶剂回注流量

2.2.3　抽提质量控制

2.2.3.1　抽提芳烃纯度

　　控制范围　抽提芳烃纯度：≥99.80％。

　　控制目标　抽提芳烃纯度：≥99.80％。

　　相关参数　贫溶剂流量、回流芳烃流量、进料芳含、进料芳烃组成、进料温度、贫溶剂含水、C-702 压力、C-702 界面。

　　控制方式　通过改变操作条件，调整抽提芳烃纯度。

　　正常操作

影 响 因 素	调 整 方 法
贫溶剂流量波动	查明原因稳定贫溶剂流量
回流芳烃流量波动	查明原因稳定回流芳烃流量
进料量波动	查明原因稳定进料量
C-702 压力波动	查明原因稳定 C-702 压力
C-702 界面波动	查明原因稳定 C-702 界面
C-702 原料组分变化	查明原因稳定 C-702 原料组分

　　异常处理

影 响 因 素	处 理 方 法
芳烃纯度低	溶剂比过大，适当降低贫溶剂量
	回流比过小，适当提高回流芳烃量
	C-704 底温过低，适当提高 C-704 操作温度
	优化原料组成，稳定原料芳含
	控制好 D-706 界面，防止汽提水大量带油
	严格控制 C-702 界面，防止非芳进入到富溶剂中
	适当降低 C-705 底温度，提高贫溶剂含水量

2.2.3.2　抽提抽余油非芳纯度

控制范围　抽提抽余油非芳纯度：≥98.00%。

控制目标　抽提抽余油非芳纯度：≥98.00%。

相关参数　贫溶剂流量、进料芳含、进料芳烃组成、进料温度、贫溶剂含水、贫溶剂含油量、贫溶剂质量、水洗水含油量。

控制方式　通过改变操作条件，调整抽提抽余油纯度。

正常操作

影 响 因 素	调 整 方 法
贫溶剂流量波动	查明原因稳定贫溶剂流量
进料量波动	查明原因稳定进料量
C-702 压力	查明原因稳定 C-702 压力
C-702 界面	查明原因稳定 C-702 界面
C-702 原料组分变化	查明原因稳定 C-702 原料组分

异常处理

影 响 因 素	处 理 方 法
非芳纯度低	溶剂比过小，适当提高贫溶剂量
	优化原料组成，稳定原料芳含
	适当降低抽提进料负荷，提高抽提塔分离精度
	控制好 D-708 界面，防止水洗水大量带油
	适当提高 C-705 底温度，防止贫溶剂带油

2.3　异常现象处理

异 常 现 象	原 因 分 析	处 理 方 法
FI-701 压力差增大，PDI-7303、PDI-7304、PDI-7305、PDI-7306 显示值偏大	过滤棒使用时间长，被杂质堵塞	定期清洗、更换过滤棒
C-702 界面 LIC-7203 分不清	抽提溶剂温度较高；溶剂降解物多；抽提负荷高；抽提操作溶剂比低	降低抽提溶剂温度 TIC-7203；检查再生过滤器是否有过滤网损坏，察看工艺条件，尤其是塔 C-704 和塔 C-705 塔底温度，减温减压蒸汽温度是否超标；适当降低进料 FIC-7201；适当提高 FIC-7204 量，提高溶剂比

续表

异常现象	原因分析	处理方法
D-708 苯中环丁砜含量超标	C-705 再沸量大； C-705 回流比小； 汽提汽和汽提水量大	降低 C-705 再沸量； 加大回流量或减少抽出物外排； 减少抽提系统水循环量
抽余油中环丁砜含量超标(抽余油水洗塔中上段压差偏大)	C-703 水洗水量小； C-703 循环水量小； D-703 水洗量小	加大 FIC-7208 量(增加水循环量)； 加大循环水量 FIC-7212； 降低 E-705 温度
抽出物中非芳含量超标	C-702 进料位置偏低； C-704 再沸量低，C-704 底温低； 贫溶剂温度 TIC-7203 较高； 抽提进料中含有烯烃； C-702 返洗段烃负荷高； C-704 压力 PI-7207 低； FIC-7203 小，非芳进入 C-704； C-702 界面低，非芳进入 C-704； 返洗比小	提高进料位置； 增大 C-704 再沸量； 降低贫溶剂温度 TIC-7203； 投用第三溶剂(FIC-7205)，投用返洗并入进料 FIC-7201，将返洗从进料位置进入 C-702； 加大主溶剂量或加大二次溶剂量； 通过调节 FIC-7205 提高 C-704 压力； 增大 FIC-7203； 提高 C-702 界面； 增大返洗比
抽余油中芳烃含量超标	溶剂比小； C-702 进料位置偏高； C-704 回流温度高水中溶有芳烃； D-706 分水包界面低； 贫溶剂温度 TIC-7203 低； C-705 底温度低，溶剂中含芳烃； 贫溶剂含水量高	提高溶剂比； 降低 C-702 进料位置； 降低 C-704 回流温度； 适当注水提高界位； 提高贫溶剂温度 TIC-7203； 提高 C-705 底温度； 提高 C-705 底温度
C-704 发生雾沫夹带	外供蒸汽压力波动； 未注消泡剂； 溶剂烃负荷高，芳烃与非芳之间选择性降低； C-704 再沸量大； C-702 界面低，非芳窜入 C-704； 抽提溶剂温度高，溶解了过多轻质非芳； 进料轻质非芳过多	联系公用工程系统，抽提降负荷。 注入消泡剂； 加大主溶剂量 FIC-7204 或二次溶剂量 FIC-7205 或投用返洗并入进料 FI-7202； 降低 C-704 再沸量； 提高 C-702 界面； 降低溶剂温度 TIC-7203； 调整进料组成注入消泡剂。起用三次溶剂，返洗并进料
C-705 系统压力高	A-703 冷量不足； 抽提系统内水多； A-703 热负荷大； 抽提负荷高	全开 A-703 或调节扇叶角度； 从 P-712 出口放水； 抽提降负荷
溶剂颜色深，多效工艺液添加频繁	未开 D-711，溶剂未再生； 原料罐氮封未投用； 抽提系统水波动，频繁补水； 汽提塔和回收塔塔底温度高； 减温减压蒸汽温度偏高	启动 D-711； 投用 D-702 氮封； 调整水系统，维持平稳操作； 调节 C-704 和 C-705 塔底温度； 调节减温减压蒸汽温度
C-704 釜液中非芳含量高	C-704 塔顶排气量小； C-702 界面低，非芳进入 C-704；	加大 C-704 塔顶排气量 FIC-7215；提高 C-702 界面
离心泵出口流量不稳，出口压力波动	泵入口设备可能抽空； 泵入口滤网堵塞； 启动泵时，排气不完全； 循环冷水故障	停泵，待入口有物料时再启动泵； 切换备用泵，更换滤网； 停泵重新充液排气； 修复循环水，降低泵体温度
白土罐出口苯溴指数高	白土罐进料温度低； 白土长期使用，丧失活性	提高白土罐进料温度； 更换白土

第 3 章

开工规程

3.1 开工统筹

3.2 开工纲要

A 级纲要

初始状态 S_0

施工验收完毕，交付开工

3.2.1 开工前全面检查

状态 S_1

装置全面检查合格

3.2.2 引入公用介质

3.2.3 系统氮气置换、气密

状态 S_2

公用介质引入完毕，氮气置换气密完毕

3.2.4 预处理单元开工

（1）引蒸汽建立开路。

（2）建立塔底再沸开路，升温。

状态 S_3

预处理运行正常，D-701 出合格的苯抽提原料

3.2.5 抽提开工

（1）抽提系统垫溶剂、垫水，进行溶剂冷循环。

（2）升温建立溶剂塔循环、蒸水建立水循环。

（3）抽提系统进油建立芳烃和抽余油循环。

（4）投用白土罐和抽余油水洗塔中、上段，芳烃合格进罐，抽余油外送。

最终状态 F_s

抽余油出装置、芳烃合格进罐，进入正常生产

3.3　开工操作

B 级操作

初始状态 S_0

施工验收完毕，交付开工

3.3.1　装置全面检查

检查确认装置达到开工要求

(P)——确认装置内做到工完、料尽、场地清

(P)——确认施工项目全部完成，符合工艺要求

(P)——确认本岗位阀门、管线、法兰、压力表、液面计、仪表、机泵、上下水管道能安全投用

<P>——确认各安全阀投用

(P)——确认盲板按照要求拆除或加装完毕

(P)——确认全部工艺阀门关闭

(P)——确认各换热器、冷却器试压时的存水放净

(P)——确认各设备按规程单机试运完毕

<M>——安全、通讯、消防器材齐全、完好、就位

(M)——确认环丁砜、多效工艺液充足

(M)——确认 D-709 白土装填完毕

(M)——确认做好对外联系

[M]——通知油品、化验、仪表、动力、维修等单位，做好相应准备工作

(P)——确认水、电、汽、风可进入装置

(P)——确认热水伴热线投用

<P>——确认可燃气体报警仪测试合格

<P>——确认装置平台和护栏完好

<P>——确认消防设施齐全，能有效投用(消防水、灭火器、消防蒸汽)

<P>——确认安全护具齐全，能有效投用(防护眼镜、正压式空气呼吸器、橡胶手套)

<P>——确认各安全阀正确投用

状态 S_1

装置全面检查合格

3.3.2　引入公用介质

3.3.2.1　引仪表风

(P)——确认仪表风进装置盲板拆除

[M]——通知调度引仪表风进装置

[P]——开启界区仪表风进装置阀门

(P)——确认仪表风装置内各引风点见风

(P)——确认仪表风装置内各管线、法兰、阀门无泄漏

3.3.2.2　引新鲜水

(P)——确认新鲜水装置内使用点见水

3.3.2.3　引循环水

[M]——通知调度引循环水进装置

[P]——开启边界循环水进出装置阀门

(P)——确认装置内循环水二级阀门开启

(P)——确认装置内循环水压力指示正常

[P]——开启循环水末端导淋

(P)——确认见水

[P]——关闭导淋

3.3.2.4　引脱氧水

(P)——确认脱氧水进装置盲板拆除

[M]——通知调度引脱氧水进装置

[P]——开启界区脱氧水进装置两道阀门

(P)——确认脱氧水到使用点

3.3.2.5　引低压氮气

(P)——确认低压氮气进装置盲板拆除

[M]——通知调度引氮气进装置

[P]——开启界区进装置阀门

(P)——确认低压氮气装置内各使用点见气

3.3.2.6　引 1.0MPa 蒸汽

(P)——确认进装置盲板拆除

[M]——通知调度引 1.0MPa 蒸汽进装置

[P]——打开蒸汽分水器低点放空，排除管内存水

[P]——打开蒸汽分水器后蒸汽阀

(P)——确认检查各蒸汽放空排放点见汽

3.3.2.7　引 3.5MPa 蒸汽进装置

(P)——确认进装置盲板拆除

[M]——通知调度引 3.5MPa 蒸汽进装置

[P]——打开蒸汽至减温减压器阀门

(P)——确认减温减压器前见汽

[P]——启动蒸汽减温减压器

(P)——确认减温减压器正常运行

3.3.2.8 投用凝结水系统

(P)——确认装置界区盲板拆除

(P)——确认凝结水罐可投用

(P)——确认凝结水泵可投用

[P]——缓慢开启 D-718 至凝结水罐阀门

(P)——确认凝结水罐液位 60%～70%，现场液位准确无误

[P]——启用凝结水泵，控制泵头压力 0.9MPa

[P]——开启各伴热分支阀门，保证各伴热分支无泄漏、畅通

[M]——通知调度凝结水出装置

[P]——启用凝结水罐液位调节阀 LIC-7601 对液位进行调节控制

3.3.2.9 引公用介质确认

(P)——确认仪表风各管线、法兰、阀门无泄漏

(P)——确认新鲜水内使用点见水

(P)——确认循环水压力指示正常

(P)——确认脱氧水到使用点

(P)——确认各冷却水使用点回水畅通

(P)——确认低压氮气各使用点见气

(P)——确认各 1.0MPa 蒸汽放空排污点见汽

(P)——确认各蒸汽疏水器打开，凝结水出装置畅通

3.3.3 装置氮气置换、气密

3.3.3.1 分馏系统氮气置换、气密

[P]——导通氮气置换流程

$$氮气 \rightarrow D-720 \rightarrow C-707 \rightarrow C-701$$

[P]——确认氮气置换流程正确无误

[P]——打开氮气进 D-720 阀门

[P]——打开 D-701 顶放空

[P]——每隔 1h 取样一次

[I]——分析系统气体氧含量≤0.5%(体积分数)为合格

[P]——关闭 D-701 顶放空

(P)——确认系统压力升至 0.5MPa

[P]——检查系统漏点

[M]——联系处理漏点

(P)——确认 0.5MPa 系统无漏点(如不合格返回 3.3.3.1 重新操作)

3.3.3.2 抽提系统氮气置换、气密

[P]——导通以下流程

$$C\text{-}702 \to C\text{-}704 \to C\text{-}705 \to D\text{-}708$$

(P)——确认流程正确无误

[P]——打开氮气进 C-702 阀门

[P]——打开 D-708 顶放空

[P]——每隔 1h 取样一次

[I]——分析系统气体氧含量≤0.5%(体积分数)为合格

[P]——关闭 D-708 顶放空

(P)——确认 C-702 系统压力升至 0.8MPa

[P]——检查系统漏点

[M]——联系处理漏点

(P)——确认 0.8MPa C-702 系统无漏点(如不合格返回 3.3.3.2 重新操作)

[P]——打开 FIC-7203，由 C-702 向 C-703 串压

(P)——确认 C-703 系统压力升至 0.4MPa

[P]——检查系统漏点

[M]——联系处理漏点

(P)——确认 0.4MPa C-703 系统无漏点(如不合格返回 3.3.3.2 重新操作)

[P]——打开 FIC-7214，由 C-702 向 C-704 串压

(P)——确认 C-704 系统压力升至 0.3MPa

[P]——检查系统漏点

[M]——联系处理漏点

(P)——确认 0.3MPa C-704 系统无漏点(如不合格返回 3.3.3.2 重新操作)

[P]——打开 HIC-7219，由 C-704 向 E-708 壳程串压

[P]——打开 PIC-7209，由 E-708 壳程向 C-705 串压

(P)——确认 C-705 系统压力升至 0.2MPa

[P]——检查系统漏点

[M]——联系处理漏点

(P)——确认 0.2MPa 时 C-705 系统无漏点(如不合格返回 3.3.3.2 重新操作)

状态 S$_2$

公用介质引入完毕，氮气置换气密完毕

3.3.4 预处理单元开工

3.3.4.1 C-707 开工

(P)——确认重整汽油进装置盲板拆除

[M]——通知调度引重整汽油进装置

[P]——引重整汽油进 C-707

[P]——打开 E-718 壳程进口阀对换热器灌油

（P）——确认 E-718 灌满塔底油

（I）——确认 C-707 液位 40%

[P]——引 1.0MPa 蒸汽到 E-718 前进行排凝

（P）——确认凝结水线已投用

[I]——启用 FIC-7108 控制 C-707 塔底升温速度不大于 30℃/h

[P]——改好 P-725 全回流流程

[P]——启动塔顶空冷器 A-707

[P]——启动塔顶后冷器 E-717

（I）——确认 D-720 液位到 50%

[P]——启动 P-725 打回流

（I）——确认换热器壳程出口温度达到 150℃

（I）——确认 C-707 顶温度在 80～95℃，压力 0.3～0.4MPa

[P]——协助开工人员对 E-718 进行热紧

[I]——控制回流量和 D-720 液位

[P]——改全回流为塔顶产品部分回流，部分外送出装置

[I]——调整 C-707 操作，使各参数接近目标值，C-707 塔底出脱戊烷油

3.3.4.2　C-701 开工

（P）——确认 C-707 塔底脱戊烷油去 C-701 流程投用

[I]——启用 FIC-7109 向 C-701 进油

[P]——打开 E-701 壳程进口阀对换热器灌油

（P）——确认 E-701 灌满塔底油

（I）——确认 C-701 液位 40%

[P]——引 1.0MPa 蒸汽到 E-701 前进行排凝

（P）——确认凝结水线已投用

[I]——启用 FIC-7103 控制 C-701 塔底升温速度不大于 30℃/h

[P]——启动塔顶空冷器 A-701

[P]——启动塔顶后冷器 E-703

[P]——改好 P-702 全回流流程

（P）——确认流程正确

（P）——确认 D-701 液位到 50%

[P]——启动 P-702 打回流

（I）——确认换热器壳程出口温度达到 150℃

（I）——确认 C-701 顶温度在 88～100℃，压力 0.08～0.16MPa

[P]——协助开工人员对 E-701 进行热紧

[I]——控制好回流量和 D-701 液位

[P]——改全回流为塔顶产品部分回流，部分由不合格产品线外送出装置

（P）——确认不合格产品外送出装置流程正确

[I]——调整 C-701 操作

（I）——确认 C-701 液位 70%

[P]——启动 P-701 将 C-701 塔底油经进料换热器后去重整

3.3.4.3 预处理开工确认

（P）——确认流程正确无误

（I）——确认 C-707、C-701 相关工艺参数调整到位

（M）——确认 C-701 塔顶到 D-701 产品化验合格可以作为抽提原料

注意：

C-701 顶产品质量标准为 C_5 含量≤1%，C_7 芳烃≤2mL/L

（P）——确认机泵 P-701、P-702、P-725 运转正常

（P）——确认换热器 E-701、E-702、E-703、E-717、E-718 正常投用，无泄漏

（P）——确认空冷 A-701、A-704 正常投用，无泄漏

状态 S_3

预处理运行正常，D-701 出合格的苯抽提原料

3.3.5 抽提系统开工

3.3.5.1 抽提系统垫溶剂、垫水，进行溶剂循环

（1）开工准备

（M）——确认储罐设备及连接管道加以冲洗，N_2 对密封系统进行氮气置换并检验合格，贮罐 N_2 封投用

[P]——关闭抽提塔进料阀门 FIC-7201

[P]——关闭抽提塔顶出料阀门 FIC-7203

[P]——关闭抽提塔底出料阀门 FIC-7214

[P]——关闭抽余油水洗塔进料阀门 FIC-7211、FIC-7212

[P]——关闭抽余油水洗塔出料阀门 PIC-7203

[I]——由 C-702 用氮气将 C-702 和 C-703 充压到 0.30MPa

（P）——确认 C-702 和 C-703 压力为 0.30MPa

[P]——关闭抽提塔氮气阀门 HIC-7201

（2）抽提系统垫溶剂

（P）——确认溶剂罐 D-713 溶剂装填完毕，氮封投用，溶剂伴热投用

[P]——测量 D-713 中溶剂液位高度

[I]——根据测量高度计算溶剂储藏量

（M）——确认 D-713 中溶剂量充足

[P]——导好 D-713 至 C-704 入口垫溶剂流程

D-713→P-717→FI-7229→C-704

（P）——确认流程正确无误

[P]——启动 P-717 向 C-704 垫溶剂

[P]——投用 FIC-7216 凝结水线

[P]——投用 C-704 塔底再沸器 E-706

[I]——控制 C-704 塔底温度 110～120℃

[P]——导好 C-704 至 C-705 入口流程

C-704→P-704→FIC-7221→C-705 进料

(P)——确认 C-704 至 C-705 入口流程可投入使用

(P)——确认 C-704 塔底液位到 60%

[P]——启动 C-704 塔底泵 P-704

[I]——启用 FIC-7221，调节溶剂去 C-705，控制 C-704 液位平稳

[P]——投用 FIC-7224 凝结水线

[P]——投用 C-705 塔底再沸器 E-710

[I]——控制 C-705 塔底温度 110～120℃

[P]——导通 C-705 去 C-704 循环流程

D-713→P-717→FI-7229→C-704→P-704→C-705→E-708 跨线→E-704 跨线→FI-7229

(P)——确认流程正确无误

(P)——确认 C-705 塔底液位为 60%

(P)——确认 E-704 出口温度 TIC-7203 为 80℃

[P]——导通 C-705 去 C-702 流程，关闭循环流程

C-705→P-710→E-708 跨线→E-704 壳程跨线→FIC-7204→C-702

(P)——确认流程正确无误

[P]——启动 P-710 向 C-702 送溶剂

[I]——启用 FIC-7204，调节溶剂去 C-702 流量，控制 C-705 液位平稳在 50%

[P]——导好 C-702 去 C-704 入口流程

C-702→E-704 管程→FIC-7214→C-704

(P)——确认流程正确无误

(P)——确认 C-702 塔底界面板溶剂液位达到 60%

[I]——投用 FIC-7214，控制 C-702 塔底界面板溶剂液位在 60%

[P]——检测 D-713 液面高度，计算溶剂总量

(M)——确认溶剂总量不小于 60t

(M)——确认系统垫溶剂量已到要求

[M]——通知外操停止补溶剂

[P]——停运 P-717 向 C-704 送溶剂，关闭流程

D-713→P-717→FI-7229→C-704

[P]——投用 E-704 正常流程，关闭跨线

（3）抽提系统垫水

[P]——打开 D-704 顶部脱氧水阀门，向 D-704 中注水

(P)——确认 D-704 中液位达到 60%

[P]——导通 D-704 到 P-715 入口流程

(P)——确认 D-704 到 P-715 入口流程正确

[P]——导通 P-715 出口到 C-703 下段第一层塔板水洗水入口流程

(P)——确认 P-715 出口到 C-703 下段第一层塔板水洗水入口流程已通

[P]——启动 P-715 送水洗水去 C-703 下段第一层塔板

(P)——确认 C-703 塔底水位达到 40%

[I]——投用 LICA-7210，向 D-705 送水，C-703 塔底水位控制平稳

[P]——导通 D-705 去 C-706 入口流程

$$D-705 \rightarrow P-708 \rightarrow C-706$$

(P)——确认 D-705 去 C-706 入口流程投用

(P)——确认 D-705 液位达到 60%

[P]——启动 P-708

[I]——控制 P-708 流量，保持 D-705 液位平稳在 60%

(P)——确认 C-706 塔底液位达到 60%

[P]——停止向 D-704 进水

[I]——保持 C-703、D-705 水面液位

[P]——停止 P-708、P-715

[P]——关闭 LICA-7210

[P]——启动 E-708 正常流程，关闭跨线

(I)——确认 C-703、D-705、C-706、D-704 液位不变化

(I)——确认关闭 LICA-7210

(P)——确认 P-708、P-715 停止

(M)——确认抽提系统垫水结束

3.3.5.2 升温建立溶剂两塔循环、蒸水建立水循环

[I]——调整 FIC-7216 升温速度不大于 30℃/h

(I)——确认 C-704 塔顶温度达到 80℃，FIC-7215 有流量

[P]——投用 C-704 塔顶空冷器

[P]——投用 C-704 塔后冷器

(I)——确认 E-706 出口温度达到 160℃

[P]——协助开工保运人员 E-706 进行热紧

(I)——确认 D-706 水包液位上涨

[I]——通知外操 D-706 水包中液位上涨

(I)——确认 C-704 塔底温度大于 160℃，不超过 180℃

[P]——投用 D-706 至 D-705 切水线调节阀 LIC-7213

[I]——控制 D-706 界面为 60%

(P)——确认 D-706 界面稳定在 60%

(P)——确认 D-705 液位开始上涨

[P]——启动 P-708 向 C-706 进水

[P]——投用 E-708 压控 PIC-7209，控制压力 0.12MPa

[I]——调整 FIC-7224，控制升温速度不大于 30℃/h

(I)——确认 C-705 塔顶温度达到 80℃

[P]——投用 C-705 顶空冷器

[P]——投用 C-705 后冷器

(P)——确认 E-710 出口温度达到 165℃

[P]——协助开工人员对 E-710 进行热紧

(I)——确认 D-708 水包液位上涨

[I]——通知外操 D-708 水包中液位上涨

[P]——启动 P-712 向 C-703 中段进水

(P)——确认系统水量充足,将多余水从 P-712 入口去 D-715 线排至地下溶剂罐 D-715

(I)——确认 C-703 中段液位上涨至 40%

[I]——投用并调整 LIC-7208,控制液位在 40%,多余水至 D-704

(P)——确认 C-705 塔底温度在 145～175℃,最高不能超过 180℃

(P)——确认 D-708 界面稳定在 60%

[P]——关闭 P-712 入口去 D-715 切水线

[P]——检查与塔 C-705 相关热物料管线,协助开工保运人员进行热紧

(I)——确认 C-706 塔底温度达到 120℃以上,压力稳定在 0.12MPa

(I)——确认 D-708 水包液位稳定在 60%

[I]——将 LICA-7210 设定为自动(Auto),控制为 80%

[P]——启动 P-708 向 C-706 供水

[I]——控制 D-705 液位为 50%

[P]——打开 FIC-7222,控制流量在 50kg/h

(I)——确认 FI-7213 流量不低于 350kg/h

(I)——确认装置水循环建立

    D-708→P-712→C-703 中段→D-704→P-715→FIC-7208→C-703 下段

    →D-705→P-708→C-706→PIC-7209、FIC-7222→C-705→D-708

注意:

FI-7213 流量不低于 350kg/h,否则加大水量循环

(I)——确认溶剂循环量建立

C-705→P-710→E-708→E-704→FIC-7204→C-702→FI-7214→C-704→P-704→C-705

(I)——确认溶剂循环量 FIC7204 显示值不低于 12000kg/h

(I)——确认溶剂最高操作温度不超过 180℃

(P)——确认各塔、容器液位平稳

(P)——确认流程正确

(P)——确认现场无漏点

(P)——确认各机泵运转正常

(P)——确认现场无乱排乱放

(M)——确认整个系统运行平稳

<M>——确认操作无安全隐患

(M)——确认可以进行下一步操作

3.3.5.3　抽提系统进油建立大循环

[I]——控制 C-702 压力 0.60MPa

[I]——控制 C-704 压力 0.12MPa

[I]——控制 D-706 压力 0.06MPa

[I]——控制 C-705 压力 0.035MPa

[I]——控制 C-706 压力 0.12MPa

[I]——控制 C-703 压力 0.30MPa

(I)——确认各抽提工艺参数调整完毕

(M)——确认 D-701 中塔顶产品符合抽提原料要求，化验合格

(M)——确认催化重整系统操作稳定

(M)——确认 C-707、C-701 工艺参数调整到位，操作稳定

(M)——确认抽提系统具备条件进油

[M]——通知内操、外操准备向抽提系统进油

[P]——将 P-702 向 D-702 进油阀门打开，向 D-702 进油

[P]——将 P-702 去汽油组分出装置线阀门关闭

(I)——确认 D-702 液位显示 LIA-7201 到 30%

[P]——启动 P-703

[I]——调整 P-703 流量，设定 FIC-7201 流量为 5000kg/h

[P]——导通 C-702 去 C-703 的流程

C-702 顶→FIC-7203→E-705→M-701→D-703→M-702/1→C-703

(I)——确认 C-702 塔顶液位已经形成

[I]——投用 FIC-7203

[I]——调整 FIC-7203 流量至 4000kg/h

(I)——确认 C-702 塔顶液位稳定

[P]——导通下段水循环流程

C-703→P-707→FIC-7212→E-705

[P]——导通 C-703 外送流程

[P]——导通 D-703 底部回注溶剂去 C-702 入口管线流程

(P)——确认抽余油进入 C-703

[P]——启动下循环水泵 P-707

[I]——投用下循环水 FIC-7212，设定 FIC-7212 流量为 2500kg/h

[I]——投用 FIC-7206，将 FIC-7206 流量逐渐增加到 200kg/h

[P]——启动 P-714 至 C-702

[P]——从 P-716 处对 C-703 排气

(P)——确认 C-703 下段充满抽余油

(P)——确认 C-703 中段充满抽余油

(P)——确认 C-703 上段充满抽余油

[P]——启动 P-716

[I]——投用 PIC-7203 和 FIC-7211，分别设定 20%和 30%开度

[I]——减少 PIC-7203 流量，控制 C-703 不超压

[P]——启动 P-716，外送抽余油循环至 D-702

[I]——调节 PIC-7203，设定压力为 0.30MPa

[I]——调节 FIC-7211，逐渐将 FIC-7211 流量增加到 10000kg/h

[P]——启动上循环水泵 P-715 设定二次水洗比为 0.33

[P]——保证 D-704 液位在 60%

[P]——导通上循环水流程

[P]——导通 FIC-7208 至 C-703 下段流程

[P]——启动上循环水泵 P-715

[I]——调整上循环量水为 1500kg/h

[I]——控制中段界位 LIC-7208 为 40%

[I]——控制 PIC-7203 为 0.30MPa

[I]——控制界位 LIC-7206 为 40%

[I]——调整系统水循环量在工艺卡片范围以内

(I)——确认 C-702 界位形成 60%

(P)——确认 C-702 界位形成 60%

[I]——调整 FIC-7214，使 LICA-7203 缓慢达到 60%

[P]——导通 D-706 去 C-702 第 1 层塔板返洗液流程

D-706→P-705→C-702

[P]——导通 D-706 去 D-705 流程

[I]——设定 LICA-7213 为 60%

(I)——确认 D-706 液位达到 50%

(P)——确认 D-706 液位达到 50%

[P]——启动 P-705

[I]——调整 FIC-7217 增大返洗液流量，控制返洗比为 0.35

(I)——确认 D-706 液位平稳

[P]——导通 D-708 去 C-705 全回流流程

D-708→P-711→C-705

(I)——确认 D-708 液位达到 40%

(P)——确认 D-708 液位达到 40%

[P]——启动 P-711

[I]——调整 C-705 塔顶回流量，控制 D-708 液位平稳上涨

(I)——确认 D-708 液位达到 60%，并且液位上涨速度较快

[P]——启动 P-724

[P]——改芳烃循环至原料缓冲罐 D-702

[P]——改抽余油进原料缓冲罐 D-702

[P]——导通 P-724 经白土罐系统跨线至芳烃循环线

[P]——将 E-712 去 C-705 切换至芳烃循环线

[P]——控制 D-709 压力，保持 P-724 出口压力不低于 2.2MPa

[I]——调整 FIC-7223，控制塔顶温度 80℃，控制塔底温度 175℃

(P)——确认芳烃循环建立

(P)——确认抽余油循环建立

[P]——C-703 顶改至汽油组分出装置

(I)——确认系统水量已充足

3.3.6 投用白土罐，芳烃合格进罐，抽余油合格外送

(M)——确认 C-705 塔顶苯产品纯度化验合格

[P]——投用白土罐 D-709

[P]——对白土罐 D-709 充氮气置换

[P]——改芳烃循环为以下流程

　　　　　D-708→P-724→E-714→E-713→D-709 跨线→E-712→D-702

[P]——引苯进白土罐 D-709 充苯

(P)——确认 D-709 充液完毕

[P]——停止充液

[P]——投用 D-709

[P]——引减温减压蒸汽到 E-713

[P]——引凝结水到 D-718

[I]——调整 E-713 出口升温速度≤30℃，升温到 150℃

[I]——调整 PIC-7211 为 1.75MPa

(I)——确认系统平稳

(P)——确认现场设备运转正常

(M)——确认各种工艺指标合格

(M)——确认抽余油化验合格

(M)——确认精制苯各项指标合格

(M)——确认系统平稳、设备正常

(M)——确认抽提塔操作正常

[M]——联系调度抽余油产品外送

[P]——将抽余油改外送

(M)——确认抽余油外送

[P]——引苯产品进 D-710

[P]——C-701 塔顶产品改至 D-702

最终状态 F_s

抽余油出装置、芳烃合格进罐，进入正常生产

3.4　开工说明

C 级辅助说明

3.4.1　颗粒白土装填所需工具

序　号	名　　称	规　　格	数　量	备　注
1	提升漏斗	$0.8\sim1.0m^3$	2个	两个能加快速度
2	安全带		4个	
3	帆布袋	8m(大于容器总高)	2根	备剪刀以剪短装填布袋
4	10t 吊车		1台	
5	叉车		1辆	
6	筛子 10 目(2mm)	1500mm×700mm	1个	必要时
7	筛子 5 目(4mm)		1个	必要时
8	软绳梯	10m	1副	
9	尼龙绳ϕ10mm	40m	1根	
10	安全绳ϕ10mm	10m	2根	
11	皮尺	20m	1盒	
12	3 节电池电筒		4只	
13	木耙		2节	
14	安全灯	36V	2盏	
15	木板	500mm×400mm	2块	
16	防雨遮盖布	大号		
17	圈尺	2.5m	1个	
18	正压式空气呼吸器		1台	
19	主动供风式长管呼吸器		1套	
20	连体防护服		4套	
21	防尘口罩		20个	

3.4.2　颗粒白土装填注意事项

①　袋装颗粒白土在搬运过程中，严禁碰撞。在反应器内的作业人员，不得直接站立在白土上，必须在白土料面上垫支撑板。

②　将包装袋内的白土倒入装填料斗时，防止撒落地上，每袋内的白土都必须倒干净。

③　每袋白土倒入装填料斗前后必须计数，做好记录。

④　应装的颗粒白土、瓷球要分类摆放，严防装填时出差错。

⑤　通入反应器内的仪表风不允许穿过白土床层，始终保持气流向上流动，顶部人孔气流速度不小于 0.3m/s。

⑥　尽量缩短白土暴露于大气的时间，要求各环节紧密衔接，操作人员密切合作。

⑦　装填期间若遇雨天，应中断装填，用防雨布盖好白土罐人孔及装填设备等。

⑧ 应由专人察看每袋白土的质量和规格，若发现变色、规格不符、变质结块或严重破碎等现象时，须将该袋放置一边，及时汇报妥善处理。

⑨ 进入反应器内作业人员携带的所用器具，在进入反应器前需逐一清点登记，待出来后要核实是否带出。

⑩ 装填过程中进入器内的作业人员，必须穿戴好规定的防护服，器内外及地面作业人员应随时保持通信联系和配合。

3.4.3 气密检查方案

系统气密的目的是进一步检查系统内的阀门、法兰、管线、设备、焊缝的质量。通过使用合适的气体介质，在规定的压力下，对系统内所有密封点用肥皂水进行试漏，并考察系统内的压降情况，可以保证系统的密封性，确保试车的安全进行，气密介质为 N_2。

① 气密点包括设备、管线上全部法兰、焊缝、阀门、低点放空、压力表、液面计、流量孔板、活接头、仪表、引压线、热电偶、换热器头盖等。

② 检查气密点是否泄漏，用刷子刷肥皂水或洗耳球喷肥皂水于气密点上，观察是否鼓泡，若有，则说明该点是泄漏点，需及时联系处理。

③ 对于小间隙气密点，可采用胶粘纸封住法兰，然后在胶粘纸开一小孔，再检查小孔处是否有漏气。

④ 放空等气密点可将其放空短节插入肥皂水中进行检查。

3.4.4 注意事项

① 苯和抽余油要同时循环到抽提进料缓冲罐 D-702，将不合格汽油线边界阀关闭，并且停止 D-701 向 D-702 进料，将 FIC-7106 改至汽油组分线，将多余的碳六组分通过不合格线送至汽油组分出装置。

② 开工初期经水洗塔下段水洗过的抽余油通过旁路直接送至进料缓冲罐，不进水洗塔中段和上段。此时录取抽余油外观数据，当确认上述物料流洁净，将抽余油引入水洗塔中段和上段(必须先进中段，再进上段)，进行中段、上段给水和中段、上段水洗，水洗物流先经过静态混合器 M-702/2、3 混合去中段和上段实现水与抽余油的分离。此时应将压力控制 PIC-7203 调整至 0.1～0.12MPa。同时将回收塔回流罐的水改至抽余油水洗塔上段给水，将水洗水中间罐的水改至抽余油水洗塔中段给水。

③ 水洗塔操作每次开工初期都必须按照上述工艺流程和操作说明进行，视情况先走旁路管线，绝对避免含有杂质、不干净的物流进水洗塔中段和上段。水洗塔膜分离功能件所在的中段和上段容水量有限，必须保证分离出的水经排水管线出装置，不可淹没分离功能件的有效功能段。这一过程通过界面计和界面控制仪监控和实现。

④ 苯产品和抽余油完全合格时，即可投用溶剂再生系统。首先要对溶剂再生系统进行氮气置换，操作时要注意给抽提系统补溶剂和脱氧水，注意回收塔液位和水汽提塔液位的变化，给过滤器充溶剂、抽提系统补充溶剂时要缓慢进行，切换溶剂再生过滤器跨线在 15～30min 内完成，不能快。

3.4.5 白土罐操作

当苯纯度合格后，白土罐可进行投用操作。首先用惰性气体冲洗白土罐，以排除氧，而后从 PIC-7211 充冷苯线引冷苯，从白土罐底部缓慢地充入冷苯，而另一方面气体从容器顶部排出，一旦白土罐充液完毕投用白土罐，可使用流量调解器和背压调节器 [PIC-7211 1.75 (初期)～2.10MPa(末期)]，投用白土罐加热器，并以 30℃/h 的温升增加白土输入温度[TIC-7221 150(初期)～220℃(末期)]，各项指标化验合格后，改苯进 D-710。

注意：如若白土罐进料中断，这时加热器将必须停止加热。

3.4.6 抽余油合格后抽余油水洗塔中上段投用

原则上先投用中段，再投用上段。

3.4.7 适时给水洗水中间罐 D-704 补充水

3.4.8 溶剂再生系统的投用

① 缓慢建立一个溶剂到再生溶剂过滤器的溶剂流动过程，根据回收塔液位适当从储罐中补充溶剂。

② 当溶剂再生过滤器充满溶剂后，缓慢切换溶剂再生过滤器跨线。将水引入溶剂再生过滤器，进行溶剂再生。此时再生后溶剂与水一起进入再生溶剂/贫溶剂换热器。

③ 根据水的循环量及时调整溶剂再生量，当整个系统稳定后，水的循环量与溶剂再生量可串级控制。

3.4.9 危险因素识别

编号	过 程	危险因素		触发原因	防 范 措 施
1	引 1.0MPa 蒸汽	高温：150～180℃ 高压：1.0MPa	灼伤 串线 水击设备	注意力不集中、 防护用具不全 盲板未隔离 引蒸汽过快 未排尽凝水 放空未开	应急计划 完善防护用具 盲板隔离 由汽源向各用汽点逐个开导淋切凝水 打开末端放空防止憋压
2	引氮气	高、低压压力等级不同	超压损坏设备	高压串低压	严格执行操作规程
3	氮气置换	惰性气体	窒息	密闭空间排放氮气	严格执行操作规程
4	气密	高压气体	高压气体	未泄压处理漏点	严格执行气密要求泄压后处理漏点
5	热紧	高温 170℃	灼伤	防护不到位 人为因素	完善防护用具 加强安全教育
6	排气、爆破 吹扫	噪声 高压气体	致聋 伤人	防护不到位	完善防护用具 作好警示标识 加强吹扫前检查

续表

编号	过 程	危 险 因 素	触 发 原 因	防 范 措 施
7	溶剂装填	静电	着火	装剂速度过快	控制装剂速度
8	白土装填	粉尘 氮气	伤肺 窒息	防护用具不到位 没有对白土罐隔断	完善防护用具 将白土罐与系统隔断并确认
9	水联运	高压水	泄漏伤人	水联运前的检查不到位	加强水联运前的检查
10	C-701 进油	脱戊烷油 抽提原料油	泄漏着火 泄漏中毒	气密不到位 防护不到位	加强气密检查 加强安全检查 做好消防准备工作 完善防护用具
11	C-702 进油	抽提原料油	泄漏着火 泄漏中毒	气密不到位 防护不到位	加强气密检查 加强安全检查 做好消防准备工作 完善防护用具
12	C-704 进油	抽提原料油	泄漏着火 泄漏中毒	气密不到位 防护不到位	加强气密检查 加强安全检查 做好消防准备工作 完善防护用具
13	C-705 进油	抽提原料油	泄漏着火 泄漏中毒	气密不到位 防护不到位	加强气密检查 加强安全检查 做好消防准备工作 完善防护用具
14	C-704 进溶剂	环丁砜	泄漏	气密不到位	加强气密检查
15	C-705 进溶剂	环丁砜	泄漏	气密不到位	加强气密检查
16	C-702 进溶剂	环丁砜	泄漏	气密不到位	加强气密检查
17	D-709 进油	苯	泄漏中毒 泄漏着火 泄漏爆炸	气密不到位 气密等级不够	加强气密检查 加强安全检查 做好消防准备工作 完善防护用具
18	C-703 进油	非芳烃	泄漏着火	气密不到位	加强气密检查 加强安全检查 做好消防准备工作 完善防护用具
19	FI-701 进溶剂	环丁砜	泄漏	气密不到位	加强气密检查
20	D-702 进油	苯	泄漏中毒 泄漏着火 泄漏爆炸	检查不细致 罐内温度过高	加强安全检查 做好消防准备工作 完善防护用具

3.4.10　开工界面交接内容

① 装置检修项目均已按检修计划要求组织完成，现场逐一核对检修项目并确认。

② 检修设备、管道、储罐等已按检修规范要求完成封闭，现场已逐一检查各断、开口等紧固点符合规范要求。

③ 预分馏塔系统、抽提系统、水循环系统、溶剂再生系统及共用工程系统已清扫完毕，所有塔器、容器人孔已封闭，检查情况见下表：

序　号	位　置	是否有废旧物料	设备是否良好	人孔是否封闭	检　查　人
1	C-707				
2	C-701				
3	C-701				
4	C-703				
5	C-704				
6	C-705				
7	C-706				
8	D-701				
9	D-702				
10	D-703				
11	D-704				
12	D-705				
13	D-706				
14	D-708				
15	D-709/1、2				
16	D-710/1、2				
17	D-711				
18	D-712				
19	D-713				
20	D-714				
21	D-715				
22	D-716				
23	D-719				

④ 装置检修完成，对现场管线流程进行确认，并进行抽、加盲板。

装置开工盲板表

序　号	盲板位置	盲板尺寸	介　质	指令人（一）	指令人（二）	检查人	时　间
1	稳定汽油自重整来	200	稳汽				
2	汽油组分去重整	150	汽油组分				
3	C-707 底部吹扫蒸汽	40	低压蒸汽				
4	C-707 底油出口(放空去地下)	50	汽油组分				

续表

序　号	盲板位置	盲板尺寸	介　质	指令人（一）	指令人（二）	检查人	时　间
5	C-701 底部吹扫蒸汽	40	低压蒸汽				
6	C-701 底油出口（放空去地下）	50	汽油组分				
7	P-725/出口至 C$_5$ 出装置	80	C$_5$ 组分				
8	M-701 进 D-703	80	抽余油、水				
9	M-701 至 D-703 顶出口	50	抽余油、水				
10	D-703 顶安全阀至 D-716	50	抽余油、水				
11	D-703 顶出口	80	抽余油、水				
12	P-714 出口至 C-702 溶剂回注	40	溶剂				
13	D-703 底出口至 P-714 入口	50	溶剂				
14	D-703 底低压蒸汽吹扫	40	低压蒸汽				
15	不合格产品返回线/抽提进料	80	汽油组分				
16	抽余油循环线至抽提进料线	80	抽余油				
17	芳烃循环线至抽提进料线	50	苯				
18	不合格、抽余油、芳烃循环线	80					
19	贫溶剂至 E-715(退剂线)	80	贫溶剂				
20	E-715 来至贫溶剂进塔线	80	贫溶剂				
21	C-702 底至地下溶剂总线	50	富溶剂				
22	C-702 低压吹扫蒸汽	50	低压蒸汽				
23	P-716出口抽余油去 800 装置	80	抽余油				
24	C-703 底去地下溶剂总线	40	废溶剂				
25	C-703 底低压吹扫蒸汽	40	蒸汽				
26	C-703 中段底水洗水	40	水洗水				
27	C-703 上段底水洗水	40	水洗水				

续表

序　号	盲板位置	盲板尺寸	介　质	指令人（一）	指令人（二）	检查人	时　间
28	C-703 中段低压吹扫蒸汽	40	低压蒸汽				
29	C-703 中段抽余油出口	100	抽余油				
30	C-703 中段抽余油入口	100	抽余油				
31	C-703 上段低压吹扫蒸汽	40	蒸汽				
32	C-703 上段抽余油出口	100	抽余油				
33	C-703 上段抽余油入口	100	抽余油				
34	E-706 壳程放空	40	富溶剂				
35	C-704 底低压吹扫蒸汽	40	低压蒸汽				
36	C-705 底低压吹扫蒸汽	50	低压蒸汽				
37	E-708 底出放空去地下溶剂线	40	溶剂、水				
38	E-710 壳程放空	40	贫溶剂				
39	D-708 分水包出口	40	水				
40	3.5MPa 过热蒸汽进装置	80	蒸汽				
41	D-713 蒸汽伴热	50	低压蒸汽				
42	D-714 蒸汽伴热	50	低压蒸汽				
43	P-717 至汽提塔（开工线）	80	溶剂				
44	D-709/1 入口吹扫蒸汽	50	低压蒸汽				
45	D-709/2 入口吹扫蒸汽	50	低压蒸汽				
46	D-709/1 入口吹扫氮气	50	氮气				
47	D-709/2 入口吹扫氮气	50	氮气				
48	D-709/1 出口至地下溶剂总线	40	苯				
49	D-709/2 出口至地下溶剂总线	40	苯				
50	苯产品出装置	50	苯				
51	不合格苯至 D-714	50	苯				

续表

序 号	盲板位置	盲板尺寸	介 质	指令人（一）	指令人（二）	检查人	时 间
52	苯不合格线至 D-702	50	苯				
53	0.4MPa 蒸汽进 D-710/1	50	低压蒸汽				
54	0.4MPa 蒸汽进 D-710/2	50	低压蒸汽				
55	D-711 底部蒸汽	50	低压蒸汽				
56	FI-701/1 顶部	25	氮气				
57	FI-701/1 顶部	25	低压蒸汽				
58	FI-701/1 上段去地下溶剂总线	100	废溶剂				
59	FI-701/1 下段	25	低压蒸汽				
60	FI-701/1 下段	25	氮气				
61	FI-701/1 进 C-706	40	溶剂				
62	FI-701/1 底去地下溶剂总线	100	废溶剂				
63	D-711 进 FI-701/2 中部	40	溶剂				
64	FI-701/2 顶部	25	低压蒸汽				
65	FI-701/2 顶部	25	氮气				
66	FI-701/2 上段去地下溶剂总线	100	废溶剂				
67	FI-701/2 下段	25	氮气				
68	FI-701/2 下段	25	低压蒸汽				
69	FI-701/2 中段进 C-706	40	溶剂				
70	FI-701/2 底去地下溶剂总线	100	废溶剂				
71	D-711 进 FI-701/1 中部	40	溶剂				
72	循环冷却水进	150	水				
73	净化压缩空气进	40	空气				
74	1.1MPa 过热蒸汽进	250	蒸汽				
75	循环冷却水出	150	水				
76	D-718 蒸汽凝结水出装置	100	凝结水				
77	0.4MPa 伴热凝结水出装置	80	凝结水				
78	0.4MPa 过热蒸汽进	150	低压蒸汽				
79	0.4MPa 过热蒸汽自 D-718	150	低压蒸汽				
80	新鲜水进	50	水				
81	非净化压缩空气	40	空气				

续表

序　号	盲板位置	盲板尺寸	介　质	指令人（一）	指令人（二）	检查人	时　间
82	0.7MPa 氮气自重整总管来	40	氮气				
83	1.4MPa 氮气自重整总管来	40	氮气				
84	脱氧水进装置	40	水				

⑤ 装置检修完成，对现场管线流程进行确认，并氮气气密、置换。

苯抽提装置开工氮气气密、置换合格确认表

序　号	盲板位置	压力/MPa	氧含量/%	指令人	执行人	确认人	时　间
1	C-707	0.3					
2	C-701	0.1					
3	C-702	0.6					
4	C-703	0.3					
5	C-704	0.1					
6	C-705	0.1					
7	C-706	0.1					
8	D-702	—					
9	D-703	0.4					
10	D-704	0.3					
11	D-705	0.1					
12	D-709	1.0					
13	D-710/1、2	—					
14	D-711	0.3					
15	D-712	0.3					
16	D-713	—					
17	D-714	—					
18	D-715	—					
19	D-716	0.3					
20	D-719	—					

⑥ 检修装置的通信、梯子、平台、栏杆、照明等设施检修是否完毕完好。

通信、梯子、平台、栏杆、照明设施验收表

序　号	检查内容	检查情况	检查人	确认人	时　间
1	二层平台、梯子、栏杆、照明完好情况				
2	三层平台、梯子、栏杆、照明完好情况				
3	空冷平台、梯子、栏杆、照明完好情况				

续表

序 号	检查内容	检 查 情 况	检 查 人	确 认 人	时 间
4	塔区平台、梯子、栏杆、照明完好情况				
5	罐区平台、梯子、栏杆、照明完好情况				
6	管廊照明完好情况				
7	泵房照明完好情况				
8	对讲机、苯检测仪警仪完好情况				

⑦ 根据装置消防布置图所示的位置检查消防道路是否畅通，消防水源、消防蒸汽、消防器材是否处于完好备用状态。

⑧ 装置及区域内工业卫生及环保设施完好，具备随时投用条件。

⑨ 按照装置地井、地沟、地漏分布图所示位置清理干净，封好盖严，出装置水封井处于完好状态。

地井检查表

编 号	检 查 时 间	检 查 人	是否完好	备 注
下水井 1				
下水井 2				
下水井 3				
下水井 4				
下水井 5				
下水井 6				
下水井 7				
下水井 8				
下水井 9				
下水井 10				
下水井 11				
下水井 12				
下水井 13				
下水井 14				
下水井 15				
下水井 16				
下水井 17				
下水井 18				

⑩ 设备的安全附件齐全、灵敏、可靠，并经校验，查安全附件台账。

⑪ 施工现场完工、料尽、场地清，有毒有害的废料已安全处理。

⑫ 设备周围清理干净，无油污杂物，设备零件附件安装齐全、准确、灵活好用，工艺系统安装完毕合格待用。

⑬ 所有机组、机泵已修理完毕，转动设备盘车、加油等满足送电达到备用条件。

⑭ 所有换热器完成更换或清理，所有容器容检、清理完毕，人孔已封闭。

⑮ 对照检修漏点统计表确认装置所有漏点已整改完毕。

⑯ 现场压力表、液位计等满足开车要求，维修记录查找计量器具台账。

⑰ 现场保温、标识已恢复、检修临时管线已拆除(见临时管线台账)。

⑱ 检修资料齐全，各级人员签名盖章手续齐全，资料包括检修工艺方案、技术图纸、检修记录、试压记录及中间验收记录。

⑲ DCS 通道试验完毕，ESD 系统自保试验完毕。

⑳ 劳保、气防用具校验完毕，完好备用。

检测仪器检查表

序号	仪 器 名 称	地 点	数 量	检查人	检查时间	确认人	是否完好备用	备 注
1	可燃性气体报警器	装置内	23					
2	火灾手动报警器	装置内	9					
3	便携式苯检测仪	装置内	16					
4	苯检测仪	操作室	1					
5	四合一气体探测器	办公室	1					

空气呼吸器

序号	空气呼吸器型号	数 量	地 点	检查时间	检查人	确认人	是否完好备用	备 注
1	自给正压式空气呼吸器	9	操作室					
2	长管式空气呼吸器	4	操作室					
3	紧急逃生器	1	操作室					

急救药箱药品配置

序号	药品名称	规 格	数 量	检查时间	检查人	确认人	是否齐备	备 注
1	生理盐水	250mL	2					
2	碘伏	50mL	2					
3	云南白药	瓶	2					
4	云南白药气雾剂	瓶	2					
5	云南白药创可贴	片	100					
6	酒精棉球	20/包	10					
7	75%酒精	150mL	2					
8	医用棉签	50根/包	2					
9	医用纱布	6×6卷/包	1					
10	美宝烫伤膏	盒	1					
11	清凉油	盒	2					
12	医用橡皮膏	盒	2					
13	体温计	支	1					

㉑ 仪表检修已完成，仪表指示、调节与联锁等均已满足生产开车需求，显示准确、调节灵敏、联锁完好待用。

㉒ 变电所检修完毕，装置电气设备具备接电条件、现场照明完好等。

㉓ 三查四定工作已经结束。

㉔ 开工安全检查清单。

投用前安全检查清单

序号	具体检查确认内容	确认情况	确认人
1	开工领导小组已成立，各级管理人员、技术人员、操作人员均已达到任职上岗条件		
2	工艺技术规程、开工规程、安全环保预案等技术资料、管理制度齐全		
3	装置开工所需的原料、燃料、三剂、化工药品、标准样品、备品配件、润滑油(脂)等种类、数量满足，并按照要求装填到位；产品的包装材料、容器、运输设备到位		
4	安全、工业卫生、消防、气防、救护、通信、劳动保护等器材、设施配备就位，完好备用；岗位工具已配齐；保运工作已落实；巡检路线及标牌已设置		
5	检维修后的设备恢复完毕；容器、管线等设备检验合格，并有相关记录		
6	设备、管线吹扫试压试漏合格，转动设备完好备用；装置盲板管理责任落实		
7	安全环保设施(安全阀、压力表、可燃气体报警仪、苯报警仪)安装完毕，检验合格并投用；装置下水系统完好；有毒有害化学品存放及防护情况良好；开工中可能出现的退油、不合格品、"三废"及污染物等非常情况下的环保应急设施达到正常运行水平		
8	仪表系统、各类联锁自保系统调试完毕，具备投用条件；能源计量表启用；设备标志、管道流向标志齐全、准确		
9	电气设备调试合格，具备送电条件		
10	取样设施完好，化验分析准备就绪		
11	施工现场清理干净，装置区施工临时设施已拆除，设备、管线保温基本结束		
12	公用工程、油品储运、火炬系统等外部保障条件确认完好		
13	装置通过安全环保风险评估		
主管领导意见			

检修结束交接双方签字确认表

单位		验交意见	签字	时间
交方(检修指挥部)				
生产部门				
技术部门				
机动部门	机			
	电			
	仪			
	自控			
	其他			

续表

单　位	验交意见	签　字	时　间
安全环保部门			
人事部门			
相关方			
接方(生产装置)			

备注:

第 4 章

停工规程

4.1　停工统筹

4.2　停工纲要

A 级纲要
初始状态 S_0
装置正常运转

4.2.1　停工准备工作

状态 S_1
准备工作完毕

4.2.2　预分馏单元停工

状态 S_2
预分馏单元停进料、退油完毕，稳汽出装置

4.2.3　抽提系统停工

（1）抽提单元进行芳烃和抽余油循环。

（2）停用 C-703 中、上段。

（3）白土罐降温切除。

（4）回收塔和汽提塔降温，停止抽提进料。

状态 S_3
抽提系统停工完毕，进入三塔循环状态

4.2.4　系统退油、退溶剂

（1）三塔退溶剂、退油。

（2）白土罐退油。

（3）抽余油系统退油。

（4）退系统内残油。

状态 S_4

抽提系统退油、退剂完毕

4.2.5　系统吹扫

(1)预分馏系统吹扫。

(2)抽提系统吹扫。

(3)再生系统吹扫。

最终状态 F_s

系统吹扫完毕

4.3　停工操作

B　级装置停工

初始状态 S_0

装置正常运转

4.3.1　停工前准备工作

确认：

(M)——确认安全护具齐全、好用

(M)——确认工具齐全

(M)——确认 D-713 内无溶剂、无介质

(M)——确认 D-715 内无溶剂、无介质

(M)——确认 D-714 中湿溶剂已经回收完毕

(M)——确认溶剂再生系统已停用，溶剂用氮气已吹扫完毕

(M)——确认 D-705 出口改走再生系统跨线至 C-706

状态 S_1

准备工作已完毕

4.3.2　预分馏单元停工

[M]——通知调度苯抽提停工

[M]——联系油品车间改不合格罐

[M]——通知催化重整装置切进料

[P]——将 C-701、C-707 塔顶产品改汽油组分线外送

[I]——调整 C-701、C-707 塔底热量输入

[I]——调整回流比，达到全回流状态

(I)——确认 D-701 液位低于 5%

(I)——确认 D-720 液位低于 5%

[P]——停运 P-702

[P]——停运 P-725

[P]——关闭再沸器 E-718，关闭 FIC-7108 上下游阀

[I]——关闭 C-707 进料调节阀 FIC-7101 为 0

[P]——关闭调节阀 FIC-7101 上下游阀

[P]——关闭再沸器 E-701，关闭 FIC-7103 上下游阀

[I]——调整塔 C-701 进料量至进料为零

(I)——确认 C-707 液位低于 5%

(I)——确认 C-701 塔底液位低于 5%

[P]——停运 P-701

[I]——关闭 FV-7101

[I]——关闭 FV-7104

(I)——确认 C-707 温度低于 40℃

(I)——确认 C-701 温度低于 40℃

(P)——确认 P-701 停运

(P)——确认 P-702 停运

(P)——确认 P-725 停运

(P)——确认 E-701 停运

(P)——确认 E-717 停运

(P)——确认蒸汽和凝结水线关闭

(I)——确认 C-701 停用

(I)——确认 C-707 停用

[P]——打开各塔底暗放空、机泵暗放空、换热器暗放空放净设备内残液

(I)——确认各明放空打开无液体排出

(P)——确认 D-719 液位低于 60%(若高，则改流程将 D-719 内介质打出装置)

状态 S₂

C-701、C-707 停进料、退油完毕，稳定汽油出装置

4.3.3 抽提系统停工

4.3.3.1 抽提单元进行芳烃和抽余油循环

(I)——确认 D-702 液位在 25%~30%

[I]——通知外操改抽余油、芳烃循环

[I]——通知罐区停止抽余油外送

[P]——改抽余油循环

[P]——改芳烃循环

[I]——调整抽提进料量位 5500kg/h

[I]——逐渐降低整白土罐进料温度至 120℃

4.3.3.2 停用 C-703 中、上段

[I]——通知外操停用 C-703 中、上段

[P]——改 D-704 的水洗水进 C-703 中段

[I]——调整 C-703 上段界位降为 0

[I]——关闭 LICA-7206

[P]——打开 C-703 上段进、出口跨线

[P]——关闭上段进、出口阀门

[I]——调整 PIC-7203 为 0.3MPa

[I]——改 D-704 的水洗水通过管线 P-7214 至 C-703 下段

[P]——停用循环水泵 P-715

[I]——调整 C-703 中段界位为 0

[I]——关闭 LICA-7208

[P]——打开 C-703 中段进、出口跨线

[P]——关闭中段进、出口阀门

[I]——调整 PIC-7203 为 0.3MPa

4.3.3.3 白土罐降温切除

[I]——调整 TIC-7221，降低 E-713 蒸汽进入量

(I)——确认白土罐温度降到 60℃

[P]——停用加热器 E-713，关闭蒸汽阀门

[P]——打开白土罐侧线

[P]——关闭白土罐出入口阀门

4.3.3.4 回收塔和汽提塔降温，停止抽提进料，进入三塔循环状态

[I]——减小 C-704 和 C-705 的热量输入

[I]——降低 C-704 和 C-705 中物料温度到 50℃

[I]——减少到抽提塔的贫溶剂流量

[I]——减少汽提塔顶馏出油汽相流量

[I]——当温度较低时降低水循环以保持回收塔回流罐集水包内液位

[P]——停运 P-703

[I]——C-703 抽余油通过 FIC-7211 自身循环

[P]——停运 P-707

[I]——减少 C-702 抽余油输出，维持 C-703 压力

[I]——减低 C-703 界面，将水压入 D-703 至界面消失后关闭 LICA-7210

[P]——停运 P-716

(I)——确认回收塔顶馏出量大幅度减少

[I]——回收塔进行全回流

(I)——确认 C-704 和 C-705 塔底温度在 60℃

[P]——停用塔底再沸器 E-706、E-710

(I)——确认 C-704 塔顶馏出量降低，D-706 中液位下降至 20%以下

[P]——停运 P-705

(I)——确认 D-706 水包界位消失

(I)——确认 C-705 塔顶馏出量降低，D-708 中液位低于 20%

(P)——确认 D-708 中无液位，P-711 不上量

[P]——停运 P-711

(I)——确认 D-708 水包界位消失

[P]——停运 P-712

(I)——确认 D-705 中液位消失

[P]——停运 P-708

(I)——确认 D-730 液位 30%，温度不小于 90℃

[P]——关闭 D-730 外排，控制液位不低于 30%

(P)——确认伴热系统循环正常

状态 S₃

抽提系统停工完毕，进入三塔循环状态

4.3.4 系统退油、退溶剂

4.3.4.1 三塔退剂、退油

(M)——确认达到了退溶剂的条件(各塔溶剂温度不超过 50℃，回流罐无液位)

[M]——通知内、外操准备退溶剂

[P]——导好退溶剂流程

P-710→E-704→E-715→D-713、D-714

(P)——确认退剂流程贯通可使用

[I]——控制好退溶剂流量

[P]——控制好退溶剂流量

[P]——打开水汽提塔靠近 E-708 侧管线出口阀门

(P)——确认 C-706 无液位

[I]——控制将 C-702 中溶剂、油全部压到 C-704 中

[I]——保持 C-704、C-705 液位稳定

[I]——保持 C-704 压力稳定

(I)——确认 C-702 中油和溶剂退净后关闭 FIC-7214

(I)——确认 C-704 液位低于 5%

(P)——确认 C-704 无液位

[P]——停运 P-704

(I)——确认 C-705 液位低于 5%

(P)——确认 C-705 无液位

[P]——停运 P-710

[P]——打开各暗放空，将管线内溶剂排入地下溶剂罐 D-715

4.3.4.2　白土罐退油

(M)——确认 D-715 低液位

(M)——确认 D-714 有足够的空间

(M)——确认具备退油条件

[M]——通知内、外操 D-709 退油

[P]——打开白土罐出入口阀门

[P]——打开 D-709 底部去地下溶剂管线阀门

[P]——在 P-724 出口导淋接临时氮气线

[P]——将 FV-7225 侧线手阀打开

[P]——稍开氮气线阀门，控制退油速度

[I]——密切注意 D-715 液位，与外操及时联系控制好排油速度

(P)——确认 D-709 底部去 D-715 阀门有气通过并且无液

[P]——关闭 P-724 出口氮气阀门、关闭导淋

4.3.4.3　抽余油系统退油

(M)——确认 D-715 低液位

(M)——确认 D-714 有足够的空间

(M)——确认退油准备工作已到位

[M]——通知内、外操抽余油系统退油

[P]——打开 D-703 底部去地下溶剂管线阀门

[P]——关闭 D-703 顶部出口阀门

[P]——打开 D-703 顶部高点放空阀门

[I]——密切注意 D-715 液位，与外操及时联系控制好排油速度

(P)——确认 D-703 无液位

[P]——关闭 D-703 高点放空

[P]——关闭 D-703 底部去 D-715 阀门

(P)——确认 D-703 无液位

[P]——打开 C-703 上段底部去地下溶剂罐 D-715 的阀门

[P]——打开 C-703 上段高点放空线阀门

[I]——密切注意 D-715 液位，与外操及时联系控制好排油速度

(P)——确认 C-703 上段隔板上、下无液位

[P]——关闭 C-703 上段高点放空

[P]——关闭 C-703 上段底部去 D-715 阀门

(P)——确认 C-703 上段隔板上、下无液位

[P]——关闭 C-703 上段高点放空

[P]——关闭 C-703 上段底部去 D-715 阀门

[P]——打开 C-703 中段底部去地下溶剂罐 D-715 的阀门

[P]——打开 C-703 中段高点放空线阀门

[I]——密切注意 D-715 液位，与外操及时联系控制好排油速度

(P)——确认 C-703 中段隔板上、下无液位

[P]——关闭 C-703 中段高点放空

[P]——关闭 C-703 中段底部去 D-715 阀门

[P]——打开 C-703 下段底部去地下溶剂罐 D-715 的阀门

[I]——调整 D-715 液位

(P)——确认 C-703 下段无液位

[P]——关闭 C-703 下段底部去 D-715 阀门

4.3.4.4 退系统内残油

(M)——确认各塔、容器油和溶剂退净

(M)——确认 D-715 低液位

(M)——确认地下污油罐 D-719 低液位

(M)——确认 D-714 有足够的空间

[M]——通知内、外操退塔、容器、换热器和管线内的残油

[P]——退 E-702 内残油

[P]——退 E-717 内残油

[P]——退 E-703 内残油

[P]——退 C-701 内残油

[P]——退 D-701 内残油

[P]——退 C-707 内残油

[P]——退 D-720 内残油

[P]——预分馏单元通过低点退所有管线内残油

(I)——确认 D-719 液位高于 50%

[I]——联系罐区送污油

[I]——通知外操启动 P-718 送污油

[P]——退 C-702 内残油至地下溶剂罐 D-715 中

[P]——退 C-703 内残油至地下溶剂罐 D-715 中

[P]——退 E-704 内残油至地下溶剂罐 D-715 中

[P]——退 D-716 内残油至地下溶剂罐 D-715 中

[P]——退 E-705 内残油至地下溶剂罐 D-715 中

[P]——退 D-703 内残液至地下溶剂罐 D-715 中

[P]——退 D-704 内残液至地下溶剂罐 D-715 中

[P]——退 D-705 内残液至地下溶剂罐 D-715 中

[P]——退 D-706 内残油至地下溶剂罐 D-715 中

[P]——退 C-704 内残油至地下溶剂罐 D-715 中

[P]——退 D-708 内残油至地下溶剂罐 D-715 中

[P]——退 D-709 内残油至地下溶剂罐 D-715 中

[P]——退 D-710 内残油至地下溶剂罐 D-715 中

[P]——退 D-711 内残油至地下溶剂罐 D-715 中

[P]——退 D-712 内残油至地下溶剂罐 D-715 中

[P]——退 C-706 内残液至地下溶剂罐 D-715 中

[P]——退 C-705 内残油至地下溶剂罐 D-715 中

[P]——退 E-708 内残油至地下溶剂罐 D-715 中

[P]——退 E-710 内残油至地下溶剂罐 D-715 中

[P]——退 E-712 内残油至地下溶剂罐 D-715 中

[P]——退 E-713 内残油至地下溶剂罐 D-715 中

[P]——退 E-714 内残油至地下溶剂罐 D-715 中

[P]——退 FI-701 内残油至地下溶剂罐 D-715 中

[P]——抽提单元所有管线内残液送到 D-715 中

状态 S_4

抽提系统退油、退剂完毕

4.3.5 系统吹扫

4.3.5.1 预分馏系统吹扫

C-707、D-720 的吹扫

(P)——确认盲板加装完毕

[P]——打开 C-707 和 D-720 放空

[P]——打开塔底吹扫蒸汽阀门引蒸汽进行吹扫

(P)——确认 C-707 塔顶放空线见蒸汽

(P)——确认 D-720 放空见蒸汽

C-701、D-701 的吹扫

(P)——确认盲板加装完毕

[P]——打开 C-701 和 D-701 放空

[P]——打开塔底吹扫蒸汽阀门引蒸汽进行吹扫

(P)——确认 C-701 塔顶放空线见蒸汽

(P)——确认 D-701 放空见蒸汽

4.3.5.2 抽提系统吹扫

C-702 系统吹扫

(P)——确认盲板加装完毕

[P]——打开 C-702 放空

[P]——打开 C-702 塔底吹扫蒸汽阀门引蒸汽

(P)——确认 C-702 塔顶见蒸汽

C-703 系统吹扫

(P)——确认盲板加装完毕

[P]——打开 C-703 下段放空

[P]——打开 C-703 塔底吹扫蒸汽阀门引蒸汽进行吹扫

[P]——关闭 D-703 进出口阀门

[P]——打开 D-703 副线阀门

[P]——接临时管线引氮气对 C-703 中上段进行置换

[P]——接临时管线引氮气对 D-703 进行置换

  注意：蒸汽只能吹扫 C-703 下段，严禁吹扫中上段及 D-703

  打开容器后再用蒸汽进行吹扫、蒸煮，应控制温度不宜过高

C-704 系统吹扫

(P)——确认盲板加装完毕

[P]——打开 C-704 和 D-706 放空

[P]——打开 C-704 塔底吹扫蒸汽阀门引蒸汽进行吹扫

(P)——确认 C-704 塔顶见蒸汽

(P)——确认 D-706 放空见蒸汽

C-705 系统吹扫

(P)——确认盲板加装完毕

[P]——打开 C-705 放空

[P]——打开 C-705 塔底吹扫蒸汽阀门引蒸汽进行吹扫

(P)——确认 C-705 塔顶见蒸汽

(P)——确认 D-708 放空见蒸汽

C-706 系统吹扫

(P)——确认盲板加装完毕

[P]——打开 C-706 顶至 D-706 阀门

[P]——引 C-705 吹扫蒸汽至 C-706 进行吹扫

(P)——确认 D-706 顶见蒸汽

再生系统吹扫

(P)——确认盲板加装完毕

[P]——打开 FI-701/1、2 放空

[P]——打开 FI-701/1、2 吹扫蒸汽阀门引蒸汽进行吹扫

(P)——确认 FI-701/1、2 放空见蒸汽

(P)——确认 D-711、D-712 放空见蒸汽

4.3.5.3　确认系统吹扫完毕

(P)——确认各管排明放空无含油液体排出

(P)——确认各容器内气体检验合格

(P)——确认各容器明放空气体检验合格

(P)——确认各机泵泵体放净介质，气体检验合格

(P)——确认各换热器放净介质，气体检验合格

(P)——确认各塔放净介质，气体检验合格

      最终状态 F_s

      系统吹扫完毕

4.4　停工说明

C 级辅助说明

停工前的准备：

　　保证溶剂罐 D-713、湿溶剂罐 D-714、地下溶剂罐 D-715 低液位。

　　保证抽提原料罐 D-702 低液位。

　　通知调度和催化重整装置苯抽提装置准备停工。

　　在开始停工操作之前，先以正常程序关闭溶剂再生系统，操作须缓慢进行，将 D-705 中水改走再生系统跨线管 P7254 去水汽提塔 C-706。接临时 N₂ 线，将 D-711、FI-701 中残液压入带有过滤网的大桶中，滤渣装入专用桶处理，大桶中的溶剂倒入地下溶剂罐 D-715 中。

　　装置正常停工。

4.4.1　预分馏单元停工

　　（1）如果抽提部分是短暂的停车，预分馏单元可以继续循环，以便抽提单元快速开车。

　　（2）如果预分馏单元需要停车，将预分馏单元的塔顶组分切入全回流状态，进行全回流。按照需要降低塔的热量输入，缓慢地降低进料量，并随后按照正常分馏塔操作予以关闭。

4.4.2　抽提单元停工

　　缓慢降低抽提塔进料量到设计量的 50%，变动应该缓慢，使得装置不至于不稳定，改芳烃和抽余油循环到进料缓冲罐，将上循环水泵停止，停止使用抽余油水洗塔中上段，将回收塔回流罐来水改到抽余油水洗塔下段给水，白土罐降温到 50℃，停止 E-713 加热，白土罐改侧线，0.5h 后将白土罐系统切除；下列各项进料同时减少。

　　（1）减少贫溶剂流量。

　　（2）减少抽提塔循环量，并因此减少汽提塔顶馏出油汽相流量。

　　（3）按照需要降低回收塔的热量输入。

　　（4）维持足够抽余油洗涤水量，并及时调整洗涤水量。

　　（5）关闭汽提塔和回收塔的再沸器，继续溶剂循环直至温度下降至大约 50℃，降低水循环以保持回收塔回流罐集水包内界位，当装置中水循环停止时，停止抽提塔进料。

　　（6）当汽提塔塔顶馏出液位下跌，关闭返洗泵。

　　（7）当回收塔回流罐液位下降时，关闭回收塔顶回流泵，当分水包中无界位时，关闭回收塔顶回流水洗泵。

　　（8）当循环的溶剂已冷却到 50℃ 以下，停止抽提塔进料和贫溶剂进料。

　　（9）将水从抽余油水洗塔压到水汽提塔。

　　（10）退溶剂至回收塔，利用回收塔底泵增压后经退溶剂线退至湿溶剂罐 D-714。

（11）将水汽提塔靠近 E-708 侧管道线出口阀门打开(隔板两侧都外排)，使水汽提塔的水泵吸入热交换器底部和管道里的溶剂-水-烃类混合物，这些物料送往回收塔，而后经过退溶剂线送到湿溶剂罐 D-714，任何剩余溶剂或含烃溶剂排往地下溶剂罐，而后从该地下溶剂罐压到湿溶剂罐。

（12）在装置中的残余溶剂和烃应利用排出接导淋和泵压送到地下溶剂罐，用作随后的溶剂回收，其他物料可排出到废油管道。

（13）任何要打开的设备应以蒸汽吹扫，任何的排出物含有可观数量的溶剂，应该导向地下溶剂罐，作随后的溶剂回收。要打开的任何气封的设备项目，当然应该在通蒸汽前关掉。

（14）按照炼油厂安全程序的要求加以蒸汽吹扫和切断，可以打开各种设备项目以便检查。

注意：

① 抽余油水洗塔的退液过程必须从上到下，先退尽上段液体，然后再退尽中段和下液体段液体，以保持溶剂过滤器的整体稳定性。

② 抽余油水洗塔(C-703)的中段和上段部分及溶剂分离塔(D-703)是不能用蒸汽吹扫的，这是因为塔内构件材质所承受的温度不得大于 80℃，除非抽余油水洗塔的中段和上段部分的压差增加或溶剂分离塔出口压力上升，必须更换塔内构件时，可用蒸汽吹扫。正常情况下，用 N_2 将抽余油和水吹扫完毕后，抽余油水洗塔中段和上段的进出口用八字盲板与其他系统隔绝。

4.5　停工退料流程示意

4.5.1　预分馏单元

（1）脱 C_6 塔塔顶油 C_6 馏分→脱 C_6 塔顶空冷器(A-701)→脱 C_6 塔顶后冷器(E-703)→脱 C_6 塔回流罐(D-701)→脱 C_6 塔回流泵(P-701)→FIC-7102→脱 C_6 塔(C-701) 。

（2）脱 C_6 塔塔底汽油馏分→脱 C_6 塔塔底泵(P-702)→FIC-7104→汽油组分/进料换热器(E-702)→汽油馏分出装置。

注意：

以上操作是进行了全回流，同时减少了脱 C_6 塔塔底再沸器热量输入，D-701 液位会下降，当脱碳六塔顶回流罐没有液位显示时，停用脱 C_6 塔塔底再沸器，回流泵停止运行，脱碳六塔进料改至汽油组分线出装置。脱碳六塔塔底液位没有显示时停塔底泵，将剩余物料排至轻污油罐经污油泵 P-718 打出装置。脱 C_5 塔的物料依正常流程全进 C-701。

4.5.2　抽提单元

停用溶剂再生系统，改芳烃和抽余油循环，将脱 C_6 塔来的原料改到汽油组分线，停用白土系统、抽余油水洗塔中上段。逐步停止汽提塔和回收塔再沸器，使溶剂温度降到

50℃左右，进行以下操作。

（1）回收塔(C-705)→回收塔底泵(P-710)→退溶剂冷却器(E-705)→湿溶剂罐(D-714)。

（2）抽提塔(C-702)→贫/富溶剂换热器(E-704)→FIC-7214→汽提塔(C-704)→汽提塔底泵(P-704)→FIC-7221→回收塔(C-705)。

（3）（水洗水）抽余油水洗塔(C-703)→LIC-7210→集水罐(D-705)→集水罐水泵(P-708)→线 P-7254(绕过溶剂再生系统)→水汽提塔(C-706)[底部两个出口都打开]→水汽提塔底泵(P-709)→溶剂回收塔(C-705)。(退水时采用此流程)

注意：

当所有的塔、罐没有液位显示时，将塔底泵、回流泵、水泵停止运行，将剩余物料排至地下溶剂罐(D-715)→废溶剂罐泵(P-719)→湿溶剂罐(D-714)。

4.6　停工界面交接

① 对装置员工进行停工方案、装置停车安全环保预案培训，并进行考核。

② 本装置系统物料已进行彻底排放，无物料残存死角，察看导淋、液位计、底部阀门等。

③ 按停工吹扫方案将工艺管道、塔、容器、机泵、换热器等设备内部介质全部退净，并按规程要求完成相应的吹扫、热水蒸煮、水顶线、N_2 置换、空气置换等处理，管道设备吹扫置换干净，达到规定标准。

④ 装置内所有设备、管线等须按规定方案抽空后用蒸汽或水吹扫冲洗干净，并指定专人做好拆、加盲板工作，盲板应符合其工艺压力等级要求，其规格、数量和位置应编号登记备查，防止遗漏。盲板位置见装置停工盲板表。

装置停工检修盲板表

序号	盲板位置	盲板尺寸	介质	指令人	执行人	检查人	时间
1	稳定汽油自重整来	200	稳汽				
2	汽油组分去重整	150	汽油组分				
3	C-707 底部吹扫蒸汽	40	低压蒸汽				
4	C-707 底部油出口（放空去地下）	50	汽油组分				
5	C-701 底部吹扫蒸汽	40	低压蒸汽				
6	C-701 底部油出口（放空去地下）	50	汽油组分				
7	P-725/出口至 C_5 出装置	80	C_5 组分				
8	M-701 进 D-703	80	抽余油、水				
9	M-701 至 D-703 顶出口	50	抽余油、水				
10	D-703 顶安全阀至 D-716	50	抽余油、水				
11	D-703 顶出口	80	抽余油、水				

续表

序号	盲板位置	盲板尺寸	介质	指令人	执行人	检查人	时间
12	P-714 出口至 C-702 溶剂回注	40	溶剂				
13	D-703 底出口至 P-714 入口	50	溶剂				
14	D-703 底低压蒸汽吹扫	40	低压蒸汽				
15	不合格产品返回线/抽提进料线	80	汽油组分				
16	抽余油循环线至抽提进料线	80	抽余油				
17	芳烃循环线至抽提进料线	50	苯				
18	不合格、抽余油、芳烃循环总线	80					
19	贫溶剂至 E-715（退剂线）	80	贫溶剂				
20	E-715 来至贫溶剂进塔线	80	贫溶剂				
21	C-702 底至地下溶剂总线	50	富溶剂				
22	C-702 低压吹扫蒸汽	50	低压蒸汽				
23	P-716 出口抽余油去 800 装置	80	抽余油				
24	C-703 底去地下溶剂总线	40	废溶剂				
25	C-703 底低压吹扫蒸汽	40	蒸汽				
26	C-703 中段底水洗水	40	水洗水				
27	C-703 上段底水洗水	40	水洗水				
28	C-703 中段低压吹扫蒸汽	40	低压蒸汽				
29	C-703 中段抽余油出口	100	抽余油				
30	C-703 中段抽余油入口	100	抽余油				
31	C-703 上段低压吹扫蒸汽	40	蒸汽				
32	C-703 上段抽余油出口	100	抽余油				
33	C-703 上段抽余油入口	100	抽余油				
34	E-706 壳程放空	40	富溶剂				
35	C-704 底低压吹扫蒸汽	40	低压蒸汽				
36	C-705 底低压吹扫蒸汽	50	低压蒸汽				
37	E-708 底出口放空去地下溶剂线	40	溶剂、水				
38	E-710 壳程放空	40	贫溶剂				
39	D-708 分水包出口	40	水				
40	3.5MPa 过热蒸汽进装置	80	蒸汽				
41	D-713 蒸汽伴热	50	低压蒸汽				
42	D-714 蒸汽伴热	50	低压蒸汽				
43	P-717 至汽提塔（开工线）	80	溶剂				
44	D-709/1 入口吹扫蒸汽	50	低压蒸汽				
45	D-709/2 入口吹扫蒸汽	50	低压蒸汽				
46	D-709/1 入口吹扫氮气	50	氮气				
47	D-709/2 入口吹扫氮气	50	氮气				
48	D-709/1 出口至地下溶剂总线	40	苯				
49	D-709/2 出口至地下溶剂总线	40	苯				

续表

序号	盲板位置	盲板尺寸	介质	指令人	执行人	检查人	时间
50	苯产品出装置	50	苯				
51	不合格苯至 D-714	D-714 50	苯				
52	苯不合格线至 D-702	50	苯				
53	0.4MPa 蒸汽进 D-710/1	50	低压蒸汽				
54	0.4MPa 蒸汽进 D-710/2	50	低压蒸汽				
55	D-711 底部蒸汽	50	低压蒸汽				
56	FI-701/1 顶部	25	氮气				
57	FI-701/1 顶部	25	低压蒸汽				
58	FI-701/1 上段去地下溶剂总线	100	废溶剂				
59	FI-701/1 下段	25	低压蒸汽				
60	FI-701/1 下段	25	氮气				
61	FI-701/1 进 C-706	40	溶剂				
62	FI-701/1 底去地下溶剂总线	100	废溶剂				
63	D-711 进 FI-701/2 中部	40	溶剂				
64	FI-701/2 顶部	25	低压蒸汽				
65	FI-701/2 顶部	25	氮气				
66	FI-701/2 上段去地下溶剂总线	100	废溶剂				
67	FI-701/2 下段	25	氮气				
68	FI-701/2 下段	25	低压蒸汽				
69	FI-701/2 中段进 C-706	40	溶剂				
70	FI-701/2 底去地下溶剂总线	100	废溶剂				
71	D-71 进 FI-701/1 中部	40	溶剂				
72	循环冷却水进	150	水				
73	净化压缩空气进	40	空气				
74	1.1MPa 过热蒸汽进	250	蒸汽				
75	循环冷却水出	150	水				
76	D-718 蒸汽凝结水出装置	100	凝结水				
77	0.4MPa 伴热凝结水出装置	80	凝结水				
78	0.4MPa 过热蒸汽进	150	低压蒸汽				
79	0.4MPa 过热蒸汽自 D-718	150	低压蒸汽				
80	新鲜水进	50	水				
81	非净化压缩空气	40	空气				
82	0.7MPa 氮气自重整总管来	40	氮气				
83	1.4MPa 氮气自重整总管来	40	氮气				
84	脱氧水进装置	40	水				

⑤ 当装置内所有设备、管线等经吹扫冲洗后，根据附图装置地井、地漏分布图所示位置的所有下水井、含油(含硫)污水井和地漏均应用蒸汽吹扫和水冲洗干净，盖好堵严，用湿土或防火布覆盖。沟、坑、地面、平台的油污应冲洗干净。

编 号	检查时间	检查人	是否完好	备 注
下水井 1				
下水井 2				
下水井 3				
下水井 4				
下水井 5				
下水井 6				
下水井 7				
下水井 8				
下水井 9				
下水井 10				
下水井 11				
下水井 12				
下水井 13				
下水井 14				
下水井 15				
下水井 16				
下水井 17				
下水井 18				

⑥ 塔、罐、容器、管道等进行吹扫、置换等工作，经测爆或取样分析合格，检查检测记录。

有限空间检测记录

序号	检测容器（或空间）	监测数据				检测时间	检测人	备 注
		氧气	可燃气	CO/（mL/L）	苯/（mL/L）			
1	C-707							
2	C-701							
3	C-702							
4	C-703							
5	C-704							
6	C-705							
7	C-706							
8	D-701							
9	D-702							
10	D-703							
11	D-704							
12	D-705							
13	D-706							
14	D-708							
15	D-709/1、2							
16	D-710/1、2							
17	D-711							
18	D-712							
19	D-713							

续表

序号	检测容器(或空间)	监测数据				检测时间	检测人	备注
		氧气	可燃气	CO/（mL/L）	苯/（mL/L）			
20	D-714							
21	D-715							
22	D-716							
23	D-719							

⑦ FeS 等自燃物、易燃易爆危险品按照制订专项方案进行专门处理，采取防护措施，并完成专项安全检查。

⑧ 对管线进行吹扫，除尽管线内存油，并进行逐一检查。

苯抽提装置停工检修吹扫表

序号	设备名称	给　气			停　气		
		作业人	确认人	时间	作业人	确认人	时间
1	C-707 底低压蒸汽吹扫线给汽						
2	塔顶安全阀至 D-716						
3	P-725 出口见汽						
4	C_5 出装置						
5	P-725 入口见汽						
6	FIC-7101 至重整稳汽管排						
7	FIC-7109 至 C-701						
8	E-718(壳)至地下溶剂罐						
9	C-701 底低压蒸汽吹扫线给汽						
10	FIC-7102 至 P-702/1、2 出口放空见汽						
11	FIC-7106 至 D-702 至地下溶剂罐						
12	安全阀副线至 D-716						
13	E-701(壳)至地下溶剂罐						
14	P-701 入口放空见汽						
15	安全阀副线至 D-716						
16	P-702 出口放空见汽						
17	P-702 入口放空见汽						
18	E-703 至地下溶剂罐						
19	P-701 出口放空给蒸汽至重整稳定汽油管排						
20	C-702 底低压蒸汽吹扫线给汽						
21	PIC-7201A 至 D-716						
22	D-703 至地下溶剂罐						

续表

序号	设 备 名 称	给 气			停 气		
		作业人	确认人	时间	作业人	确认人	时间
23	FIC-7206 至 P-707 出口放空见汽						
24	贫溶剂管线至安全阀副线至 C-704						
25	P-710 出口暗放空见汽						
26	E-715(壳)至 D-714						
27	至 C-704						
28	FIC-7301 至 D-711 至地下溶剂罐						
29	FIC-7201 至 P-703 出口放空见汽						
30	P-714 出口放空见汽						
31	P-717/P-721 出口放空见汽						
32	P-705 出口放空见汽						
33	至 FIC-7206 放空见汽						
34	C-704 底低压蒸汽吹扫线给汽						
35	安全阀副线至 D-716						
36	FIC-7214 放空见汽						
37	P-717/P-721 出口放空见汽						
38	A-702 至 E-707 至 D-706						
39	D-706 至 PIC-7213A 至 D-716						
40	P714 出口放空见汽						
41	D-707 放空见汽						
42	P-705 入口放空见汽						
43	FIC-7218 至 D-705						
44	P-704 入口放空见汽						
45	P-711 出口放空见汽						
46	E-706(管)至 C-704 底暗放空						
47	C-705 底低压蒸汽吹扫线给汽						
48	安全阀副线 D-716						
49	P-711 入口放空见汽						
50	E-709(壳)至 FV-7227 至 P-723/1、2 出口放空见汽						
51	P-723 出口放空见汽						

续表

序号	设备名称	给　气			停　气		
		作业人	确认人	时间	作业人	确认人	时间
52	A-703 至 E-711 至 D-708						
53	D-708 至 PIC-7210A 至 D-716						
54	HC-7203 至脱氧水线放空见汽						
55	D-708 至 P-712 入口放空见汽						
56	D-708 至 P-724 入口放空见汽						
57	D-708 至 P-711 入口放空见汽						
58	C-705 至 FIC-7221 至 P-704/1、2 出口放空见汽						
59	C-705 底至 P-710 入口放空见汽						
60	E-710(管)至 C-705 底部放空						
61	P-709/1、2 出口放空见汽						
62	PIC-7209 至 E-708(壳)至 P-709 入口放空见汽						
63	E-708(壳)至 FIC-7219 处放空						
64	E-708(壳)至 FI-701 出口放空见汽						
65	C-703 下段低压蒸汽吹扫线给蒸汽						
66	LV-7210 至 D-705 放空见汽						
67	FV-7208 至 P-715 出口放空见汽						
68	P-707 入口放空见汽						
69	M702/1 至 FV-7212 至 P-707 出口放空见汽						
70	M702/2(及其副线)至 C703 中段						
71	C-703 中段低压蒸汽吹扫线给蒸汽 LV-7208 至 D-704						

续表

序号	设 备 名 称	给　气			停　气		
		作业人	确认人	时间	作业人	确认人	时间
72	D-704 至 P-715 入口放空见汽						
73	M702/3(及其副线)至 C-703 上段						
74	C-703 上段低压蒸汽吹扫线给蒸汽						
75	LV-7206(及 C-703 上段底部出)至 D-704						
76	安全阀副线至 D-716						
77	P-716 入口放空见汽						
78	抽余油线安全阀复线至 D-716						

⑨ 系统检修部位转动设备已停电。

⑩ 装置内及周围半径 15m 内无可燃物泄漏，无可燃物料排放。

⑪ 装置劳保用具、消防、安全设施完好备用。

检测仪器检查表

序号	仪器名称	地点	数量	检查人	检查时间	确认人	是否完好备用	备注
1	可燃气体报警仪	苯抽提装置	23					
2	固定式苯检查仪	苯抽提装置	16					
3	火灾报警器	苯抽提装置	9					
4	单一气体(苯)检测仪	苯抽提主控室	1					
5	四合一检测仪	苯抽提主控室	1					

空气呼吸器

序号	空气呼吸器型号	数量	地点	检查时间	检查人	确认人	是否完好备用	备注
1	自给正压式空气呼吸器	9	操作室					
2	长管式空气呼吸器	4	操作室					
3	紧急逃生器	1	操作室					

急救药箱药品配置

序号	药品名称	规格	数量	检查时间	检查人	确认人	是否齐备	备注
1	生理盐水	250mL	2					
2	碘伏	50mL	2					
3	云南白药	瓶	2					

续表

序号	药品名称	规　格	数　量	检查时间	检查人	确认人	是否齐备	备　注
4	云南白药气雾剂	瓶	2					
5	云南白药创可贴	片	100					
6	酒精棉球	20/包	10					
7	75%酒精	150mL	2					
8	医用棉签	50 根/包	2					
9	医用纱布	6×6 卷/包	1					
10	美宝烫伤膏	盒	1					
11	清凉油	盒	2					
12	医用橡皮膏	盒	2					
13	体温计	支	1					
14	酒精喷雾剂	支	1					

⑫ 有限空间作业、动火作业、高空作业等安全环保专项方案制订完毕。

⑬ 装置承包商进行安全培训并进行交底。

停工安全检查清单

序号	具体确认内容	确认情况	确认人
1	按停工规程将工艺管道、塔、容器、机泵、换热器等设备内部介质全部退净，并按规程要求完成相应的吹扫、热水蒸煮等处理，管道设备吹置换干净，"三废"及噪声排放做到有效处理，达到规定标准		
2	必须按隔离方案完成交检装置与公共系统及其他装置彻底隔离。隔离方案中盲板表与现场一致，加盲板部位必须设有"盲板禁动"标识，制订专人负责盲板管理		
3	装置隔油池、污水池要在停工检修前将所有污油清出，污水排空。装置内污水井进行封闭，出装置污水与外界隔离。有条件的对装置内污水线要在停工检修前进行处理。装置地漏要在停工交检前进行封堵		
4	FeS 等自燃物、易燃易爆危险品须制订专项方案进行专门处理，采取防护措施，并完成专项完全检查		
5	装置地面、设备、平台、管道外表面油污、杂物和易脱落保温铁皮等。装置内及周边无任何油桶、化学药剂及停工排放物和工业生活垃圾		
6	装置消防、安全设施完好备用。灭火器、空气呼吸器、防毒防烫、防尘物品齐全完好，蒸汽胶管、水带摆放整齐并随时可以投用		
7	有限空间作业、动火作业、高空作业等安全环保专项方案制订完毕		
8	装置通过安全环保风险评价		
主管领导意见			

交付检修交接签字确认表

单 位		验 交 意 见	签 字	时 间
交方 (生产装置)				
生产部门				
技术部门				
机 动 部 门	机			
	电			
	仪			
	自控			
	其他			
安全环保部门				
人事部门				
相关方				
接方(检修指挥部)				

备注:

第 5 章

专用设备操作规程

5.1　白土装填方案

A 级操作框架图

初始状态 S_0

白土罐吹扫完毕，人孔开启

5.1.1　准备工作

状态 S_1

准备工作完毕

5.1.2　白土装填

最终状态 F_s

白土装填完毕

B 级操作框架图

初始状态 S_0

白土罐吹扫完毕，人孔开启

5.1.1　准备工作

（1）装填工具

[P]——准备好装剂用帆布袋、剪刀

[P]——准备好开桶工具

[P]——准备好耙子

（2）具备条件及要求

(P)——确认白土罐入口氮气线加盲板

(P)——确认进、出口管线加盲板

(P)——确认白土罐通风

(P)——确认正压式空气呼吸器可用

(P)——确认容器内气体进行安全气体化验

(P)——确认进容器前必须进行有限空间安全作业票确认

(P)——确认作业监护人到位

(P)——确认安全带、安全绳、软梯完好可用

(P)——确认安全护具齐备并穿戴整齐

状态 S_1

准备工作完毕

5.1.2　白土装填步骤

[P]——将 D-709 A/B 内部清扫干净，封好出料口，封上底部侧面人孔

[P]——进入 D-709A/B，按 D-709 装填图作出标记

[P]——将分配器上绑好塑料布，防止装填时白土进入

[P]——在 D-709 顶部安装漏斗，将帆布筒绑在漏斗出口，放入 D-709 中，依次按下面装填高度装填

注意

装填时不断摇动帆布筒，使白土在塔内分布均匀

[P]——D-709 底部铺满 $\Phi20mm$ 的瓷球，并高于出口筛网

(P)——确认 D-709 底部铺满 $\Phi20mm$ 的瓷球，并高于出口筛网

[P]——填铺 15cm 的 $\Phi12mm$ 的瓷球

(P)——确认 15cm 的 $\Phi12mm$ 的瓷球垫铺完毕

[P]——平整一次

[P]——填铺 15cm 的 $\Phi6mm$ 的瓷球

(P)——确认 15cm 的 $\Phi6mm$ 的瓷球垫铺完毕

[P]——平整一次

[P]——填铺 15cm 的 $\Phi2mm$ 的瓷球

(P)——确认 15cm 的 $\Phi2mm$ 的瓷球垫铺完毕

[P]——平整一次

(P)——确认卸料口与 $\Phi2mm$ 瓷球齐平

[P]——装填白土，每装 0.5m 平整一次

[P]——装填白土至规定高度(参照 D-709 装填图)

[P]——确认装填完毕

[P]——拆除分配器上的塑料布，封好塔顶人孔

[P]——打开顶部放空

[P]——微开氮气置换阀门

最终状态 F_s

白土装填完毕

C 级说明

注意事项：

① 为了避免穿过固定床的苯发生沟流，白土罐的正确装填是十分重要的。沟流最易出现在粒度分布不均匀的床。当白土罐加料时，建议使用帆布软保护套或其他相适宜工序，使白土均匀地分布在整个床的区域上，要避免锥形般地结在床中央。否则大粒子会散布在锥形体周围，会导致一个不均匀的流量穿过白土床，将白土床留存在塔内，使用几层较粗支撑材料和筛网使流体分配均匀。

② 装载支撑材料时必须注意不可搞乱出口流量的分配或经过支撑材料的白土向下移动。这样需要每装一层平整一次，并在装一层新瓷球或白土时小心防止崛起先前铺好的一层。

5.2 投用减温减压器

A 级操作框架图

初始状态 S_0

减温减压器未投用

投用减温减压器

最终状态 F_s

减温减压器投用完毕

B 级操作框架图

初始状态 S_0

减温减压器未投用

投用减温减压器

[P]——将减温减压器高点放空打开

[P]——将减压阀前导淋阀打开

(P)——确认减压阀前导淋阀处蒸汽不含水

[P]——将减压阀后导淋阀开 2～3 圈

(P)——确认 TICA-7401 打开

[P]——启动 P-726 引脱氧水至减压阀

[P]——逐渐关闭 TICA-7401，保证 P-726 出口不憋压

[P]——将蒸汽脱水包处总阀缓慢打开

[P]——将减压阀 PIC-7401 给 3%开度

[P]——将汽提塔塔底再沸器 E-706 入口蒸汽阀前放空阀开 2～3 圈

[P]——将 E-706 凝结水阀 FIC-7216 前导淋打开

[I]——调节 PIC-7401 和 TICA-7401，控制压力为 1.5MPa 温度为 195℃

(P)——确认减压阀后导淋阀处蒸汽不含水

[P]——稍开再沸器 E-706 入口蒸汽阀

(P)——确认 E-706 凝结水阀 FIC-7216 前导淋见凝结水

[P]——关闭 FIC-7216 前导淋阀

[P]——逐渐开大 E-706 入口蒸汽阀

[P]——逐渐关闭减温减压器高点放空阀

[I]——调节 FIC-7216 控制 C-704 塔底升温速度不大于 30℃/h

(P)——确认减温减压器高点放空阀关闭

[I]——调节 PIC-7401 和 TICA-7401，逐渐控制压力为 2.0MPa 温度为 215℃

最终状态 F_s

减温减压器投用完毕

此时减温减压器投用完毕，E-710、E-713 投用方法相同。

5.3　溶剂再生系统充液

溶剂再生系统充液时，C-705 液位会下降，需要外加溶剂进行补充，但补剂要缓慢进行。

A 级操作框架图

初始状态 S_0

再生系统未充液

5.3.1　准备工作

状态 S_1

准备工作完毕

5.3.2　D-711、D-712 充液

5.3.3　FI-701/1、2 充液

最终状态 F_s

再生系统充液

B 级操作框架图

初始状态 S_0

再生系统未充液

准备工作

(P)——确认再生系统盲板拆除

(P)——确认再生系统流程导通

E-704→M-703→D-711→FI-701

P-708→M-703→D-711→FI-701

(P)——确认再生系统各现场压力表、温度计安装到位

(P)——确认安全阀已投用

状态 S_1

准备工作完毕

D-711、D-712 充液

[P]——对溶剂再生系统进行氮气吹扫、打通溶剂再生系统流程

[P]——打开 D-712 入口阀门及高点放空阀门

[P]——关闭 D-711 出口阀

[I]——打开 FIC-7301，将溶剂缓慢引入 D-711

注意

当 D-712 中见到液位后，说明 D-711 基本充满溶剂

(P)——确认 D-712 中见液位，关闭 D-712 入口阀

[P]——打开 D-711 高点放空阀门缓慢排气

[P]——听到阀门有过液的声音立刻关闭放空阀

FI-701/1、2 充液

[P]——打开 FI-701 上段顶部高点放空阀门

[P]——打开安全阀侧线阀门

[P]——关闭上段出口阀门

[P]——将溶剂缓慢引入 FI-701 上段

[P]——听到阀门有过液的声音立刻关闭放空阀

[P]——打开 FI-701 下段顶部高点放空阀门

[P]——打开安全阀侧线阀门

[P]——关闭下段出口阀门

[P]——将溶剂缓慢引入 FI-701 上段

[P]——听到阀门有过液的声音立刻关闭放空阀

最终状态 F_s

再生系统充液

此时溶剂再生系统充液完毕，等待投用。

5.4　白土罐充液

5.4.1　白土罐在开工时充液

A 级操作框架图

初始状态 S_0

白土罐未充液

5.4.1.1　准备工作

状态 S_1

准备工作完毕

5.4.1.2　白土罐充液

最终状态 F_s

白土罐充液完毕

B 级操作框架图

初始状态 S_0

白土罐未充液

准备工作

(P)——确认盲板拆除

(P)——确认流程导通

(P)——确认现场压力表、温度计安装到位

(P)——确认氮气置换合格

状态 S_1

准备工作完毕

白土罐充液

[P]——投用白土罐系统用

[P]——用氮气将白土系统充压到 0.2MPa

[P]——关闭 D-709 出入口阀门

[P]——打开白土罐侧线管 P-7277 阀门

[P]——投用以下流程

FIC-7225→管 P-7264/2(白土系统跨线)→管 P-7274/3→管 P-7284(芳烃循环线)排放到

不合格汽油组分线送出装置

(P)——确认流程正常投用

注意

当抽余油循环开始后，苯循环到进料缓冲罐

[P]——投用以下流程

P-724→E-714→E-713→D-709 跨线→E-714→E-712

(P)——确认流程正常投用

[P]——灌满 E-714、E-713、E-712

[P]——关闭白土系统跨线管 P-7264/2，控制 PIC-7211 压力为 1.75MPa

(P)——确认苯化验合格

[P]——打开 D-709 顶部安全阀 PSV-7207 侧线

[P]——打开 D-709 底部出口根部阀门

[P]——稍开充冷苯线阀门将苯引入 D-709

[P]——D-709 充液时过 1h 后，每隔 10min 开高点放空阀 0.5～1 圈，经 30s 关闭

(P)——确认高点放空有液体出现

[P]——关闭安全阀 PSV-7207 侧线阀门和充冷苯线阀门，等待投用

最终状态 F_s

白土罐充液完毕

5.4.2　生产时对未投用的白土罐（如 D-709/2）充液（开工时也可以利用此方法）

(P)——确认进料阀门关闭，将 D-709 出口靠近 D-709/2 的两道阀门关闭

[P]——用氮气对 D-709/2 进行氮气置换，化验合格后充压到 0.2MPa

[P]——打开 D-709/2 顶部安全阀 PSV-7208 侧线阀门

[P]——打开管线靠近 D-709/2 的阀门

[P]——打开 D-709/2 出口根部阀门，缓慢将冷苯引入 D-709/2

[P]——D-709/2 充液时过 1h 后，每隔 10min 开高点放空阀 0.5～1 圈，经 30s 关闭

(P)——确认高点放空有液体出现时，说明 D-709/2 已充满

[P]——关闭安全阀 PSV-7208 侧线阀门和充冷苯线阀门，等待投用

5.5　白土罐的投用

5.5.1　开工时投用白土罐

A 级操作框架图

初始状态 S_0

白土罐未投用

5.5.1.1　白土罐的投用

最终状态 F_s

白土罐投用

B 级操作框架图

初始状态 S_0

白土罐未投用

[P]——当 D-709/2 充液完毕后，将其出口流程导通，再导通入口流程

[P]——逐渐关闭侧线阀门

[P]——投用加热器 E-713，缓慢升温，速度不大于 30℃/h

最终状态 F_s

白土罐投用

5.5.2　正常生产时投用白土罐（串联）

A 级操作框架图

初始状态 S_0

白土罐未投用

5.5.2.1　白土罐的投用

最终状态 F_s

白土罐投用

B 级操作框架图

初始状态 S_0

白土罐未投用

白土罐的投用

如 D-709/1 正在使用中，投用 D-709/2，先给 D-709/2 充液，充液完毕进行以下操作。

[P]——全开 D-709/2 出口，将侧线管 P-7277 全开

[P]——全开 D-709/2 入口根部阀（另一入口阀关闭）

[P]——稍关 D-709/1 出口第三道阀反复进行上一步操作 5 次(5h)将 D-709/1 出口第三道阀全关

此时 1、2 两罐为串联

最终状态 F_s

白土罐投用

5.5.3　正常生产时投用白土罐（并联）

A 级操作框架图

初始状态 S_0

白土罐未投用

5.5.3.1　白土罐的投用

最终状态 F_s

白土罐投用

B 级操作框架图

初始状态 S_0

白土罐未投用

白土罐的投用

若要将 1、2 两罐并联操作，先将两罐串联，然后进行以下操作

[P]——稍开 D-709/1 出口第三道手阀

[P]——关小侧线管 P-7277 手阀，D-709/2 出口阀关到 30%，再将 D-709/1 出口第三道手阀开到 30%开度

[P]——两个人同时操作，将侧线阀全关，同时将 D-709/2 入口阀全开，使苯直接进入 1、2 两罐

此时 1、2 两罐为并联

最终状态 F_s

白土罐投用

5.5.4　停工时切除单罐（或串联双罐）

A 级操作框架图

初始状态 S_0

白土罐投用

5.5.4.1　切除操作

最终状态 F_s

白土罐切除

B 级操作框架图

初始状态 S_0

白土罐投用

5.5.4.2　切除操作

假设只有 D-709/1 使用

[P]——先以 30℃/h 的速度降低入口温度，到 70℃后停用加热器 E-713

[P]——白土罐出口温度降到 50℃后将侧线打开

[P]——关闭白土罐出入口阀此时 D-709/1 切除

最终状态 F_s

白土罐切除

5.5.5　切换白土罐

白土由于长期使用会渐渐失去活性，所以要定期更换白土，正常操作时，D-709/1 在前，D-709/2 在后串联使用或者单独备用，D-709/1 首先失去活性，应将其切出。方法如下：

A 级操作框架图

初始状态 S_0

白土罐投用

5.5.5.1　切换操作

最终状态 F_s

白土罐切除

B 级操作框架图

初始状态 S_0

白土罐投用

[P]——缓慢打开 P-7271 线上的两个阀门

[P]——关闭 P-7270 线上两个阀门

[P]——关闭 P-7277 线上阀门，关闭 P-70272 线上两个阀门。将 D-709/1 切出

最终状态 F_s

白土罐切除

5.5.6　白土罐退料、吹扫、卸白土

A 级操作框架图

初始状态 S_0

白土罐切除

5.5.6.1　退料、吹扫、卸白土

最终状态 F_s

　　　　　　　白土罐侧面、顶部人孔打开
　　　　　　　　　B 级操作框架图
　　　　　　　　　初始状态 S_0
　　　　　　　　　白土罐切除

退料、吹扫、卸白土

将白土罐切除，降至常温

(P)——确认已切断白土罐 D-709 进料阀出口阀

[P]——拆除 D-709 入口氮气管线盲板，用 N_2 将塔内物料经 P-7268 压入 D-713

[P]——拆除 D-709 入口蒸汽管线上盲板，通入蒸汽进入 D-709 顶部，吹扫气体自上而下通过 D-709，将污水排向地下溶剂罐

[P]——蒸汽吹扫 24h 后，通入 N_2 冷却。N_2 自上而下通过 D-709，排入大气

[P]——白土罐冷却至常温后，将罐卸出白土

　　　　　　　　　最终状态 F_s
　　　　　　　白土罐侧面、顶部人孔打开

5.6　溶剂分离罐的投用

5.6.1　溶剂分离罐的投用

　　　　　　　　　A 级操作框架图
　　　　　　　　　初始状态 S_0
　　　　　　　溶剂分离罐吹扫完毕，人孔关闭

5.6.1.1　准备工作

　　　　　　　　　状态 S_1
　　　　　　　　　准备工作完毕

5.6.1.2　溶剂分离罐的投用

　　　　　　　　　最终状态 F_s
　　　　　　　溶剂分离罐投用完毕

5.6.2　溶剂分离罐的投用

　　　　　　　　　B 级操作框架图
　　　　　　　　　初始状态 S_0
　　　　　　　溶剂分离罐吹扫完毕，人孔开启

5.6.2.1　准备工作

(I)——确认抽提塔顶抽余油建立液位 30%

(P)——确认抽余油样品清澈、透明、无机械杂质

(P)——确认溶剂分离罐盲板拆除

(P)——确认溶剂回注泵具备投用条件

（P）——确认各仪表具备投用条件

状态 S_1

准备工作完毕

5.6.2.2　溶剂分离罐的投用

[P]——打开溶剂分离罐入口管线上的阀门 1～2 圈

（P）——确认抽余油有量进入溶剂分离罐

[P]——打开溶剂分离罐顶的排放管线阀门排除溶剂分离罐内残留气体

（P）——确认溶剂分离罐充满(排放管线排出抽余油)

[P]——关闭顶排放管线阀门

（P）——确认溶剂分离罐顶压力升到 0.4～0.42MPa，以顶压力表为准

[P]——逐渐打开溶剂分离罐顶出料线上的阀门

[P]——关闭溶剂分离罐副线管线上的阀门

[P]——将溶剂分离罐切入正常流程

（P）——确认抽余油系统操作平稳

[P]——慢慢打开下循环水泵至抽余油冷却器的水洗水管线阀门

[I]——调节 FRC-7206，使流量逐渐达到设计负荷

（P）——确认溶剂分离罐底界位 LT-7204 达到 60%～80%

[P]——启动溶剂回注泵 P-714 将溶剂分离罐底的物料送到抽提塔进料

（P）——确认回注泵 P-714 流量平稳

最终状态 F_s

溶剂分离罐投用完毕

注意

在进料发生变化(包括原料换罐等)或抽提塔操作不稳时，可将该股物料改送至返洗芳烃

罐中

C 级说明

5.6.3　溶剂分离罐的使用注意事项

①　溶剂分离罐内分离功能件安装好后，不得再进行水压试验，但可以用 N_2 进行系统气密试验。

②　在使用过程中，如溶剂分离罐出现明显压差并持续增加时,应立即查明原因。

③　溶剂分离罐内的分离功能件必须在低温(≤80℃)下使用。因此，在装置停工检修时不能用蒸汽等介质对溶剂分离罐进行高温吹扫处理，但可对其进行隔离。

④　溶剂分离罐在装置检修时若需要打开人孔,可用 N_2 吹扫残油后,再打开人孔观察分离件状态。

⑤　溶剂分离罐内的分离功能件决定更换后可以用蒸汽进行蒸塔处理，以便检修人员进入溶剂分离罐内进行施工作业。

5.7 抽余油水洗塔中段、上段的投用

5.7.1 抽余油水洗塔中段、上段的投用

A 级操作框架图
初始状态 S_0
抽余油水洗塔中段、上段吹扫完毕，人孔关闭

5.7.1.1 准备工作

状态 S_1
准备工作完毕

5.7.1.2 抽余油水洗塔中段、上段的投用

终状态 F_s
抽余油水洗塔中段、上段投用完毕

5.7.2 抽余油水洗塔中段、上段的投用

B 级操作框架图
初始状态 S_0
抽余油水洗塔中段、上段吹扫完毕，人孔关闭

5.7.2.1 准备工作

(P)——确认抽余油样品清澈、透明、无机械杂质
(P)——确认各盲板拆除
(P)——确认机泵具备投用条件
(P)——确认仪表具备投用条件
[P]——导通以下流程
抽提塔塔顶抽余油→抽余油水洗冷却器→抽余油混合器→溶剂分离罐副线→抽余油水洗塔混合器→抽余油水洗塔→绕过抽余油水洗塔的中段和上段→抽余油泵→压力控制→抽余油出装置
(P)——确认流程无误

状态 S_1
准备工作完毕

5.7.2.2 抽余油水洗塔中段、上段的投用

[P]——取样检查抽余油样品
(P)——确认抽余油洁净、透明、无机械杂质
注意
视情况投用抽余油水洗塔中段、上段
(P)——确认抽余油水洗塔中段、上段流程盲板均已拆除
(P)——确认流程、设备完好，具备投用条件

[P]——打开抽余油水洗塔中段的排气管线阀门

[P]——打开抽余油水洗塔中段进料管线阀门 1～2 扣

(P)——确认有物料进入抽余油水洗塔中段

[P]——缓慢往抽余油水洗塔中段充液，直至排气管线流出物料

[P]——关闭中段排气管线阀门

[P]——打开中段进料管线阀门

[P]——缓慢打开抽余油水洗塔中段底部的出料管线阀门

[P]——抽余油水洗塔中段并入正常流程

[P]——逐渐关闭抽余油水洗塔中段副线上的阀门

[P]——打开抽余油水洗塔上段的排气管线阀门

[P]——打开抽余油水洗塔上段进料管线阀门 1～2 扣

(P)——确认有物料进入抽余油水洗塔上段

[P]——缓慢往抽余油水洗塔上段充液，直至排气管线流出物料

[P]——关闭上段排气管线阀门

[P]——打开上段进料管线阀门

[P]——缓慢打开抽余油水洗塔上段底部的出料管线阀门

[P]——抽余油水洗塔上段并入正常流程

[P]——逐渐关闭抽余油水洗塔上段副线上的阀门

[P]——手控向水洗水中间罐 D-704 补水

(P)——确认液位 LT-7205 达到 60%～80%

[P]——启动上循环水泵 P-715

[P]——改流程将 D-704 的水送至抽余油水洗塔下段

[P]——逐渐关闭回收塔回流罐 D-708 至抽余油水洗塔下段的水

[P]——同时将该股水缓慢改至抽余油水洗塔中段，流量维持不变

(P)——确认抽余油水洗塔中段建立稳定的界位(LT-7208 达到 60%～80%)

[P]——停止向水洗水中间罐补水

[I]——调整抽余油水洗塔中段、下段的水洗比至设计值

[I]——调整并控制抽余油水洗塔下段的界位 LT-7210 在 60%～80%

最终状态 F_s

抽余油水洗塔中段、上段投用完毕

C 级说明

5.7.3　抽余油水洗塔中段和上段的使用注意事项

开工初期，当抽提塔顶抽余油建立液位后，抽余油可以经水洗塔下段水洗，先不进抽余油水洗塔中段和上段，而通过其旁路将抽余油直接送出装置。

抽余油水洗塔操作每次开工初期都必须按照上述工艺流程和操作说明进行,视抽余油的质量(是否含有杂质)情况，确定是否投用抽余油水洗塔中段和上段。要绝对避免不干净的物流进入抽余油水洗塔的中段和上段，降低抽余油水洗塔的中段和上段的压差,

延长专利设备功能件的使用寿命。

抽余油水洗塔膜分离功能件所在处的中段和上段容水量有限，分离出来的水洗水必须经排水管线连续送至水洗水中间罐，进行重复利用。水洗水在抽余油水洗塔的中段和上段不能淹没膜分离功能件的有效功能段。这一过程要通过现场界面计和界面控制仪监控和实现。

抽余油水洗塔中段和上段的膜分离功能件具有特殊性能，可以实现油、水、剂的高精度分离，但因该材料本身的性质所限(承受的温度不得大于 80℃、强度和韧性低等)。因此，抽余油水洗塔的中段和上段部分不能用蒸汽等介质进行高温吹扫处理；膜分离功能件要避免碰撞、划伤。

抽余油水洗塔中、上段膜分离功能件压差很小,通常小于 0.05MPa。长期使用过程中压差会逐渐增加，当压差≥0.2MPa 并持续增加时依情况更换膜分离功能件。若确定更换膜分离功能件后，可以用蒸汽进行吹扫，便可以进入塔内进行施工作业。

水洗塔中、上段膜分离功能件理论上可以无故障使用 3a。装置检修时，可以用 N_2 将抽余油和水吹扫完毕后，用 8 字盲板将抽余油水洗塔中段和上段的进出口与其他系统隔绝。正常情况下，与其他系统隔离后也可以通 N_2 吹挤残油后，打开人孔观察膜分离功能件状态。

水洗塔中、上段内膜分离功能件安装好后，不得再进行水压试验，但可以用氮气进行气密试验。

抽余油水洗塔的退液过程必须从上到下，先退尽上段液体，然后再退尽中段和下段液体。

5.8　溶剂再生单元的投用

5.8.1　溶剂再生单元的投用

A 级操作框架图

初始状态 S_0

溶剂再生单元吹扫完毕，人孔关闭

5.8.1.1　准备工作

状态 S_1

准备工作完毕

5.8.1.2　溶剂再生单元的投用

最终状态 F_s

溶剂再生单元投用完毕

5.8.2　溶剂再生单元的投用

B 级操作框架图

初始状态 S_0

溶剂再生单元吹扫完毕，人孔关闭

5.8.2.1　准备工作

(P)——确认各盲板拆除

(P)——确认机泵具备投用条件

(P)——确认各仪表具备投用条件

状态 S_1

准备工作完毕

5.8.2.2　溶剂再生系统的投用

溶剂再生系统垫溶剂

[P]——调节 FRC-7301，每小时≤0.5t

(P)——确认溶剂达到溶剂再生系统的 1/2

[P]——关闭 FRC-7301，停止补溶剂

注意

根据回收塔的液位情况（若液位低于 50%以下可从溶剂罐中适当补充溶剂）。计算好溶剂再生系统的容积。当溶剂充到溶剂再生系统的一半容积时（以再生溶剂的流量表 FT-7301 为准），停止补溶剂

溶剂再生系统垫水

[P]——打开集水罐水泵 P-708 至多相分离器 D-711 的阀门 1～2 扣

[P]——缓慢将溶剂再生系统充满

(P)——确认溶剂再生过滤器充满水、溶剂

[P]——打开溶剂再生过滤器的出口管线

[P]——缓慢关闭溶剂再生过滤器跨线，将溶剂再生过滤器切至正常流程

[P]——控制水和再生溶剂比例为 1:(0.7～1)

注意

根据水的循环量及时调整溶剂再生量，当整个系统稳定后，水的循环量与溶剂再生量可串级控制

也可按照下述方案进行投用溶剂过滤器

[P]——打开集水罐水泵 P-708 至多相分离器 D-711 的阀门 1～2 扣

[P]——缓慢将溶剂再生系统充满

(P)——确认溶剂再生过滤器充满水

[P]——打开溶剂再生过滤器的出口管线

[P]——缓慢关闭溶剂再生过滤器跨线，将溶剂再生过滤器切至正常流程

[P]——缓慢切进再生溶剂，直至正常流程

[P]——控制水和再生溶剂比例为 1:(0.7～1)

[P]——加强回收塔回流罐 D-708 水包界位的监控

[P]——排放过剩水至污水井

最终状态 F_s

溶剂再生单元投用完毕

5.9 溶剂过滤器的再生

5.9.1 溶剂过滤器的再生

A 级操作框架图

初始状态 S_0

溶剂过滤器压差超过 0.20MPa，备用过滤器切换完毕

5.9.1.1 准备工作

状态 S_1

准备工作完毕

5.9.1.2 溶剂过滤器的再生

最终状态 F_s

溶剂过滤器的再生完毕

5.9.2 溶剂过滤器的再生

B 级操作框架图

初始状态 S_0

溶剂过滤器压差超过 0.20MPa，备用过滤器切换完毕

5.9.2.1 准备工作

(P)——确认再生过滤器压差超过 0.2MPa

(P)——确认过滤器切换完毕

(P)——确认再生过滤器进料停止

状态 S_1

准备工作完毕

5.9.2.2 溶剂过滤器的再生

[P]——缓慢打开溶剂过滤器底部的阀门

(P)——确认溶剂过滤器内残留的溶剂和水排放至地下溶剂罐

[P]——缓慢打开氮气吹扫线

[P]——将过滤器滤芯、底部物质装桶

注意

此项操作应缓慢进行，以免物质飞溅到现场人员

(P)——确认过滤器滤芯、底部物质吹扫完毕

[P]——关闭溶剂过滤器底部的阀门

[P]——缓慢打开溶剂过滤器顶部 0.4MPa 蒸汽冷凝水阀门

(P)——确认蒸汽冷凝水充满溶剂过滤器

[P]——浸泡 8～12h

[P]——缓慢打开溶剂过滤器底部的阀门将蒸汽冷凝水排放至地下溶剂罐

[P]——缓慢打开 1.0MPa 蒸汽对溶剂过滤器进行反吹清洗

注意

必须在维持蒸汽压力下进行吹扫溶剂过滤器，然后进行憋压(升到蒸汽压力 1.0MPa)，用溶剂过滤器下部的两位式手控阀进行泄压排放，反复多次，直至溶剂过滤器内清洗的冷凝液干净为止

最终状态 F_s

溶剂过滤器的再生完毕

C 级说明

5.9.3　溶剂过滤器的使用注意事项:

装置首次开车时，来自集水罐 D-705 的水与再生溶剂按照 1∶0.7 的比例，先通过溶剂过滤器的旁路，等装置产品合格后改为正式流程。

① 溶剂过滤器通常在正常情况下可以使用 3a 或更长时间。在正常使用过程中，可以进行间歇式清理、处理再生。处理后仍然可以达到正常精度要求。

② 溶剂过滤器一般分为两级。上段为一级，过滤精度为 $20\mu m$；下段为二级，过滤精度为 $10\mu m$。正常生产时，注意不要将溶剂过滤器的流程顺序切换颠倒。

③ 当溶剂过滤器压差超过 0.20MPa 时，溶剂过滤器必须停下来进行再生处理，其最大压差不能超过 0.30MPa。以防止造成过滤器滤芯因压差大而破损，从而造成溶剂过滤器短路。

④ 溶剂过滤器通常设计安装两台，一台运行，一台备用。以保证溶剂再生处理系统正常连续运行。

⑤ 过滤器滤芯寿命到期更换，或欲打开溶剂过滤器人孔进行设备检查，溶剂过滤器必须用水或蒸汽清洗干净（非常重要），这是由于可能积存硫化铁，这种物质在空气中能自燃。作为一个安全措施，当打开溶剂过滤器时，溶剂过滤器内滤芯可保持潮湿状态，以保证不会发生自燃。

⑥ 过滤器滤芯不能再生处理需更换的主要依据是溶剂过滤器正常再生处理后，其压差不能恢复到正常指标（其正常指标:<0.20MPa）。

第 6 章

基础操作规程

6.1 柱塞泵、隔膜泵开、停及切换操作

6.1.1 开泵

A 级操作框架图

初始状态 S_0

柱塞泵、隔膜泵处于空气状态—机、电、仪及辅助系统准备就绪

开泵前的准备

（1）泵体检查

（2）电动机送电

状态 S_1

泵具备引入介质条件

（3）灌泵

状态 S_2

泵具备启动条件

（4）启泵

状态 S_3

泵启动运行

（5）泵启动后确认和调整

① 泵。

② 电动机。

③ 工艺系统。

最终状态 F_s

泵处于正常运行状态

B 级开泵操作

初始状态 S_0

柱塞泵、隔膜泵处于空气状态—机、电、仪及辅助系统准备就绪

适用范围：柱塞泵、隔膜泵

初始状态确认

(P)——电动机空试完毕

(P)——泵处于冷态，无介质

(P)——联轴器安装完毕，防护罩安装好

(P)——泵的入口过滤器干净并安装好

(P)——润滑油领油大桶化验分析合格

(P)——油箱加油至液位正常

(P)——泵入口阀和出口阀关闭

(P)——泵的放空阀打开

(P)——泵出口安全阀校验安装好并投用

(P)——泵冲程调节器灵活好用，行程调至"0"位（如有）

(P)——清理现场，出入口管线、阀门无渗漏、好用，地脚螺栓紧固

(P)——电动机具备送电条件

（1）开泵前的准备

① 泵体

[P]——关闭泵的放空阀

(P)——确认泵出口压力表安装好

[P]——投用压力表

② 电动机送电

状态 S_1

泵具备引入介质条件

（2）灌泵

[P]——缓慢打开泵入口阀

[P]——打开放空阀排气

(P)——确认排气完毕

(P)——关闭放空阀

注意

污染环境的介质排空、排污时要用容器盛放 45℃以上介质，防止烫伤，腐蚀性介质防止灼伤，有毒性介质防止中毒，易燃易爆介质防止泄漏

状态 S_2

泵具备启动条件

（3）启泵

(P)——泵冲程调节器灵活准确好用，行程调至"0"位

[P]——全开泵出口阀

[P]——启动电动机

[P]——冲程在 "0" 位运行 15min

[P]——缓慢调整冲程至需要范围

(P)——确认泵运行状况

[P]——出现下列情况立即停泵

- 严重泄漏
- 异常振动
- 异味
- 火花
- 烟气
- 电动机温度异常

(P)——确认排出压力(柱塞泵、隔膜泵的出口压力小幅波动是正常的)

[P]——调整泵的出口流量

注意

启动前一般应全开入口阀、出口阀,打开出口阀后,应尽快将泵启动;如果工艺所需流量小,可稍开或不开出口阀,全开进出口连通阀,然后启动机泵正常后,根据工艺需要,缓慢开出口,同时缓慢关小连通阀至正常工况

状态 S₃
泵启动运行

(4)泵启动后确认和调整

① 泵的确认

(P)——确认泵的振动在指标范围内

(P)——确认轴承箱温度和声音正常

(P)——确认润滑油的液面正常

(P)——确认泄漏在标准范围内

② 电动机

(P)——电动机检查

③ 工艺系统

(P)——确认泵出口压力正常

(P)——确认泵出口安全阀没起跳

[P]——调整泵出口流量

[P]——若发现流量不正常,则进行以下方面的检查和确认

- 泵体出入口阀泄漏情况
- 泵体出入口单向阀工作情况
- 冲程机构的运行情况
- 出口安全阀泄漏情况
- 泵入口过滤网堵塞情况
- 柱塞填料环磨损情况
- 隔膜运行情况

[P]——泵的放空阀加丝堵

最终状态 F_s

泵处于正常运行状态

最终状态确认

(P)——泵入口阀全开

(P)——泵出口阀全开

(P)——泵出口压力正常

(P)——泵出口流置正常

(P)——泵冲程调节器正常

(P)——放空阀加丝堵

(P)——动静密封点无泄漏

C 级辅助说明

① 液压油是隔膜泵内处于隔膜与柱塞之间的一种液体。液压油准确地将柱塞的冲程动作传递给隔膜，启动前必须先将液压腔及其管线排气，使其充满液压油。

② 泵启动前，缓慢打开出口阀。若发现机体压力高于入口系统压力，则迅速关闭泵出口阀，处理出口单向阀。可调流量的泵启动前，先将流量调至最低，启动后，逐渐调整流量至正常。

6.1.2　停泵

A 级操作框架图

初始状态 S_0

柱塞泵、隔膜泵运行状态

停泵

状态 S_1

泵备用

泵交付检修

最终状态 F_s

泵交付检修

B 级停泵操作

初始状态 S_0

柱塞泵、隔膜泵运行状态

适用范围：柱塞泵、隔膜泵

初始状态确认

(P)——泵入口阀全开

(P)——泵出口阀全开

(P)——泵出口压力正常

(P)——泵冲程调节器正常（如有）

(P)——放空阀加丝堵

（1）停泵

[P]——缓慢调节泵冲程调节器至"0"位（如有）

[P]——停电动机

[P]——关闭泵出口阀

[P]——做好泵的防冻凝

备用

[P]——电动机停电

[P]——做好泵的防冻凝

[P]——关闭入口阀

状态 S_1

泵备用

（2）泵交付检修

(P)——确认泵出口阀关闭

[P]——关闭泵入口阀

[P]——拆下放空阀丝堵

[P]——打开放空阀

注意

污染环境的介质排空、排污时要用容器盛放45℃以上介质防止烫伤，腐蚀性介质防止灼伤，有毒性介质防止中毒，易燃易爆介质防止泄漏

最终状态 F_s

泵交付检修

按照作业票安全规定交付检修

最终状态确认

(P)——确认泵处于冷状态

(P)——确认泵与系统完全隔离

(P)——确认泵内介质已排干净

(P)——电动机断电

6.1.3　正常切换

A级操作框架图

初始状态 S_0

在用泵运行状态，备用泵准备就绪，具备启动条件

（1）启动备用泵

状态 S_1

柱塞泵、隔膜泵、齿轮泵具备切换条件

（2）切换

状态 S_2

柱塞泵、隔膜泵、齿轮泵切换完毕

（3）切换后的调整和确认

① 运转泵

② 停用泵

最终状态 F_s

备用泵启运后正常运行，原在用泵停用

B 级切换操作

初始状态 S_0

在用泵运行状态，备用泵准备就绪，

具备启用条件

初始状态确认：

在用泵

(P)——泵入口阀全开

(P)——泵出口阀全开

(P)——泵出口压力正常

(P)——泵出口流置正常

(P)——排凝口，排气口加丝堵或盲板

(P)——动静密封点无泄漏

(P)——运转泵工作正常

备用泵

(P)——冷却水投用正常

(P)——润滑油系统投用正常

(P)——液压油投用正常

(P)——泵冲程调节器灵活准确好用，行程调至"0"位（如有）

(P)——电动机送电（见电动机操作规程）

(P)——全开泵入口阀，泵体引入工艺介质

（1）启动备用泵

[P]——与相关岗位联系

[P]——将泵的流量调至最小（可调流量泵）或将冲程调节器调至"0"位

[P]——投用泵出口压控返回（如果有）

[P]——全开泵出口阀

[P]——启动电动机（见电动机投用规程）

[P]——确认泵运行状况后，空负荷运行 15min

[P]——出现下列情况立即停泵

- 严重泄漏

- 振动异常

- 异味

- 火花

- 烟气

- 撞击
- 电动机温度正常
- 电流持续超高

注意

备用泵启动前一般应全开入口阀、出口阀，打开出口阀后，应尽快将泵启动；如果工艺所需流量小，可开2～3圈或不开出口阀，全开进出口连通阀，然后启动机泵正常后，根据工艺需要，缓慢开出口，同时缓慢关小连通阀至正常工况

状态 S_1
柱塞泵、隔膜泵、齿轮泵具备切换条件

（2）切换

[P]——缓慢增大备用泵行程（可调流量泵）或关小进出口连通线阀门

[P]——调整备用泵出口压控返回阀（如果有）或缓慢减小备用泵行程（可调流量泵）

(P)——确认备用泵出口压力正常

[P]——停原在用泵电动机（见电动机停机规程）

[P]——调节泵冲程调节器至"0"位并锁死（如有）

[P]——关闭原在用泵出口压控阀返回阀及其手阀（如果有）

[P]——调整现运转泵（原备用泵）出口流量

(P)——确认排出压力（齿轮泵出口压力应该稳定；柱塞泵、隔膜泵出口压力小幅振荡是正常的）

注意
切换过程如果出现异常停止切换
状态 S_2
柱塞泵、隔膜泵、齿轮泵切换完毕

（3）切换后的检查和确认

① 在用泵　具体见本章第一节

② 停用泵　停用泵根据要求进行热备用、冷备用、交付检修，具体处之见本章第二节

（4）机泵变频器开度的升降应缓慢进行调节，冲程调节器的调节应缓慢进行，此两项切勿突然大幅度调节。

最终状态 F_s
备用泵启运后正常运行，原在用泵停用

6.1.4　操作指南

日常检查与维护

① 检查泵的振动是否在指标范围内；

② 检查曲轴箱温度和声音是否正常；

③ 检查润滑油的液面是否正常；

④ 检查液压油液位是否正常；

⑤ 检查泄漏是否在标准范围内；

⑥ 检查电动机温度是否正常；

⑦ 检查泵出口压力是否正常；

⑧ 检查泵出口安全阀是否正常；

⑨ 检查泵的流量是否正常。

若发现流量不正常，则进行以下方面的检查和确认

- 泵体出入口阀泄漏情况
- 泵体出入口单向阀工作情况
- 隔膜运行情况
- 冲程机构的运行情况
- 出口安全阀泄漏情况
- 泵入口过滤网堵塞情况
- 柱塞填料环磨损情况

6.2 离心泵的开、停及切换操作

6.2.1 开泵

A 级操作框架图

初始状态 S_0

离心泵空气状态—机、电、仪

及辅助系统准备就绪

6.2.1.1 离心泵开泵准备

投用辅助系统

① 投用冷却水系统

② 投用润滑油系统(如果有)

状态 S_1

离心泵具备灌泵条件

6.2.1.2 离心泵灌泵

（1）常温泵灌泵

（2）高温泵灌泵

（3）液态烃泵灌泵

状态 S_2

离心泵具备开泵条件

6.2.1.3 离心泵开泵

启动电动泵

状态 S_3

离心泵开泵运行

6.2.1.4 启动后的调整和确认

（1）泵

（2）动力设备

（3）工艺系统

（4）补充操作

最终状态 F_s

离心泵正常运行

初始状态 S_0

离心泵空气状态——机、电、仪

及辅助系统准备就绪

适用范围

用电机驱动的泵：常温泵、高温泵、液态烃泵

初始状态

（P）——泵处于有工艺介质状态

（P）——确认联轴器安装完毕

（P）——确认防护罩安装好

（P）——泵的机械、仪表、电气确认完毕

（P）——泵盘车均匀灵活

（P）——泵的入口过滤器干净并安装好

（P）——确认冷却水引至泵前

（P）——确认润滑油系统符合要求

（P）——确认轴承箱油位正常

（P）——确认润滑油泵完好备用（强制润滑的离心泵）

（P）——确认泵的入口阀打开

（P）——确认泵的出口阀关闭

（P）——确认泵的电动机开关处于关或停止状态

（P）——确认电动机送电

6.2.1.5 离心泵开泵准备

（P）——确认压力表安装好

[P]——投用压力表

投用辅助系统

① 投用冷却水

[P]——打开冷却水给水阀（轴承箱、泵体、油冷却器）

[P]——打开冷却水排水阀（轴承箱、泵体、油冷却器）

（P）——确认回水畅通

② 投用润滑油系统（强制润滑的离心泵）

[P]——确认润滑油箱液位正常

[P]——启动润滑油泵

[P]——过滤器，油冷器充油排气

(P)——确认油路畅通

(P)——确认润滑油压力正常

(P)——确认润滑油温度正常

状态 S_1

离心泵具备灌泵条件

6.2.1.6 离心泵灌泵

注意

污染环境的介质要用容器盛放，45℃以上介质防止烫伤，液化气防止冻伤，腐蚀性介质防止灼伤

（1）常温泵灌泵

[P]——稍开入口阀 2～3 圈

[P]——打开泵放空阀排气

(P)——确认排气完毕

[P]——关闭泵放空阀

[P]——泵入口阀全开

[P]——盘车

(P)——确认无泄漏

（2）高温泵灌泵暖泵

[P]——稍开入口阀 2～3 圈

[P]——打开放空阀排气

(P)——确认排气完毕

[P]——关闭放空阀

[P]——盘车 180°/半小时

[P]——打开暖泵线阀门控制暖泵升温速度≤50℃/h

(P)——确认泵体与介质温差小于 50℃

[P]——关闭暖泵线阀门

[P]——泵入口阀全开

(P)——确认无泄漏

（3）液化气泵灌泵

[P]——稍开入口阀 2～3 圈

[P]——稍开放空阀排气后关闭

[P]——用蒸汽或水暖密封压盖

(P)——确认密封压盖温度不低于 40℃

[P]——泵入口阀全开

[P]——盘车

(P)——确认无泄漏

状态 S₂

离心泵具备开泵条件

6.2.1.7 离心泵开泵

启动电动机

(P)——确认电动机送电，具备开机条件

[P]——与相关岗位操作员联系

(P)——确认泵出口阀关闭

[P]——盘车均匀灵活

[P]——启动电动机

[P]——如果出现下列情况立即停泵

- 异常泄漏
- 振动异常
- 异味
- 异常声响
- 火花
- 烟气
- 电机温度异常
- 电流持续超高

(P)——确认泵出口达到启动压力且稳定

(P)——确认出口压力，电动机电流在正常范围内

[P]——与相关岗位操作员联系

[P]——调整泵的排量

状态 S₃

离心泵开泵运行

6.2.1.8 启动后的调整和确认

（1）泵

(P)——确认泵的振动正常

(P)——确认轴承温度正常

(P)——确认润滑油液面正常

(P)——确认润滑油的温度、压力正常

(P)——确认无泄漏

(P)——确认密封液正常

(P)——确认冷却水正常

（2）动力设备

(P)——确认电动机的电流正常

（3）工艺系统

(P)——确认泵入口压力稳定

(P)——确认泵出口压力稳定

（4）补充操作

[P]——将放空阀关严或加丝堵

最终状态 F_s
离心泵正常运行

最终状态确认

(P)——泵入口阀全开

(P)——泵出口阀开

(P)——单向阀的旁路阀关闭

(P)——泵出口压力在正常稳定状态

(P)——动静密封点无泄漏

6.2.2 停泵

A 级操作框架图
初始状态 S_0
离心泵正常运行

6.2.2.1 停泵

状态 S_1
离心泵停运

6.2.2.2 热备用

状态 S_2
离心泵热备用

6.2.2.3 冷备用

停辅助系统

状态 S_3
离心泵冷备用

6.2.2.4 离心泵交付检修

最终状态 F_s
离心泵交付检修
B 级停泵操作
初始状态 S_0
离心泵正常运行

范围
用电机驱动的泵：常温泵、高温泵、液态烃泵
初始状态

(P)——泵入口阀全开

(P)——泵出口阀开

(P)——单向阀的旁路阀关闭

(P)——放空阀关闭

(P)——泵在运转

6.2.2.5 停泵

[P]——关闭泵出口阀

[P]——立即停电动机

[P]——盘车

(P)——确认泵入口阀全开

状态 S_1

离心泵停运

6.2.2.6 热备用

(P)——确认辅助系统投用正常

状态 S_2

离心泵热备用

6.2.2.7 冷备用

停用辅助系统

[P]——停用冷却水

[P]——停润滑油系统

[P]——关闭入口阀

注意

污染环境的介质要用容器盛放，45℃以上介质防止烫伤，液化气防止冻伤，腐蚀性介质防止灼伤，有毒性介质防止中毒

状态 S_3

离心泵处于冷备用状态

6.2.2.8 交付检修

[P]——出入口阀关闭

(P)——确认放空阀开

最终状态 F_s

离心泵交付检修

最终状态确认

(P)——确认泵已与系统完全隔离

(P)——确认泵放空阀打开

(P)——确认电动机断电

C 级辅助说明

① 不论是热介质还是冷介质，都要随时密切关注泵的排空情况；

② 在液态烃泄压时，应缓慢排放。

6.2.3 正常切换

A 级操作框架图

初始状态 S_0

在用泵运行状态，备用泵准备就绪，

6.2.3.1　启动备用泵

状态 S_1

离心泵具备切换条件

6.2.3.2　切换

状态 S_2

离心泵切换完毕

6.2.3.3　切换后的调整和确认

（1）运转泵

（2）停用泵

最终状态 F_s

备用泵启运后正常运行，原在用泵停用

B 级操作

初始状态 S_0

在用泵运行状态，备用泵准备就绪，具备启动条件

初始状态确认

在用泵

(P)——泵入口阀全开

(P)——泵出口阀开

(P)——单向阀的旁路阀关闭

(P)——放空阀关闭

(P)——泵出口压力在正常稳定状态

备用泵

(P)——泵入口阀全开

(P)——泵出口阀关闭

(P)——辅助系统投用正常

(P)——泵预热（热油泵）

(P)——电动机送电

6.2.3.4　启动备用泵（不带负荷）

启动电动泵

[P]——与相关岗位操作员联系准备启泵

[P]——备用泵盘车

[P]——启动备用泵电动机

[P]——如果出现下列情况立即停止启动泵

- 异常泄漏
- 振动异常
- 异味
- 异常声响
- 火花

- 烟气
- 电动机温度异常
- 电流持续超高

(P)——确认泵出口达到启动压力且稳定

状态 S_1

离心泵具备切换条件

6.2.3.5 切换

[P]——缓慢打开备用泵出口阀

[P]——逐渐关小运转泵的出口阀

(P)——确认运转泵出口阀全关，备用泵出口阀开至合适位置

[P]——停运转泵电动机

(P)——确认备用泵压力，电动机电流在正常范围内

[P]——调整泵的排量

注意

切换过程要密切配合，协调一致，尽量减小泵出口压力和流量的波动

状态 S_2

离心泵切换完毕

6.2.3.6 切换后的调整和确认

（1）运转泵 具体操作见本章第一节

（2）停用泵 停用泵根据要求进行热备用、冷备用或交付检修，具体处置见本章第二节

6.2.3.7 交付检修

最终状态 F_s

备用泵启运后正常运行，原在用泵停用

6.2.4 操作指南

6.2.4.1 离心泵的日常检查与维护

（1）泵及辅助系统

① 检查泵有无异常振动；

② 检查轴承温度是否正常；

③ 检查润滑油液面是否正常；

④ 检查润滑油的温度、压力是否正常；

⑤ 检查润滑油油质是否合格；

⑥ 检查泄漏是否符合要求；

⑦ 检查密封液是否正常；

⑧ 检查密封的冷却介质是否正常；

⑨ 检查冷却水是否正常。

（2）动力设备　检查电动机的运行是否正常

（3）工艺系统

① 检查泵入口压力是否正常稳定；

② 检查泵出口压力是否正常稳定。

（4）其他

① 备用泵按规定盘车；

② 冬季注意防冻凝检查。

6.2.4.2　常见问题处理

常见问题	现　象	原　因	处理方法
离心泵抽空	机泵出口压力表读数大幅度变化，电流表读数波动；泵体及管线内有劈啪作响的声音；泵出口流量减小许多，大幅度变化	泵吸入管线漏气；入口管线堵塞或阀门开度小；入口压头不够；介质温度高，含水汽化；介质温度低，黏度过大；叶轮堵塞，电机反转	排净机泵内的气体；开大入口阀或清理入口过滤器；提高入口压头；适当降低介质的温度；适当降低介质的黏度；找钳工拆检或电工检查
离心泵轴承温度升高	用手摸轴承箱温度偏高；电流读数偏高	冷却水不足中断或冷却水温度过高；润滑油不足或过多；轴承损坏或轴承间隙大小不够标准；甩油环失去作用；轴承箱进水，润滑油乳化、变质，有杂物；泵负荷过大	给大冷却水或联系调度降低循环水的温度；加注润滑油或调整润滑油液位至1/2～2/3；联系钳工维修；更换轴承腔内润滑油；根据工艺指标降低负荷
离心泵发生汽蚀	离心泵发生汽蚀导致泵体不上量	泵体内或输送介质内有气体；吸入容器的液位太低；吸入口压力太低；吸入管内有异物堵塞；叶轮损坏，吸入性能下降	灌泵，排尽管线内气体；提高容器中液面高度；提高吸入口压力；吹扫入口管线；检查更换叶轮
离心泵抱轴	轴承箱温度高；机泵噪声异常，振动剧烈；润滑油中含金属碎屑；电流增加，电动机跳闸	油箱缺油或无油；润滑油质量不合格，有杂质或含水乳化；冷却水中断或太小，造成轴承温度过高；轴承本身质量差或运转时间过长造成疲劳老化	发现上述现象，要及时切换至备用泵，停运转泵，同时通知操作室；联系钳工处理
密封泄漏	密封泄漏导致油气泄漏	密封选用或安装不当；密封磨损或压盖松；机械密封损坏；密封腔冷却水或封油量不足；泵长时间抽空	按规定选用密封并正确安装；联系钳工更换密封或紧固压盖；联系钳工更换机械密封；调节密封腔冷却水或封油量；如果泵抽空，按抽空处理

6.3 冷换设备的投用与切除

6.3.1 投用

A 级操作框架图

初始状态 S_0

换热器处于空气状态——隔离

6.3.1.1 换热器拆盲板

状态 S_1

换热器盲板拆除

6.3.1.2 换热器置换

状态 S_2

换热器置换合格

6.3.1.3 换热器投用

（1）充冷介质

（2）投用冷介质

（3）充热介质

（4）投用热介质

状态 S_3

换热器投用

6.3.1.4 换热器投用后的检查和调整

最终状态 F_s

换热器正常运行

B 级投用操作

初始状态 S_0

换热器处于空气状态——隔离

适用范围：

- 有或无相变的换热器
- 单台或一组换热器
- 流动介质：循环水、软化水、蒸汽、液体碳氢化合物、气体等

初始状态确认

(P)——换热器检修验收合格

(P)——换热器与工艺系统隔离

(P)——换热器放火炬线隔离

(P)——换热器放空阀和排凝阀的盲板或丝堵拆下，阀门打开

(P)——压力表、温度计安装合格

(P)——换热器周围环境整洁

6.3.1.5 换热器拆盲板

(P)——确认换热器放火炬阀；冷介质入口、出口阀；热介质入口、出口阀及其他与工艺系统连接阀门关闭

[P]——拆换热器放火炬线盲板

[P]——拆换热器冷介质入口、出口盲板

[P]——拆换热器热介质入口、出口盲板

[P]——拆其他与工艺系统连线盲板

状态 S_1

换热器盲板拆除

6.3.1.6 换热器置换

用蒸汽置换的换热器

[P]——蒸汽排凝

(P)——确认换热器管、壳程高点放空阀打开

(P)——确认换热器管、壳程低点排凝阀打开

(P)——壳程接上蒸汽胶皮管并投用蒸汽

(P)——壳程放空阀和排凝阀见蒸汽

[P]——管程接上蒸汽胶皮管并投用蒸汽

(P)——确认管程放空阀和排凝阀见蒸汽

[P]——调整管、壳程蒸汽量

(P)——确认管、壳程置换合格

[P]——关闭管、壳程放空阀

[P]——停吹扫蒸汽并撤掉管、壳程蒸汽胶皮管

[P]——关闭管、壳程排凝阀

注意

管壳程蒸汽置换时防止超温、超压；防止烫伤

状态 S_2

换热器置换合格

6.3.1.7 换热器投用

<P>——现场准备好随时可用的消防蒸汽带

<P>——投用有毒有害介质的换热器，佩戴好防护用具

（1）充冷介质

(P)——确认换热器冷介质旁路阀开

[P]——稍开换热器冷介质出口阀

[P]——稍开换热器放空阀（不允许外排的介质，稍开密闭放空阀）

(P)——确认换热器充满介质

[P]——关闭放空阀（或密闭放空阀）

（2）投用冷介质

[P]——缓慢打开换热器冷介质出口阀

[P]——缓慢打开换热器冷介质入口阀

[P]——缓慢关闭换热器冷介质旁路阀

（3）充热介质

(P)——确认换热器热介质旁路阀开

[P]——稍开换热器热介质出口阀

[P]——稍开换热器放空阀（不允许外排的介质，稍开密闭放空阀）

(P)——确认换热器充满介质

[P]——关闭放空阀（或密闭放空阀）

（4）投用热介质

[P]——缓慢打开换热器热介质出口阀

[P]——缓慢打开换热器热介质入口阀

[P]——缓慢关闭换热器热介质旁路阀

状态 S₃

$$\text{状态 } S_3$$

换热器投用

6.3.1.8 换热器投用后的检查和调整

(P)——确认换热器无泄漏

[P]——按要求进行热紧

[P]——检查调整换热器冷介质入口和出口温度、压力、流量

[P]——检查调整换热器热介质入口和出口温度、压力、流量

[P]——放火炬线或密闭放空线加盲板

[P]——放空阀加盲板或丝堵

[P]——排凝阀加盲板或丝堵

(P)——确认换热器运行正常

[P]——恢复保温

[P]——稍开循环水进

$$\text{最终状态 } F_s$$

换热器正常运行

最终状态确认

(P)——换热器冷介质入口、出口温度、压力和流量正常

(P)——换热器热介质入口、出口温度、压力和流量正常

(P)——换热器排凝放火炬线加盲板

(P)——换热器放空阀加盲板或丝堵

(P)——换热器排凝阀加盲板或丝堵

(P)——巡检时，检查防冻措施是否做好

C 级辅助说明

① 对于沸点低的介质，充介质过程中防止换热器冻凝；

② 不允许外排的介质：有毒、有害的介质；温度高于自燃点的介质；易燃、易爆的介质。

6.3.2 换热器停用

A 级操作框架图

初始状态 S_0

换热器正常运行

6.3.2.1 换热器停用

状态 S_1

换热器停用

6.3.2.2 换热器备用

换热器冷备用

状态 S_2

换热器备用

6.3.2.3 换热器交付检修

最终状态 F_s

换热器交付检修

B 级停用操作

初始状态 S_0

换热器正常运行

适用范围

- 有或无相变的换热器
- 单台或一组换热器
- 流动介质：循环水、软化水、蒸汽、液体碳氢化合物、气体等

初始状态确认

(P)——换热器冷介质入口、出口阀开

(P)——换热器热介质入口、出口阀开

(P)——换热器密闭排凝线盲板隔离

(P)——换热器放空阀、排凝阀盲板或丝堵隔离

6.3.2.4 换热器停用

[P]——打开热介质旁路阀

[P]——关闭热介质入口阀

[P]——关闭热介质出口阀

[P]——打开冷介质旁路阀

[P]——关闭冷介质入口阀

[P]——关闭冷介质出口阀

状态 S_1

换热器停用

6.3.2.5 换热器备用

冷备用

[P]——关闭热介质出口阀

[P]——关闭热介质入口阀

[P]——关闭冷介质出口阀

[P]——关闭冷介质入口阀

[P]——拆除换热器密闭排凝阀线盲板

[P]——拆除换热器放空阀丝堵或盲板

[P]——拆除换热器排凝阀丝堵或盲板

[P]——吹扫蒸汽排凝

[P]——打开热介质密闭排凝阀或打开放火炬阀

[P]——接上换热器热介质侧的蒸汽胶皮管

[P]——打开冷介质密闭排凝阀或打开放火炬阀

[P]——接上换热器冷介质侧的蒸汽胶皮管

(P)——确认热介质侧吹扫，置换合格

[P]——撤掉热介质侧蒸汽胶皮管

[P]——打开热介质侧排凝阀和放空阀

(P)——确认冷介质侧吹扫，置换合格

[P]——撤掉冷介质侧蒸汽胶皮管

[P]——打开冷介质侧排凝阀和放空阀

注意

换热器置换时，防止超温、超压；防止烫伤；泄压时，应特别注意防冻凝，严禁有毒有害介质随地排放

状态 S_2
换热器备用

6.3.2.6 换热器交付检修

[P]——换热器与工艺系统盲板隔离

[P]——换热器密闭排凝线盲板隔离

[P]——换热器吹扫蒸汽胶皮管撤离

(P)——确认换热器排凝和放空阀打开

最终状态 F_s
换热器交付检修

按检修作业票安全规定交付检修

最终状态确认

(P)——换热器与工艺系统盲板隔离

(P)——换热器密闭排凝线盲板隔离

(P)——换热器放火炬线盲板隔离

(P)——换热器吹扫、置换蒸汽胶皮管撤离

(P)——换热器排凝阀、放空阀打开

6.3.3　操作指南

日常检查与维护

① 检查换热器浮头大盖、法兰、焊口有无泄漏；

② 检查换热器冷介质入口和出口温度、压力；

③ 检查换热器热介质入口和出口温度、压力；

④ 检查换热器保温是否完好。

6.4　冬季冷换设备的投用与切除

6.4.1　投用

A 级操作框架图

初始状态 S_0

换热器处于空气状态——隔离

6.4.1.1　**换热器拆盲板**

状态 S_1

换热器盲板拆除

6.4.1.2　**换热器置换**

状态 S_2

换热器置换合格

6.4.1.3　**换热器投用**

（1）充冷介质

（2）投用冷介质

（3）充热介质

（4）投用热介质

状态 S_3

换热器投用

6.4.1.4　**换热器投用后的检查和调整**

最终状态 F_s

换热器正常运行

B 级投用操作

初始状态 S_0

换热器处于空气状态——隔离

适用范围：

● 有或无相变的换热器

● 单台或一组换热器

● 流动介质：循环水、软化水、蒸汽、液体碳氢化合物、气体等

初始状态确认

(P)——换热器检修验收合格

(P)——换热器与工艺系统隔离

(P)——换热器放火炬线隔离

(P)——换热器放空阀和排凝阀的盲板或丝堵拆下，阀门打开

(P)——压力表、温度计安装合格

(P)——换热器周围环境整洁

6.4.1.5 换热器拆盲板

(P)——确认换热器放火炬阀，冷介质入口、出口阀，热介质入口、出口阀及其他与工艺系统连接阀门关闭

[P]——拆换热器放火炬线盲板

[P]——拆换热器冷介质入口、出口盲板

[P]——拆换热器热介质入口、出口盲板

[P]——拆其他与工艺系统连线盲板

状态 S_1

换热器盲板拆除

6.4.1.6 换热器置换

用蒸汽置换的换热器

[P]——蒸汽排凝

(P)——确认换热器管、壳程高点放空阀打开

(P)——确认换热器管、壳程低点排凝阀打开

(P)——壳程接上蒸汽胶皮管并投用蒸汽

(P)——壳程放空阀和排凝阀见蒸汽

[P]——管程接上蒸汽胶皮管并投用蒸汽

(P)——确认管程放空阀和排凝阀见蒸汽

[P]——调整管、壳程蒸汽量

(P)——确认管、壳程置换合格

[P]——关闭管、壳程放空阀

[P]——停吹扫蒸汽并撤掉管、壳程蒸汽胶皮管

[P]——关闭管、壳程排凝阀

注意

管壳程蒸汽置换时，防止超温、超压；防止烫伤

状态 S_2

换热器置换合格

6.4.1.7 换热器投用

<P>——现场准备好随时可用的消防蒸汽带

<P>——投用有毒有害介质的换热器，佩戴好防护用具

（1）充冷介质

(P)——确认换热器冷介质旁路阀开

[P]——稍开换热器冷介质出口阀

[P]——稍开换热器放空阀（不允许外排的介质，稍开密闭放空阀）

(P)——确认换热器充满介质

[P]——关闭放空阀（或密闭放空阀）

（2）投用冷介质

[P]——缓慢打开换热器冷介质出口阀

[P]——缓慢打开换热器冷介质入口阀

[P]——缓慢关闭换热器冷介质旁路阀

（3）充热介质

(P)——确认换热器热介质旁路阀开

[P]——稍开换热器热介质出口阀

[P]——稍开换热器放空阀（不允许外排的介质，稍开密闭放空阀）

(P)——确认换热器充满介质

[P]——关闭放空阀（或密闭放空阀）

（4）投用热介质

[P]——缓慢打开换热器热介质出口阀

[P]——缓慢打开换热器热介质入口阀

[P]——缓慢关闭换热器热介质旁路阀

状态 S_3

换热器投用

6.4.1.8 换热器投用后的检查和调整

(P)——确认换热器无泄漏

[P]——按要求进行热紧

[P]——检查调整换热器冷介质入口和出口温度、压力、流量

[P]——检查调整换热器热介质入口和出口温度、压力、流量

[P]——放火炬线或密闭放空线加盲板

[P]——放空阀加盲板或丝堵

[P]——排凝阀加盲板或丝堵

(P)——确认换热器运行正常

[P]——恢复保温

[P]——稍开循环水进

[P]——稍开出口线连通阀防冻处理（冷介质为循环水，冬季）

[P]——巡检时，测温枪或手感检查冷介质和壳体表面温度，判断是否冻凝（冬季）

最终状态 F_s

换热器正常运行

最终状态确认

(P)——换热器冷介质入口、出口温度、压力和流量正常

(P)——换热器热介质入口、出口温度、压力和流量正常

(P)——换热器排凝放火炬线加盲板

(P)——换热器放空阀加盲板或丝堵

(P)——换热器排凝阀加盲板或丝堵

(P)——巡检时，检查防冻措施是否做好

C 级辅助说明

① 对于沸点低的介质，充介质过程中防止换热器冻凝；

② 不允许外排的介质：有毒、有害的介质，温度高于自燃点的介质，易燃、易爆的介质。

6.4.2　冬季换热器停用

A 级操作框架图
初始状态 S_0
换热器正常运行

6.4.2.1　换热器停用

状态 S_1
换热器停用

6.4.2.2　换热器备用

换热器冷备用

状态 S_2
换热器备用

6.4.2.3　换热器交付检修

最终状态 F_s
换热器交付检修
B 级停用操作
初始状态 S_0
换热器正常运行

适用范围：

● 有或无相变的换热器

● 单台或一组换热器

● 流动介质：循环水、软化水、蒸汽、液体烃类化合物、气体等

初始状态确认

(P)——换热器冷介质入口、出口阀开

(P)——换热器热介质入口、出口阀开

(P)——换热器密闭排凝线盲板隔离

(P)——换热器放空阀、排凝阀盲板或丝堵隔离

6.4.2.4　换热器停用

[P]——打开热介质旁路阀

[P]——关闭热介质入口阀

[P]——关闭热介质出口阀

[P]——打开冷介质旁路阀

[P]——关闭冷介质入口阀

[P]——关闭冷介质出口阀

状态 S₁

换热器停用

6.4.2.5　换热器备用

冷备用

[P]——关闭热介质出口阀

[P]——关闭热介质入口阀

[P]——关闭冷介质出口阀

[P]——关闭冷介质入口阀

[P]——拆除换热器密闭排凝阀线盲板

[P]——拆除换热器放空阀丝堵或盲板

[P]——拆除换热器排凝阀丝堵或盲板

[P]——吹扫蒸汽排凝

[P]——打开热介质密闭排凝阀或打开放火炬阀

[P]——接上换热器热介质侧的蒸汽胶皮管

[P]——打开冷介质密闭排凝阀或打开放火炬阀

[P]——接上换热器冷介质侧的蒸汽胶皮管

(P)——确认热介质侧吹扫，置换合格

[P]——撤掉热介质侧蒸汽胶皮管

[P]——打开热介质侧排凝阀和放空阀

(P)——确认冷介质侧吹扫，置换合格

[P]——撤掉冷介质侧蒸汽胶皮管

[P]——打开冷介质侧排凝阀和放空阀

[P]——适当开循环水进、出口线连通阀防冻处理（冷介质为循环水）

[P]——巡检时，测温枪或手感检查冷介质和壳体表面温度，判断是否冻凝

注意

换热器置换时，防止超温、超压；防止烫伤；泄压时，应特别注意防冻凝，严禁有毒有害介质随地排放

状态 S₂

换热器备用

6.4.2.6　换热器交付检修

[P]——换热器与工艺系统盲板隔离

[P]——换热器密闭排凝线盲板隔离

[P]——换热器吹扫蒸汽胶皮管撤离

(P)——确认换热器排凝和放空阀打开

最终状态 F_s

换热器交付检修

按检修作业票安全规定交付检修

最终状态确认

(P)——换热器与工艺系统盲板隔离

(P)——换热器密闭排凝线盲板隔离

(P)——换热器放火炬线盲板隔离

(P)——换热器吹扫、置换蒸汽胶皮管撤离

(P)——换热器排凝阀、放空阀打开

6.4.3 操作指南

日常检查与维护

① 检查换热器浮头大盖、法兰、焊口有无泄漏；

② 检查换热器冷介质入口和出口温度、压力；

③ 检查换热器热介质入口和出口温度、压力；

④ 检查换热器保温是否完好。

6.5 冬季室外离心泵的停运操作卡

A 级纲要

初始状态 S_0

离心泵正常运行

6.5.1 停泵

状态 S_1

离心泵停运

6.5.2 热备用

（1）备用

（2）停辅助系统

（3）隔离

（4）排空

状态 S_2

离心泵冷备用

6.5.3　最终状态

最终状态 F_s

离心泵完全隔离，达到防冻条件

B 级操作

初始状态 S_0

离心泵正常运行

初始状态

(P)——泵入口阀全开

(P)——泵出口阀开

(P)——单向阀的旁路阀关闭

(P)——排凝阀、放空阀盲板或丝堵加好

(P)——泵在运转

6.5.4　停泵

[P]——关泵出口阀（带最小流量的泵，泵出口阀关至规定开度时，全开最小流量控制阀，然后全关泵出口阀）

[P]——停电动机或透平

[P]——立即关闭泵出口阀

(P)——泵不反转

[P]——盘车

(P)——泵入口阀全开

状态 S_1

离心泵停运

6.5.5　备用

（1）停用辅助系统

[P]——停用冷却水

[P]——停润滑油系统

[P]——停密封液系统

[P]——停冷却介质

[P]——电动机停电

（2）隔离

[P]——关闭泵入口阀

[P]——关闭泵出口阀

[P]——拆排凝阀、放空阀的盲板或丝堵

（3）排空

注意

污染环境的介质要用容器盛放，45℃以上介质防止烫伤,腐蚀性介质防止灼伤；有毒

性介质防止中毒

　　[P]——打开密闭排凝阀排液

　　[P]——关闭密闭排凝阀

　　[P]——置换

　　[P]——打开排凝阀

　　[P]——打开放空阀

　　(P)——泵排干净

状态 S_2

离心泵处于冷备用状态

最终状态

　　(P)——泵已与系统完全隔离

　　(P)——泵已排干净，排凝阀打开，放空阀打开

　　(P)——电动机断电

最终状态 F_s

离心泵完全隔离，达到防冻条件

第 7 章

事故处理预案

7.1 事故处理原则

7.1.1 事故处理原则

装置发生重大事故时，应遵循安全第一的原则，在保障人身安全的前提下采取果断措施保护及关键机组设备免受破坏，以抢救员工生命为首要任务同时控制和消除危险隐患、保护环境。

7.1.2 事故应急组织机构

7.1.2.1 组织人员

组长 车间主任。

副组长 车间技术主管、车间设备主管、车间运行主管。

工艺处理 工艺技术员和各小班运行工程师。

设备保障 设备技术员。

安全监督 车间安全员。

事故初期应急指挥 各班班长。

后勤保障 车间材料员。

应急小分队 当班全体操作人员、在装置的各类人员。

7.1.2.2 应急救援人员职责

应急组长 全面负责应急计划实施过程中的决策，以及人员的统一指挥、协调、安排，向上级汇报事故救援情况，对外交流、沟通事故救援进程情况，必要时向外发出救援请求。负责人员、资源配置、应急队伍的调动。协调事故现场有关工作，组织事故调查，总结应急救援经验教训。

应急副组长 指挥当班生产、工艺、设备处理，组织设备检修，联系机、电、仪进行设备故障处理，负责事故应急处理时生产系统的开停车调度工作；负责事故现场的通讯联络和对外联系；向组长提出救援过程中技术方面应考虑和采取的安全措施。协助组长负责工程抢险、抢修任务的指挥，可以对装置内人员、资源配置、应急队伍进行调动。

运行工程师　协助组长、副组长实施紧急救援过程中的技术指导和技术监督以及负责对外联络，传递信息，向装置主管报告事故事态和应急救援处理进展情况。按应急救援小组组长命令，组织对本单位的抢险、抢修应急人员进行事故应急救援处理工作。向组长提出救援过程中技术方面应考虑和采取的安全措施。配合班组落实工艺紧急泄漏控制、泄压、紧急停工措施的实施。

安全监督　应急现场安全的防护、作业环境监测、安全措施的落实。如果出现火灾、人员伤害等情况时，负责组织灭火和人员抢救。负责指挥事故的现场及有关有害物扩散区的清洗、监测、检查工作，污染区处理直至无害。负责组织装置员工的安全撤离和紧急疏散工作，对人员进行清点，报告员工的伤亡、失踪等安全情况。

班长　是事故的真正第一应急指挥人，在事故初期，负责落实各种应急措施，组织协调各岗位的工艺、设备应急处理及初期灭火任务。按应急救援小组组长命令，事故应急处理时，指挥本班人员进行安全的开停车。负责落实各种应急措施，组织协调各岗位的工艺、设备应急处理及火灾初期的扑灭任务。

应急小分队　每个员工按照自己原岗位所对应的应急救援组织分工进行工作。

7.1.2.3　应急救援应急设施

名　称	功　能	单　位	数　量	备　注
手提式灭火器	扑灭初期火灾	个	20	现场
推车式灭火器	扑灭初期火灾	个	4	现场
对讲机	应急联系	个	3	各操作员自带
蒸汽皮带	进行隔离	条	2	现场
可燃气检测仪	检测	台	2	现场、操作室
硫化氢报警仪	检测	台	3	各操作员自带
警戒带	警戒和隔离	盘	2	操作室
正压式空气呼吸器	进有限空间急救	套	4	现场、操作室
安全带	高空作业	付	4	操作室、各操作员佩戴
防爆工具	开、关阀	套	2	外巡室

7.1.2.4　应急救援报告程序

（1）应急救援报告程序　当发生事故或险情时，第一发现人员应首先向当班班长报告，由班长向装置主任及总厂调度汇报。

（2）应急救援报警程序

险情发现人→险情小，向班长汇报，并及时抢救。

险情发现人→险情大，向班长、运行工程师、上级汇报。

（3）报警电话

班长→运行工程师。

班长→装置领导、总厂调度。

装置领导→总厂应急救援组织（调度）、厂领导。

（4）报警内容　事故发生的单位、时间、具体地点、设备名称、介质名称、事故性质(泄漏、外溢、火灾、爆炸、人员伤亡、环境污染)，危险程度，有无人员伤亡，报警人姓名。

7.1.2.5　应急救援指挥程序

装置应急救援指挥程序：

第一位装置主任；

第二位装置副主任；

第三位当班班长；

其他人员参加协同作战。第一位不在时由第二位接替指挥，依此类推。

发生事故的第一时间由当班班长指挥，装置领导达到现场后按上面的次序执行，并当面进行应急救援状态汇报和权限移交。

事故险情发生后，为了迅速采取应急行动避免和减少损失，要求现场指挥人员必须做到：

① 正确分析现场情况，及时划定危险范围，设立警戒区，面临险情决策果断、准确；

② 疏散无关人员及车辆，最大限度减少人员伤亡；

③ 阻断危险物源，防止二次事故发生；

④ 保证通信资料明确无误和通信畅通，随时掌握险情动态。

7.2　HAZOP 分析提出的安全风险及消除措施

部　位	存　在　风　险	消　除　措　施
E-710	E-710 内漏，抽提系统带水，苯产品质量不合格	平稳 E-710 操作，严格按照操作规程执行，防止换热器超温，加强 C-705 水含量及塔底温度监控定期检查再沸器是否内漏
D-702	D-702 憋压或者负压，损坏罐体	加强巡回检查力度，外线在巡检过程中要重点检查罐顶呼吸阀是否完好并正常发挥作用，发现呼吸阀故障立即汇报并整改
D-710/1,2	D-710/1、2 罐内温度偏高，导致大量苯蒸气外泄，污染环境，危害员工身体健康；D-710/1、2 罐内温度过低，可能导致苯凝结，容易造成罐体损坏和转苯泵抽空。D-710/1、2 憋压或者负压，损坏罐体	加强巡检力度，在巡检过程中携带苯检测仪，密切关注罐体温度表显示是否正常，用手感知罐体外壁的温度，检查罐体伴热温度是否正常，有无泄漏等，确保罐内温度在合理范围，转苯前必须对 P-713 进行排空。外线在巡检过程中要重点检查罐顶呼吸阀是否完好并正常发挥作用，发现呼吸阀故障立即汇报并整改
D-713	D-713 罐内温度偏高，导致大量苯蒸气外泄，污染环境，危害员工身体健康；D-710/1、2 罐内温度过低，可能导致苯、溶剂凝结，容易造成罐体损坏和 P-717/P-721 泵抽空。D-7132 憋压或者负压，损坏罐体	加强巡检力度，在巡检过程中携带苯检测仪，密切关注罐体温度表显示是否正常，用手感知罐体外壁的温度，检查罐体伴热温度是否正常，有无泄漏等，确保罐内温度在合理范围，在开泵转移罐内物料前时必须对泵进行排空。外线在巡检过程中要重点检查罐顶呼吸阀是否完好并正常发挥作用，发现呼吸阀故障立即汇报并整改
D-714	D-714 罐内温度偏高，导致大量苯蒸气外泄，污染环境，危害员工身体健康；D-714 罐内温度过低，可能导致苯、溶剂凝结，容易造成罐体损坏和泵 P-717/P-721 抽空。D-714 憋压或者负压，损坏罐体	加强巡检力度，在巡检过程中携带苯检测仪，密切关注罐体温度表显示是否正常，用手感知罐体外壁的温度，检查罐体伴热温度是否正常，有无泄漏等，确保罐内温度在合理范围，在开泵转移罐内物料前时必须对泵进行排空。外线在巡检过程中要重点检查罐顶呼吸阀是否完好并正常发挥作用，发现呼吸阀故障立即汇报并整改

7.3　紧急停车方法

联系

[M]——通知调度准备紧急停厂

[M]——通知重整装置做好切料准备

预分馏系统处理

若预分馏系统故障，则预分馏系统紧急停工处理

[P]——将重整稳定汽油改出装置，停 C-707、C-701 底外排

[P]——停 C-707、C-701 蒸汽，降低温度

[P]——关闭 C_5、C_6 出装置阀门，温度降低后停回流泵

若预分馏系统继续运行，则 C_5 出装置，C_6 视情况而定改进 D-702 或出装置

循环水系统停工处理

[I]——改抽提塔顶流量调节阀 FIC-7203 为手动

[I]——液位下降到 5%以下时关闭调节阀

[P]——停水洗塔抽余油外送泵 P-716

[P]——停上循环水泵 P-715

[P]——停下循环水泵 P-707

[P]——停泵 P-708

[P]——停泵 P-712

若冬季紧急停工，则水循环系统尽量循环，防止管线冻凝

抽提系统停工

[I]——调整抽余油循环 FIC-7211，OP=0

[I]——调整汽提塔 C-704 进料 FIC-7214

[I]——调整抽提塔 C-702 贫溶剂 FIC-7204

[I]——调整回收塔 C-705 进料 FV-7221

夏季紧急停工时，C-702 停进料和外排，保压；C-704、C-705 打开塔底强制循环线单塔循环，保持温度，防止塔底超温

抽提系统停降温

[P]——2.0MPa 蒸汽改放空

[I]——调整 FIC-7216，OP=0

[P]——关闭 E-706 蒸汽调节阀

[I]——调整 FIC-7224，OP=0

[P]——关闭 E-710 蒸汽调节阀

循环水各水位调节

[P]——多余水位切地下溶剂罐 D-715，液位保持 50%～60%

[I]——调整 C-706 压控阀 PIC-7209，OP=0

(I)——确认 D-708 水包界位 20%

[P]——停回收塔回流罐水泵 P-712

[I]——调整水汽提塔顶 FIC-7219，OP=0

[P]——确认 D-706 水包界位下降

[P]——关闭调节阀 FIC-7218

[I]——改集水罐水泵 P-708 手动调速

[P]——停集水罐水泵 P-708

[P]——关闭 E-708 底部切水阀

[I]——调整溶剂分离器注水调节阀 FIC-7206，OP=0

[I]——调整抽提塔返洗液调节阀 FIC-7217，OP=0

[P]——停抽提返洗泵 P-705

注意

如非溶剂系统问题，尽可能保持溶剂在抽提塔-汽提塔-回收塔循环

如抽提塔出现问题，作如下处理

[P]——打开 E-715(壳)入口至 E-704 出口跨线阀门

[P]——关闭 E-704 出口进抽提塔阀门，贫溶剂送 E-715

[I]——关闭抽提塔 C-702 补压阀，全开泄压阀

注意

如抽提系统问题，尽可能保持溶剂在汽提塔-回收塔循环

如抽提系统出现问题，除上述步骤外作如下处理

[P]——停 P-704

[I]——关闭汽提塔 C-704 补压阀，打开泄压阀

[P]——停 P-710

[I]——关闭回收塔 C-705 补压阀，打开泄压阀

当出现停水停电停蒸汽时，装置应紧急停车，此时，操作人员应对装置的不同状态采用不同的处理方法

装置恢复生产操作

预分馏系统执行开工操作步骤见第 3 章 3.4.4.1 及 3.4.4.2。

抽提系统先恢复溶剂循环，然后引蒸汽升温，待温度接近目标值时再进料，调整操作至产品质量合格。

水循环系统按照开工操作步骤执行见第 3 章。

7.4 事故处理

事故处理原则

由于装置生产介质具有高温高毒、易燃易爆的特点，故在事故处理过程中应遵循安全第一的原则，在保障人身安全的前提下采取果断措施保护设备免受破坏，否则以抢救员工生命为首要任务，同时控制和消除危险隐患、保护环境。

① 任何情况下，一定要保证各容器、塔的液位正常，防止液位过低，造成机泵损

坏，防止液位过高，造成放空系统带液；

②　在进料情况下，必须保证进料油质量合格，防止由于抽提原料油不合格造成整个系统被污染，导致产品质量受损；

③　在进料情况下，一定要保证原料不带水，防止因原料带水造成抽提原料不合格，水循环不平衡，影响产品质量；

④　生产不正常时，应及时与各相关装置联系，防止由于重整稳定汽油进料中断，造成其他装置发生事故；

⑤　生产不正常时，及时和调度及有关部门联系。产品不合格，应及时联系换罐。

7.4.1　停 1.0MPa 蒸汽事故应急处置

事故现象

①　1.0MPa 蒸汽流量降低或无流量；

②　E-718、E-701 失去加热介质；

③　抽提原料外送控制阀 FIC-7106 逐渐关闭。

危害分析

①　苯抽提装置产品不合格；

②　因为热胀冷缩引起设备泄漏。

事故原因　动力供应故障

事故确认

（1）1.0MPa 蒸汽总管流量指示偏向零；

（2）重沸器低压蒸汽流量指示偏向零。

事故应急处置

（1）立即行动　抽余油、苯产品改循环，抽提进料进不合格线。

（2）操作目标　控制抽提原料合格。

（3）潜在问题　抽提原料不合格。

D-702 液面下降过快。

（4）操作步骤

A 级操作
初期险情控制

个体防护

工艺处置
设备处置

退守状态

抽提系统改抽余油和芳烃循环，C-701 塔顶馏分改塔底油混合外送出装置

来蒸汽后恢复操作

B 级操作

初期险情控制

[M]——联系调度确认 1.0MPa 蒸汽管网出现问题

[M]——汇报车间值班及事故应急小组成员

个体防护

[P]——紧急处置过程中佩戴苯蒸气和可燃气体报警仪

[P]——紧急处置过程中使用防爆工具和防爆通讯器材

工艺处理

停 1.0MPa 蒸汽时间小于 20 min 或蒸汽未全部中断，作如下处理

[P]——打开 FIC-7106 外送至不合格线阀门

[I]——调整 FIC-7106

[P]——迅速关闭 FIC-7106 控制阀出口阀

[P]——改通抽余油循环流程

[P]——关闭抽余油送出装置阀门

[P]——依次打开如下阀门：不合格苯与 D-702 进料线的连通阀门；苯产品外送泵（停用泵）返回线阀门；苯产品外送泵（停用泵）出口阀门

设备处理

[P]——关闭苯中间罐入口阀门

[P]——停用苯产品外送泵(在用泵)

[P]——关闭苯中间罐出口阀门

退守状态

抽提系统改抽余油和芳烃循环，C-701 塔顶馏分改塔底油混合外送出装置

如 1.0MPa 蒸汽中断时间较长，继续保持抽提系统循环

[P]——关闭重沸器 E-718 入口蒸汽阀门

[I]——关闭重沸器 E-718 出口调节阀 FIC-7108

[P]——关闭重沸器 E-701 入口蒸汽阀门

[I]——关闭重沸器 E-701 出口调节阀 FIC-7103

来蒸汽后恢复操作

1.0MPa 蒸汽恢复后，装置恢复生产按照"开工规程"进行

C-707 开工

[P]——引 1.0MPa 蒸汽到 E-718 前进行排凝

(P)——确认凝结水线已投用

[I]——启用 FIC-7108 控制 C-707 塔底升温速度不大于 30℃/h

[P]——改好 P-725 全回流流程

[P]——启动塔顶空冷器 A-707

[P]——启动塔顶后冷器 E-717

(I)——确认 D-720 液位到 50%

[P]——启动 P-725 打回流

(I)——确认换热器壳程出口温度达到 150℃

(I)——确认 C-707 顶温度在 80～95℃，压力 0.3～0.4MPa

[I]——控制回流量和 D-720 液位

[P]——改全回流为塔顶产品部分回流，部分外送出装置

[I]——调整 C-707 操作，使各参数接近目标值，C-707 塔底出脱戊烷油

C-701 开工

[I]——启用 FIC-7109 向 C-701 进油

(I)——确认 C-701 液位 40%

[P]——引 1.0MPa 蒸汽到 E-701 前进行排凝

(P)——确认凝结水线已投用

[I]——启用 FIC-7103 控制 C-701 塔底升温速度不大于 30℃/h

[P]——启动塔顶空冷器 A-701

[P]——启动塔顶后冷器 E-703

[P]——改好 P-702 全回流流程

(P)——确认流程正确

(P)——确认 D-701 液位到 50%

[P]——启动 P-702 打回流

(I)——确认换热器壳程出口温度达到 150℃

(I)——确认 C-701 顶温度在 88～100℃，压力 0.08～0.16MPa

[I]——控制好回流量和 D-701 液位

[P]——改全回流为塔顶产品部分回流，部分由不合格产品线外送出装置

(P)——确认不合格产品外送出装置流程正确

[I]——调整 C-701 操作

(I)——确认 C-701 液位 70%

[P]——启动 P-701 将 C-701 塔底油经进料换热器后去重整

预处理开工确认

(P)——确认流程正确无误

(I)——确认 C-707、C-701 相关工艺参数调整到位

(M)——确认 C-701 塔顶到 D-701 产品化验合格可以作为抽提原料

注意

　　C-701 顶产品质量标准为碳五含量≤1%，碳七芳烃≤1μL/L

(P)——确认机泵 P-701、P-702、P-725 运转正常

(P)——确认换热器 E-701、E-702、E-703、E-717、E-718 正常投用，无泄漏

(P)——确认空冷 A-701、A-704 正常投用，无泄漏

状态 S₃

预处理运行正常，D-701 出合格的苯抽提原料

7.4.2 停中压蒸汽事故应急处置

事故现象

① E-706 失去加热介质，返洗流量 FIC-7217 逐渐关闭；

② E-710 失去加热介质，塔顶产品外送阀 FIC-7224 逐渐关闭。

危害分析

① 苯抽提装置产品不合格；

② 因为热胀冷缩引起设备泄漏。

事故原因　动力供应故障

事故确认

① 中压蒸汽总管流量指示偏向零；

② 重沸器低压蒸汽流量指示偏向零，对应凝结水调节阀趋向全开方向。

事故处理

（1）立即行动　抽余油、苯产品改循环。

（2）操作目标　控制苯产品合格。

（3）潜在问题　D-702 液面上升过快。

（4）操作步骤

A 级操作

初期险情控制

个体防护

工艺处置

设备处置

退守状态

抽提系统溶剂、产品循环

来中压蒸汽后恢复操作

B 级操作

初期险情控制

[M]——联系调度确认中压蒸汽管网出现问题

[M]——汇报车间值班及事故应急小组成员

个体防护

[P]——紧急处置过程中佩戴苯蒸气和可燃气体报警仪

[P]——紧急处置过程中使用防爆工具和防爆通信器材

工艺处置

停中压蒸汽时间小于 20min 或蒸汽未全部中断，作如下处理

[I]——调整 FIC-7201 操作

[I]——调整蒸汽减温减压阀

[P]——打开 2.0MPa 蒸汽主管线放空线截止阀

[I]——调整 TIC-7208，摘除串级控制

[I]——调整 FIC-7216，摘除串级控制，OP=5

[P]——关小 E-706 入口蒸汽阀门

[I]——调整 FIC-7224，OP=5

[P]——关小 E-710 入口蒸汽阀门

[I]——调整 TIC-7221，OP=5

[P]——关闭 E-713 入口蒸汽阀门

[I]——调整汽提塔 C-704 进料 FV-7214

[I]——调整抽提塔 C-702 贫溶剂 FV-7204

[I]——调整回收塔 C-705 进料 FV-7221

抽提系统产品改循环

[P]——打开不合格苯与 D-702 进料线的连通阀门

[P]——打开苯产品外送泵(停用泵)返回线阀门

[P]——打开苯产品外送泵(停用泵)出口阀门

[P]——关闭苯中间罐入口阀门

[P]——关闭苯中间罐出口阀门

[I]——调整回收塔 C-702 返洗 FIC-7217

(P)——确认 D-706 液位小于 5%

[I]——逐步关小 D-708 苯外送 FIC-7225

[I]——调整 D-708 回流 FIC-0223，根据液位调整该塔回流

(P)——确认 D-708 液位小于 5%

设备处置

[P]——停用苯产品外送泵（在用泵）

[P]——停用返洗泵 P-705

[P]——停用回流泵 P-711

[P]——检查 E-706、E-710、E-713、E-714、D-709 是否泄漏

(P)——确认 E-706、E-710、E-713、E-714、D-709 无泄漏

退守状态
抽提系统溶剂、产品循环

中压蒸汽中断时间较长，作如下处理

(I)——确认 D-702 液位超过 70%

[P]——打开 FIC-7106 外送至不合格线阀门

[I]——调整控制阀 FIC-7106

[P]——关闭控制阀 FIC-7106 出口阀门

提示卡：将 P-708、P-709 自动控制改手动调速

如液位控制不住则停 P-708、P-709

中压蒸汽恢复后减温减压器按照"开工规程"中的投用方法投用

中压蒸汽恢复后，装置恢复生产按照"开工规程"进行

[P]——将减温减压器高点放空打开

[P]——将减压阀前导淋阀大开

(P)——确认减压阀前导淋阀处蒸汽不含水

[P]——将减压阀后导淋阀稍开

(P)——确认 TICA-7401 打开

[P]——启动 P-726 引脱氧水至减压阀

[P]——逐渐关闭 TICA-7401，保证 P-726 出口不憋压

[P]——将蒸汽脱水包处总阀缓慢打开

[P]——将减压阀 PIC-7401 给 3%开度

[P]——将汽提塔塔底再沸器 E-706 入口蒸汽阀前放空阀稍开

[P]——将 E-706 凝结水阀 FIC-7216 前导淋打开

[I]——调节 PIC-7401 和 TICA-7401，控制压力为 1.5MPa 温度为 195℃

(P)——确认减压阀后导淋阀处蒸汽不含水

[P]——稍开再沸器 E-706 入口蒸汽阀

(P)——确认 E-706 凝结水阀 FIC-7216 前导淋见凝结水

[P]——关闭 FIC-7216 前导淋阀

[P]——逐渐开大 E-706 入口蒸汽阀

[P]——逐渐关闭减温减压器高点放空阀

[I]——调节 FIC-7216 控制 C-704 塔底升温速度不大于 30℃/h

(P)——确认减温减压器高点放空阀关闭

[I]——调节 PIC-7401 和 TICA-7401，逐渐控制压力为 2.0MPa，温度为 215℃

[P]——逐渐开大 E-706 入口蒸汽阀

[P]——逐渐关闭减温减压器高点放空阀

[I]——调节 FIC-7216 控制 C-704 塔底升温速度不大于 30℃/h

(P)——确认减温减压器高点放空阀关闭

[I]——调节 PIC-7401 和 TICA-7401，逐渐控制压力为 2.0MPa，温度为 215℃

最终状态 F_s

减温减压器投用完毕

此时减温减压器投用完毕，E-710、E-713 投用方法相同

7.4.3 停电故障应急处置

事故现象

① 部分会运转设备的 DCS"回讯"显示由"绿色"变为"红色"；

② 现场设备运转声瞬间减弱；

③ 照明电子仪表工作正常。

危害分析

① 苯抽提装置产品质量不合格；

② 各塔超温超压；

③ 各塔及容器液面超标。

事故原因　动力供应故障。

事故确认

① 空冷风机和离心泵停运；

② 联系调度确认电力供应出现问题。

事故处理

（1）立即行动　抽余油、苯产品改循环。

（2）操作目标　控制苯产品合格。

（3）潜在问题　再沸器超温。

（4）操作步骤

A 级操作
初期险情控制

个体防护

工艺处置

设备处置

退守状态
分馏系统和抽提系统处于装置紧急停工状态

来点恢复操作

B 级操作
初期险情控制

[M]——联系调度确认电力供应出现问题

[M]——汇报车间值班及事故应急小组成员

个体防护

[P]——紧急处置过程中佩戴苯蒸气和可燃气体报警仪

[P]——紧急处置过程中使用防爆工具和防爆通讯器材

工艺处置

[P]——打开减温减压系统 2.0MPa 蒸汽放空线截止阀

[P]——关闭 E-706、E-710、E-713 入口蒸汽阀门

[I]——调整 FV-7216、FV-7224、FV-7229，各阀 OP=0

[P]——关闭 C-701、C-702、C-704、C-705、C-707 压控阀门

[I]——关闭白土罐 D-709 压力调节阀

[P]——关闭塔 C-701、C-702、C-704、C-705、C-707、D-709 进料控制阀的前后阀门

(I)——确保各塔压力和液位在工艺卡片范围内

(P)——确保各塔压力和液位在工艺卡片范围内

(P)——确认各伴热线蒸汽不中断

设备处置

[P]——关闭各离心泵出口阀门和各调频转速泵的入口阀门

[P]——关闭各调频转速泵的入口阀门

退守状态

分馏系统和抽提系统处于装置紧急停工状态

来电恢复操作

按照"开工规程"各步骤恢复生产

如果装置出现的是瞬间停电事故，则采取如下方案处理。

[P]——苯通过"事故处理"方法外送并入重整汽油组分

[P]——检查停止的用电设备

[P]——恢复停止的用电设备

[I]——恢复操作参数在工艺卡片范围以内

[M]——联系化验分析苯产品

(M)——确认苯产品化验分析数据合格

[P]——苯产品送入苯产品中间罐

7.4.4　停循环水事故应急处置

事故现象

① 循环水压力下降，流量指示下降或回零；

② 各泵冷却水中断，泵体温度升高；

③ 各塔、回流罐入口温度上升。

危害分析

① 苯抽提装置产品质量不合格；

② 各塔顶温度、压力超标；

③ 回流罐液面快速下降；

④ 各水冷机泵泵体超温。

事故原因　循环水系统故障。

事故确认

① 循环水压力下降，流量下降或回零；

② 联系调度确认系统管网供应出现问题，并确认停水时间。

事故处理

（1）立即行动　抽余油、苯产品改循环。

（2）操作目标　控制苯产品合格。

（3）潜在问题　回流罐超温。

（4）操作步骤

A 级操作

初期险情控制

个体防护

工艺处置

设备处置

退守状态

抽提原料改进重整汽油组分，抽提降量改循环

循环水正常恢复操作

B 级操作

初期险情控制

[M]——联系调度确认系统管网供应出现问题，并确认停水时间

[M]——汇报车间值班及事故应急小组成员

个体防护

[P]——紧急处置过程中佩戴苯蒸气和可燃气体报警仪

[P]——紧急处置过程中使用防爆工具和防爆通信器材

工艺处置

如果时间较短按照如下方案处理

[I]——调整进料量到 50%

[P]——改 FV-7106 抽提原料到不合格线

[P]——打开 C-704、C-705 顶备用空冷器

[P]——打开不合格油线与 D-702 的进料线连通阀门

[P]——打开苯与不合格油线的连通阀门

[P]——打开抽余油与不合格油线的连通阀门

[I]——调整 FIC-7216

[I]——调整 FIC-7224

设备处置

[P]——检查水冷机泵泵体温度是否正常

[P]——切换水冷机泵泵体温度超温的机泵

退守状态

抽提原料改进重整汽油组分，抽提降量改循环

循环水正常恢复操作

(I)——确认 C-701 底重整汽油组分的温度小于 40℃

[I]——调整 FIC-7201 处理量到正常操作量

[I]——调整 FIC-7216 到正常

[I]——调整 FIC-7224 到正常

注意

　　FIC-7216、FIC-7224 阀位的调整随 FIC-7201 处理量的提高，逐步进行

[M]——联系化验分析苯产品

(M)——确认苯产品化验分析数据合格

[P]——苯产品送入苯产品中间罐

[P]——关闭不合格苯与不合格线的连通阀门

[P]——打开抽余油出装置阀门

[P]——关闭抽余油与不合格线的连通阀

如果循环水长时间得不到处理，则装置按照紧急停工处理

7.4.5　停 N$_2$ 事故应急处置

事故现象

① 抽提塔压力低于 0.6MPa，压控补压阀全开；

② 汽提塔、回收塔压力低于操作压力，压控补压阀全开。

危害分析

① C-707、C-701、C-702、C-704、C-705 压力偏低；

② 苯抽提装置产品质量不合格。

事故原因

① 氮气管网堵塞；

② 氮气压力不够；

③ 空分装置故障。

事故确认

① 装置边界氮气管网压力低于 0.6MPa；

② 联系空分装置氮气压力低于 0.6MPa。

事故处理

（1）立即行动　关闭各容器放空、压控阀门。

（2）操作目标　防止各设备压力下降。

（3）潜在问题　溶剂氧化。

（4）操作步骤

A 级操作

初期险情控制

个体防护

工艺处置

退守状态

氮气得不到恢复，则装置按正常停工处理

氮气正常恢复操作

B 级操作

初期险情控制

[M]——联系生产调度了解情况

[M]——联系空分装置氮气压力低于 0.6MPa

[M]——汇报车间值班及事故应急小组成员

个体防护

[P]——紧急处置过程中佩戴苯蒸气和可燃气体报警仪

[P]——紧急处置过程中使用防爆工具和防爆通信器材

工艺处置

系统压力偏低时的处理

a. 抽提塔压力偏低

[P]——关闭抽提塔塔顶压控阀前后阀门

(I)——确认抽提塔压力不低于 0.6MPa

[I]——抽提塔塔顶抽余油的液位可适当提高到 70%

b. 汽提塔、回收塔压力偏低

[P]——关闭汽提塔、回收塔压控阀前后阀门

退守状态

氮气得不到恢复，则装置按正常停工处理

氮气正常恢复操作

[P]——打开所关闭的控制阀前后阀门

[I]——调整恢复抽提塔压力到工艺卡片范围以内

[I]——降低抽提塔塔顶抽余油液位到 30%～40%

[I]——调整恢复汽提塔、回收塔的压力到工艺卡片范围以内

7.4.6 停仪表风事故应急处置

事故现象

① 仪表风低压报警；

② 装置部分气动阀门关闭（以风开式调节阀居多）。

危害分析

① 装置部分气动阀门无法正常操作（以风开式调节阀居多）；

② 装置操作紊乱；

③ 苯抽提装置产品质量不合格。

事故原因　动力空压机系统故障。

事故确认　现场风压低于 0.3MPa。

事故处理

（1）立即行动

① 所有调节阀改手动控制；

② 将高压氮气串入仪表风中；

③ 关小仪表风进装置阀门。

（2）操作目标

① 防止仪表供风中断，造成风开阀全关，风关阀全开；

② 尽可能防止停厂。

（3）潜在问题　仪表供风中断。

（4）操作步骤

A 级操作

初期险情控制

个体防护

工艺处置

设备处置

退守状态

净化风不能及时供给，装置紧急停工

净化风正常，恢复操作

B 级操作

初期险情控制

[M]——联系生产调度了解情况

[M]——联系值班人员及事故应急小组成员

个体防护

[P]——紧急处置过程中佩戴苯蒸气和可燃气体报警仪

[P]——紧急处置过程中使用防爆工具和防爆通信器材

工艺处置

[I]——各控制阀改手动控制

[P]——干燥氮气串到装置仪表风总管线控制压力在 0.4～0.5MPa

[P]——关净化风进装置总阀

[P]——确认各关键控制点在控制指标范围内

设备处置

[P]——检查各机泵运行是否正常

退守状态

净化风不能及时供给，装置紧急停工

净化风正常，恢复操作

(P)——确认净化风压力正常

[P]——打开净化风进装置总阀

[P]——关串氮气阀

[I]——各控制阀逐渐改自动控制

7.4.7　着火爆炸和严重泄漏事故应急处置

事故现象

① 室内火灾报警器出现火灾报警；

② 室内气体报警器出现报警。

危害分析

① 火灾爆炸造成设备损坏；

② 造成人员伤亡；

③ 造成环境污染。

事故原因　装置现场出现火灾险情或泄漏事故。

事故确认　装置出现明火或异常气味。

事故处理

（1）立即行动

① 关闭发生泄漏的泵的进出口阀门；

② 用蒸汽灭火。

（2）操作目标

① 迅速灭火；

② 防止火灾扩大；

③ 防止发生次生事故。

（3）潜在问题

① 火灾扩大蔓延；

② 发生次生事故。

（4）操作步骤

A 级操作
初期险情控制

个体防护

工艺、设备处置

退守状态
人员疏散，险情得到控制，装置紧急停工处理

故障处理完毕，恢复操作
B 级操作
初期险情控制

[P]——事故发现者首先报告班长

[M]——班长应报告运行工程师、调度中心

[M]——班长应通知消防队，若有人员伤亡，则应通知急救中心

[M]——运行工程师安排内操通知装置主任及各级干部

[M]——在装置主任到达现场后，由运行工程师汇报火情及采取的处理措施

[M]——视事故类型立即通知消防队

内容包括：a. 报警人的姓名和车间；

b. 讲清装置名称及出现问题的部位；

c. 讲清危险源的性质和危害程度；

d. 讲清有无人员伤害和中毒。

个体防护

[P]——紧急处置过程中佩戴苯蒸气和可燃气体报警仪

[P]——紧急处置过程中使用防爆工具和防爆通信器材

[P]——紧急处置过程中使用空气呼吸器

[P]——按照规定设立危险区域并用警戒带围好，防止出现人身伤害和中毒事故

工艺、设备处置

[M]——按照紧急停工处理事故

退守状态
人员疏散，险情得到控制，装置紧急停工处理

故障处理完毕，恢复操作

在事故原因查明，排除故障后，装置按照开工操作规程恢复生产

7.4.8　有限空间中毒窒息事故应急处置

事故现象　中毒人员出现中毒症状。

事故原因　有限空间内中毒窒息性气体含量超标。

危害分析　造成人员伤亡。

事故确认　中毒人员出现中毒症状。

事故处理

（1）立即行动

① 穿戴好正压式空气呼吸器等有效的防毒防护器具后对中毒人员进行施救；

② 将中毒人员救出后，搬至安全通风处，根据具体情况进行抢救。

（2）操作目标

①防止发生其他人员中毒；

②迅速进行有效的救援，防止死亡事故发生。

（3）潜在问题　监护人员无保障措施的情况下进行救助。

（4）操作步骤

初期险情控制

[P]——事故发现者首先报告班长

[P]——班长应报告运行工程师、调度中心

[P]——若有人员伤亡，则应通知急救中心

[P]——运行工程师安排重整内操通知装置主任及各级干部

[P]——在装置主任到达现场后，由运行工程师汇报情况及采取的处理措施

应急措施

[P]——发现中毒后，车间安全员或者车间干部组织人员对泄漏的毒物、场所进行适当的处理，立即切断毒物来源或造成窒息事故的介质，防止毒物泄漏更大，更严重

[P]——在现场负责人或者安全员或车间干部的指挥下，负责抢救人员，戴好正压式空气呼吸器进入事故现场救中毒窒息的伤员

[P]——营救人员进行现场救护时应识别事故部位、做好自身防护、迅速将中毒者移至安全地带、实施救护并及时送往急救中心

[P]——抢救者与监护者明确信号传递方式后，方可进入事故部位

<P>——抢救者进入事故部位，必须佩戴正压式空气呼吸器并检查其气密性，空气呼吸器压力 26～30MPa，并在使用过程中注意压力低于 5MPa 时，迅速撤离现场

[P]——抢救者进入隔油池内、下水井内、塔、容器内，必须系好安全绳、携带防爆手电。必须有两人以上监护，监护人要佩戴正压式空气呼吸器

[P]——监护人负责准备好抢救者佩戴正压式空气呼吸器气瓶，并将营救绳、安全绳就近固定，将营救绳另一端放入。密切观察营救状态

[P]——抢救者将营救绳绑在中毒者腰间或腰下后，即刻发出提拉信号，提拉用力要小心，防止撞伤

[P]——将中毒者移至空气流通处后，应判断呼吸、心跳状况，立即实施人工呼吸（仰卧压胸法、口对口吹气法或胸外心脏挤压，抢救方法详见附录心肺复苏法），并尽快送往医院

[P]——对呼吸、心跳不好甚至停止的，要在就地抢救情况好转后，再送往医院

　　[P]——在送往医院中，使中毒者平躺，保持呼吸畅通，并继续实施人工急救

　　[P]——以上内容，在急救中心医务人员到现场后，由医务人员接替进行，其他人员现场配合

7.4.9　发生地震灾害事故应急处置

　　地震是一种特殊的自然灾害。地震灾害因其伤亡人员多、瞬间破坏严重、社会影响大而成为众灾之首。科学上把地震的强度分为 10 级，其中 5 级以上的称为强烈地震。据专家预测，九十年代，我国大陆进入了本世纪第五个地震活动区，地震活动主体将在包括我省在内的西部地区，这一活跃期将持续到本世纪末，期间可能发生多次 7 级以上强烈地震。因此，广大员工必须予以高度重视，积极采取防御措施，力争将灾害减小到最小。为了在发生地震灾害时做到冷静应震，特制定以下事故应急预案。

　　（1）地壳的不断运动必然导致地震的发生，在地壳运动孕育地震的过程中，震源及其附近地区的会发生一系列的物理、化学、生物、气象等方面的异常，这一系列异常现象就是地震的前兆。因此，一旦发现水、动物、植物等有异常现象，看到地光、听到地声，要及早作好防震准备。

　　（2）预防地震应急措施

　　事故现象　震源及其附近地区的会发生一系列的物理、化学、生物、气象等方面的异常；建筑物震动、摇晃，有地光、地声等。

　　危害分析

　　① 导致动力系统故障或装置设备损坏，装置无法正常生产；

　　② 造成人员伤亡。

　　事故原因　震源及其附近地区发生地震。

　　事故确认　建筑物震动、摇晃，有地光、地声。

　　事故处理

　　（1）立即行动

　　要准确判断地震强度，要保持冷静，不要慌乱；

　　根据震感强弱，采取相应应急措施；

　　监控操作，做好各种应急处理的准备工作；

　　若地震强烈，存有着火、爆炸、倒塌的危险可能时，按紧急停工处理；

　　事故处理过程中坚决执行"以人为本"的原则。

　　（2）操作目标

　　① 防止发生人员伤亡；

　　② 将灾害的损失降到最低。

　　（3）潜在问题　装置管线断裂、房屋倾斜、设备损坏，装置全面停工。

　　（4）操作步骤

　　[M]——准确判断地震强度，要保持冷静，不要慌乱

　　[M]——及时联系调度、运行工程师

[I]——严密监视系统各压力、液位、温度、流量有无突然异常，判断有无管线拉裂导致油品、气体外漏

[P]——加强巡检，查看损害情况

提示卡：在事故处理过程中要本着"以人为本"的原则，首先要保证人员安全的前提下
进行装置抢救、保护

① 如震感较弱

[M]——通知主操降温、降量继续维持生产

(I)——确认各系统温度、压力、流量正常，并在工艺指标要求范围内

[P]——加强巡检，及时发现设备故障、装置跑油、管线断裂等事情的发生

(P)——确认压缩机运转正常

(P)——确认各加热炉操作正常

(P)——确认个反应器运行正常

(P)——确认各塔、容器运行正常

(P)——确认各机泵、空冷运行正常

[M]——视具体情况进行恢复，必要时装置紧急停厂（参照装置紧急停工规程）
退守状态
装置降量生产或停工

② 如震感强烈

[M]——装置存有管线断裂、跑油着火爆炸的危险可能时，通知各岗位人员按紧急停工处理

[P]——所有用电设备断电

[P]——加强装置各部位检查

[M]——若管线拉裂发生火灾，同时按发生火灾事故预案处理
退守状态
装置紧急停工

③ 发生毁灭性地震灾害

[M]——装置存有爆炸、房屋设备倒塌的危险可能时，通知各岗位人员按紧急停工处理

[P]——紧急切断装置进料

[M]——通知人员紧急疏散

[M]——到达安全区域后，要求对容易发生爆炸的危险区域，应派人到警戒区域的各路口警戒，严禁车辆和无关人员经过或进入

[M]——组织人员自救

[M]——检查警戒情况，防止伤害进一步增大
退守状态
装置切断进料，人员紧急疏散

7.4.10　防洪防汛事故应急处置

对装置来说，在汛期来临之前认真做好防洪防汛工作尤为重要，在汛期来临时做到有备无患。

事故现象

① 短时间内装置地面积水较多；

② 装置外围水源大量进入装置内部。

危害分析

① 装置大量积水，导致电路及信号线路故障，装置紧急停工；

② 洪水冲毁设备；

③ 造成人员伤亡。

事故原因　长时间下大雨或短时间下暴雨

事故确认

① 短时间内装置地面积水较多；

② 装置外围水源大量进入装置内部。

事故处理

（1）立即行动

① 提前备置 10 把铁锨，编织袋 50 条及一些雨具以防洪水来临时使用；

② 组织班组成员用防洪设施，防止装置西侧马路的流水进入装置区域；

③ 组织班组成员处理装置内排水系统，确保疏通；

④ 安排人员对装置防洪防汛的关键部位进行监控；

⑤ 做好应变应急处理的准备工作。

（2）操作目标

① 防止装置内进水太多，从而影响正常生产；

② 防止装置关键部位进水。

（3）潜在问题

① 装置操作室、泵房、压缩机房、配电间等关键部位进水，影响设备正常运转；

② 装置进水多，导致线路短路，使装置全面停工。

（4）操作步骤

[M]——汇报厂部调度及装置领导

[P]——提前备置十把铁锨，编织袋 50 条及一些雨具以防洪水来临时使用

[M]——组织班组成员用防洪设施防止装置西边马路、南边马路和东侧消防通道的流水进入装置区域

[M]——组织班组成员处理装置内排水系统，确保疏通

[M]——组织班组成员对装置内的电缆沟、设备基础等进行防范，避免洪水冲坏设备

[M]——组织班组成员对装置的库房、地下罐进行防洪加固

[M]——对于雨水造成的建筑物漏雨时及时汇报，以便装置及时处理

[M]——对于因洪水造成供电系统中断，应立即联系调度、开闭所及配电处理，装置按《停电事故处理预案》处理

[M]——对于因洪水造成装置内漏电、接地等应及时联系开闭所把装置内的电源切除，以防伤人，同时装置按《停电事故处理预案》处理

[M]——对于因洪水造成循环水供给中断，按《停循环水事故处理预案》处理

[M]——对于因洪水造成仪表风供给中断，按《停风事故处理预案》处理

[M]——对于因洪水造成燃料气供给中断，装置按《装置紧急停工预案》处理

处理要点

（1）装置备置 10 把铁锨，编织袋 50 条及一些雨具以防洪水来临时使用。

（2）在汛期内车间各职工必须保证通讯畅通，保证随叫随到，在天气突变时要求运行工程师和班长加强防范和检查。

退守状态

紧急停工

7.4.11 主控室 UPS 故障事故应急处置

事故现象

① 主控室三台显示器全黑屏；

② 主控室所有安全栅柜指示灯全灭；

③ 装置所有风开阀全关，风关阀全开。

危害分析

① 装置生产无法控制；

② 造成设备损坏，如机泵长时间抽空，烧坏电动机；

③ 苯抽提装置苯产品质量不合格。

事故原因　主控室 UPS 故障。

事故确认

① 主控室三台显示器全黑屏；

② 主控室所有安全栅柜指示灯全灭；

③ 装置所有风开阀全关，风关阀全开。

事故处理

（1）立即行动　立即报告车间运行工程师并联系调度通知电算中心及时处理；

现场停运各机泵，停塔底蒸汽；

组织班组人员成立应急小组；

应急处置过程中使用防爆工具和防爆通信器材。

（2）操作目标　装置紧急停厂，防止各塔各容器超温超压。

（3）潜在问题　各塔各容器超温超压。

（4）操作步骤

[M]——汇报厂部调度及装置领导

[M]——安排组员紧急停厂

[P]——将重整稳定汽油改出装置

[P]——停运所有机泵

[P]——现场停所有塔底再沸器蒸汽

[P]——现场关闭抽余油出装置阀门

[P]——现场关闭 FIC-7214 阀门

[P]——现场关闭 FIC-7203 阀门

[P]——现场关闭所有容器的氮气补压阀门

[P]——现场根据 C-701、C-707、C-704、C-705 实际压力情况，确定是否需要泄压，确保各塔不超压

处理要点

① 防各塔及容器超温超压；

② 防止泵抽空。

退守状态

紧急停工

7.4.12　停电同时停蒸汽事故应急处置

事故现象

① 部分运转设备的 DCS "回讯" 显示由 "绿色" 变为 "红色"；

② 现场设备运转声瞬间减弱；

③ 照明电子仪表工作正常；

④ 进装置蒸汽流量大幅度减小，C-707、C-701 底再沸器蒸汽流量减小，塔底温度下降。

危害分析

① 各塔及容器液面超出指标范围；

② 高温部位因热胀冷缩发生泄漏；

③ 苯抽提装置产品质量不合格。

事故原因　动力供应故障，停电停蒸汽。

事故确认

空冷风机和离心泵停运；

联系调度确认电力、低压蒸汽供应出现问题。

事故处理

（1）立即行动　将重整稳定汽油改出装置，装置紧急停厂。

（2）操作目标　紧急停厂。

（3）潜在问题　再沸器超温。

（4）操作步骤

A 级操作

初期险情控制

个人防护

工艺处置

设备处置

退守状态
分馏系统和抽提系统处于装置紧急停工状态

动力正常，恢复操作
B 级操作
初期险情控制
[M]——联系调度确认电力、蒸汽供应出现问题
[M]——汇报车间值班及事故应急小组成员
个体防护
[P]——紧急处置过程中佩戴苯蒸气和可燃气体报警仪
[P]——紧急处置过程中使用防爆工具和防爆通讯器材
工艺处置
[P]——打开减温减压系统 2.0MPa 蒸汽放空线截止阀
[P]——关闭 E-706、E-710、E-713 入口蒸汽阀门
[I]——调整 FV-7216、FV-7224、FV-7229，各阀 OP=0
[P]——关闭 C-701、C-702、C-704、C-705、C-707 压控阀门
[I]——关闭白土罐 D-709 压力调节阀
[P]——关闭塔 C-701、C-702、C-704、C-705、C-707、D-709 进料控制阀的前后阀门
(I)——确保各塔压力和液位在工艺卡片范围内
(P)——确保各塔压力和液位在工艺卡片范围内
(P)——确认各伴热线蒸汽不中断
设备处置
[P]——关闭各离心泵出口阀门和各调频转速泵的入口阀门
[P]——关闭各调频转速泵的入口阀门
退守状态
分馏系统和抽提系统处于装置紧急停工状态

动力正常，恢复操作
按照"开工规程"各步骤恢复生产

7.4.13　停电同时停氮气事故应急处置

事故现象

① 部分运转设备的 DCS "回讯"显示由"绿色"变为"红色";

② 现场设备运转声瞬间减弱;

③ 照明电子仪表工作正常;

④ C-702 压力持续下降。

危害分析

① 各塔及容易液面、压力超出指标范围;

② 溶剂氧化;

③ 苯抽提装置产品质量不合格。

事故原因　动力供应故障,停电停氮气。

事故确认

① 空冷风机和离心泵停运;

② C-702 压力持续下降,开大氮气补压阀后压力不上升;

③ 联系调度确认电力、氮气供应出现问题。

事故处理

(1) 立即行动　将重整稳定汽油改出装置,装置紧急停厂。

(2) 操作目标　防止超温超压。

(3) 潜在问题　再沸器超温。

(4) 操作步骤

A 级操作
初期险情控制

个体防护

工艺处理

设备处理

退守状态
分馏系统和抽提系统处于装置紧急停工状态

动力正常,恢复操作

B 级操作
初期险情控制

[M]——联系调度确认电力、氮气供应出现问题

[M]——汇报车间值班及事故应急小组成员

个体防护

[P]——紧急处置过程中佩戴苯蒸气和可燃气体报警仪

[P]——紧急处置过程中使用防爆工具和防爆通讯器材

工艺处置

[P]——打开减温减压系统 2.0MPa 蒸汽放空线截止阀

[P]——关闭 E-706、E-710、E-713 入口蒸汽阀门

[I]——调整 FV-7216、FV-7224、FV-7229，各阀 OP=0

[P]——关闭 C-701、C-702、C-704、C-705、C-707 压控阀门

[P]——现场关闭 D-720、D-70、C-702、D-706、D-708 的氮气补压阀门

[I]——关闭白土罐 D-709 压力调节阀

[P]——关闭塔 C-701、C-702、C-704、C-705、C-707、D-709 进料控制阀的前后阀门

(I)——确保各塔压力和液位在工艺卡片范围内

(P)——确保各塔压力和液位在工艺卡片范围内

(P)——确认各伴热线蒸汽不中断

设备处置

[P]——关闭各离心泵出口阀门和各调频转速泵的入口阀门

[P]——关闭各调频转速泵的入口阀门

退守状态

分馏系统和抽提系统处于装置紧急停工状态

动力正常，恢复操作

按照"开工规程"各步骤恢复生产

7.4.14 停电同时停循环水事故应急处置

事故现象

① 部分运转设备的 DCS "回讯"显示由"绿色"变为"红色"；

② 现场设备运转声瞬间减弱；

③ 照明电子仪表工作正常；

④ 各后冷温度快速上升。

危害分析

① 部分塔及回流罐液面、压力及温度超出指标范围；

② 苯抽提装置产品质量不合格。

事故原因　动力供应故障，停电停循环水

事故确认

① 空冷风机和离心泵停运；

② 水冷器后温度快速上升；

③ 联系调度确认电力、循环水供应出现问题。

事故处理

(1) 立即行动　将重整稳定汽油改出装置，装置紧急停厂。

（2）操作目标　防止超温超压。

（3）潜在问题　再沸器超温。

（4）操作步骤

A 级操作

初期险情控制

个体防护

工艺处置

设备处置

退守状态

分馏系统和抽提系统处于装置紧急停工状态

动力正常，恢复操作

B 级操作

初期险情控制

[M]——联系调度确认电力、循环水供应出现问题

[M]——汇报车间值班及事故应急小组成员

个体防护

[P]——紧急处置过程中佩戴苯蒸气和可燃气体报警仪

[P]——紧急处置过程中使用防爆工具和防爆通讯器材

工艺处置

[P]——打开减温减压系统 2.0MPa 蒸汽放空线截止阀

[P]——关闭 E-706、E-710、E-713 入口蒸汽阀门

[I]——调整 FV-7216、FV-7224、FV-7229，各阀 OP=0

[P]——关闭 C-701、C-702、C-704、C-705、C-707 压控阀门

[I]——关闭白土罐 D-709 压力调节阀

[P]——关闭塔 C-701、C-702、C-704、C-705、C-707、D-709 进料控制阀的前后阀门

(I)——确保各塔压力和液位在工艺卡片范围内

(P)——确保各塔压力和液位在工艺卡片范围内

(P)——确认各伴热线蒸汽不中断

设备处置

[P]——关闭各离心泵出口阀门和各调频转速泵的入口阀门

[P]——关闭各调频转速泵的入口阀门

退守状态

分馏系统和抽提系统处于装置紧急停工状态

动力正常，恢复操作

按照"开工规程"各步骤恢复生产

7.4.15　停电同时停净化风事故应急处置

事故现象

① 部分运转设备的 DCS "回讯"显示由"绿色"变为"红色"；

② 现场设备运转声瞬间减弱；

③ 照明电子仪表工作正常；

④ 仪表风压报警，部分风开阀关闭。

危害分析

① 部分塔及容器液面超出指标范围；

② 部分风开阀关闭，无法正常操作；

③ 苯抽提装置产品质量不合格。

事故原因　动力供应故障，停电停净化风。

事故确认

① 空冷风机和离心泵停运，现场仪表风压低于 0.3MPa；

② 联系调度确认电力、净化风供应出现问题。

事故处理

（1）立即行动　将重整稳定汽油改出装置，装置紧急停厂。

（2）操作目标　防止超温超压。

（3）潜在问题　再沸器超温。

（4）操作步骤

A 级操作

初期险情控制

个体防护

工艺处置

设备处置

退守状态

分馏系统和抽提系统处于装置紧急停工状态

动力正常，恢复操作

B 级操作

初期险情控制

[M]——联系调度确认电力、净化风供应出现问题

[M]——汇报车间值班及事故应急小组成员

[M]——安排将氮气窜入仪表风系统，关闭仪表风进装置阀门

个体防护

[P]——紧急处置过程中佩戴苯蒸气和可燃气体报警仪

[P]——紧急处置过程中使用防爆工具和防爆通讯器材

工艺处置

[P]——打开减温减压系统 2.0MPa 蒸汽放空线截止阀

[P]——关闭 E-706、E-710、E-713 入口蒸汽阀门

[I]——调整 FV-7216、FV-7224、FV-7229，各阀 OP=0

[P]——关闭 C-701、C-702、C-704、C-705、C-707 压控阀门

[I]——关闭白土罐 D-709 压力调节阀

[P]——关闭塔 C-701、C-702、C-704、C-705、C-707、D-709 进料控制阀的前后阀门

(I)——确保各塔压力和液位在工艺卡片范围内

(P)——确保各塔压力和液位在工艺卡片范围内

(P)——确认各伴热线蒸汽不中断

设备处置

[P]——关闭各离心泵出口阀门和各调频转速泵的入口阀门

[P]——关闭各调频转速泵的入口阀门

退守状态

分馏系统和抽提系统处于装置紧急停工状态

动力正常，恢复操作

按照"开工规程"各步骤恢复生产

7.5　事故处理预案演练规定

为更好的保障装置的长期安稳运行，提高职工在事故状态下的应急能力，重整加氢联合装置制订事故处理预案演练规定如下。

① 各生产班组每月进行一次事故处理预案演练。

② 演练前一周将演练题目发至班组。

③ 班组根据题目进行事故预想，由班长统一协调指挥。

④ 车间根据要演练的事故制订打分表，逐一列出关键步骤及相关分值。

⑤ 演练当天所有班组，所有岗位均参加；车间由技术主管组织工艺、设备、安全人员参加考评打分。

⑥ 演练时由技术主管出演练项目，由班长统一协调指挥处理事故。

⑦ 各岗位听从班长安排后至现场讲解处理事故，相关技术人员进行打分。

⑧ 演练完毕后由技术主管向当班参加事故演练的员工指出错误的地方，讲解事故处理的正确过程。

⑨ 各班在演练结束后将事故处理写进事故演练记录台账进行整理学习（事故演练记录见下）。

事故应急预案演练记录

演练内容			
组织部门		负责人	
演练时间			
参加单位			
演练情况			
演练总结			
备注			
记录人		记录时间	

第 8 章

操作规定

8.1 定期操作规定

8.1.1 冬季防冻防凝规定

生产装置地处北方，冬季气温较低，极易发生冻凝事故。凡事讲预则立，不预则废，装置的防冻防凝工作必须作为装置的一项重要工作，随时根据防冻防凝要求投入使用。为了搞好装置冬季防冻防凝工作，确保装置安全平稳运行，顺利度过冬季，特制订本规定。通过执行冬季操作规定，以保障装置的安全平稳长周期运行。

本规定执行时间：根据气温情况从 11 月到次年 5 月。

8.1.2 装置冬季防冻总则

在冬季正常生产或事故处理中，容易出现冻凝事故。因此，必须加强责任心，认真执行巡回检查制，保证冬季不冻坏设备、管线和阀门，要求做到在室外温度低于 5℃时就要投用伴热线及防冻设施。

① 所有蒸汽管线（包括室内暖汽）消防蒸汽线，伴热线阀门和蒸汽甩头，按要求安装低点排凝阀和疏水器，低点排凝阀应控制阀门开度，保持滴水或稍冒蒸汽即可，主要靠加强检查。

② 排入下水井的蒸汽排汽线，控制蒸汽排量的方法是先将出口阀全关，然后稍开一些，过 30min 或 1h 后用手测试温度，如果温度低应将阀门再开大一些，以使阀门出口温度不致使凝液结为冻为宜。

③ 水线不得有死角或盲肠，冬季要经常保持有水充动，加强检查，水线末端要连续或间断排空，保证管线不冻。

④ 室外机泵冬季时，机泵的冷却水线及旁路线必须保持有水流动。

⑤ 循环冷却器要稍打开进出口连通阀，装置停工时，仍然要保持有水流动。

⑥ 备用机泵每班盘一次车，有冷却水的必须保持有水流动，以防冻结，一旦发现

冻结严格禁用蒸汽直接吹，应按下述第⑧条处理。

⑦ 各有分水包的回流罐、仪表风罐、瓦斯分液罐、放空罐、进料缓冲罐等要加强定期切水，温度越低切水次数越要增加，保证不冻。

⑧ 一旦发现管线、阀门或机泵冻结，严禁敲打或直接用蒸汽去吹，尤其对铸铁阀门或机件，应先用毛毡盖好，然后缓慢地用蒸汽或热水来加热，以防止因剧烈膨胀而开裂、伤人。

⑨ 入冬之前要事先对易冻易凝的设备管线做好防范工作，全面详细检查，以使防冻防凝全面落实。

⑩ 冬季停工后，要保持机泵冷却水流动，冷却冷凝器水线入口阀打开。

8.1.3 具体设备、管线防冻防凝要求

8.1.3.1 设备

（1）机泵　装置备用机泵保证冷却水畅通流动；进出口管线伴热投用并畅通；出口防冻凝线打开，进口阀门微开，保证热流体流动；停用机泵关闭进出口阀门，打开放空，排空泵内介质，冷却水进回水阀关闭，打开进回水连通，保证冷却水流通。

（2）冷却器　在用冷却器要经常检查，保证进出口管线温度不低于 10℃；停用换热器要对管壳程进行氮气吹扫置换，置换完毕后有条件的对进出口加装盲板进行隔离，或卡开相关阀门法兰，防止可凝介质进入设备。

8.1.3.2 管线

（1）进出装置工艺管线　随时监测介质含水情况，对管线低点经常进行排空处理，防止低点存水凝结冻坏阀门；停用管线及时用蒸汽、氮气进行吹扫处理，并打开低点放空排净管线内介质，有条件的可在管线两端阀门处加装盲板进行隔离。

（2）蒸汽管线　蒸汽管线安装低于排凝阀和疏水器，要保持排凝阀和疏水器的畅通；对停用管线及管线盲节要加装盲板进行隔断处理；不间断巡检时一定要检查管线温度和排凝阀、疏水器的运行情况并及时进行处理。

（3）伴热管线　伴热系统水罐要有一定液位，循环机泵要随时检查压力（0.7MPa）和温度（100℃），要保证伴热水系统水量充足、压力稳定；随时检查各伴热分支是否畅通，回水温度是否正常一致，如有不一致，及时进行疏通处理。

8.1.3.3 容器

（1）停用容器　氮气置换，打开低点放空放净存液后关闭，充氮气保压。

（2）备用容器　保证伴热、加热系统畅通，检查确认容器内温度不低于 20℃，随时切水确认是否冻凝。

8.1.4 冬季岗位日常操作规定

8.1.4.1 班长岗位

[M]——在保证安全的前提下组织指挥生产，及时传达、贯彻、执行上级有关安全生产的指示

[M]——发现违反安全生产制度、规定和安全技术规程的行为，应立即制止并向领

导汇报，严禁违章指挥、违章作业

[M]——正确果断处理生产过程中出现的不安全因素、险情及事故，并立即汇报主管领导并通知有关职能部门，防止事态扩大

[M]——执行交接班制度，交班前必须认真检查本岗位的设备和安全设施、消防器材等是否完好，对需要下个班组处理的问题一定要交代清楚

[M]——检查、督促职工对各种劳动防护用品、器具和防护器材、消防器材正确使用，妥善保管

[M]——检查、督促班员保持岗位清洁及防冻防凝工作

[M]——严格执行工艺规程、安全操作规程，精心操作，记录清晰、真实、整洁

8.1.4.2　主操岗位

(I)——确认苯抽提装置各流量计显示正常

(I)——确认各压力表显示正常，压力在正常操作范围内

(I)——确认 DCS 显示温度正常

(I)——与外线加强联系，确认各塔、回流罐液面与实际相符

8.1.4.3　外线岗位

（1）机泵防冻防凝操作

[P]——检查 P-705 备用泵泵体温度、伴热管线温度是否正常

(P)——确认 P-705 备用泵温度正常

[P]——打开 P-705 备用泵出口阀门，稍开入口阀门

(P)——确认 P-705 备用泵出口阀门打开，入口阀门微开

(P)——确认 P-705 备用泵能盘动

[P]——检查 P-707 备用泵泵体温度、伴热管线温度是否正常

(P)——确认 P-707 备用泵温度正常

[P]——打开 P-707 备用泵出口阀门，稍开入口阀门

(P)——确认 P-707 备用泵出口阀门打开，入口阀门微开

(P)——确认 P-707 备用泵能盘动

[P]——检查 P-708 备用泵泵体温度、伴热管线温度是否正常

(P)——确认 P-708 备用泵温度正常

[P]——打开 P-708 备用泵出口阀门，稍开入口阀门

(P)——确认 P-708 备用泵出口阀门打开，入口阀门微开

(P)——确认 P-708 备用泵能盘动

[P]——检查 P-711 备用泵泵体温度、伴热管线温度是否正常

(P)——确认 P-711 备用泵温度正常

[P]——打开 P-711 备用泵出口阀门，稍开入口阀门

(P)——确认 P-711 备用泵出口阀门打开，入口阀门微开

(P)——确认 P-711 备用泵能盘动

[P]——检查 P-712 备用泵泵体温度、伴热管线温度是否正常

(P)——确认 P-712 备用泵温度正常

[P]——打开 P-712 备用泵出口阀门，稍开入口阀门

(P)——确认 P-712 备用泵出口阀门打开，入口阀门微开

(P)——确认 P-712 备用泵能盘动

[P]——检查 P-714 备用泵泵体温度、伴热管线温度是否正常

(P)——确认 P-714 备用泵温度正常

[P]——打开 P-714 备用泵出口阀门，稍开入口阀门

(P)——确认 P-714 备用泵出口阀门打开，入口阀门微开

(P)——确认 P-714 备用泵能盘动

[P]——检查 P-704 备用泵泵体温度、伴热管线温度是否正常

(P)——确认 P-704 备用泵温度正常

[P]——打开 P-704 备用泵出口阀门，稍开入口阀门

(P)——确认 P-704 备用泵出口阀门打开，入口阀门微开

[P]——检查 P-704 备用泵及在用泵冷却水是否正常

(P)——确认 P-704 备用泵及在用泵冷却水投用正常

(P)——确认 P-704 备用泵能盘动

[P]——检查 P-710 备用泵泵体温度、伴热管线温度是否正常

(P)——确认 P-710 备用泵温度正常

[P]——打开 P-710 备用泵出口阀门，稍开入口阀门

(P)——确认 P-710 备用泵出口阀门打开，入口阀门微开

[P]——检查 P-710 备用泵及在用泵冷却水是否正常

(P)——确认 P-710 备用泵及在用泵冷却水投用正常

(P)——确认 P-710 备用泵能盘动

[P]——打开 P-731 备用泵进口阀门，微开泵体放空阀门

(P)——确认 P-731 备用泵进口阀打开，泵体放空阀门微开，放空有液体流出

[P]——检查 P-731 备用泵泵体温度是否正常

(P)——确认 P-731 备用泵泵体温度正常

(P)——确认 P-731 能盘动

（2）容器防冻防凝操作

[P]——检查 D-710 伴热是否正常，感受温度是否正常

(P)——确认 D-710 伴热正常

[P]——检查 FI-701 伴热是否正常，感受温度是否正常

(P)——确认 FI-701 伴热正常

[P]——检查 D-710 罐体加热盘管进出口温度是否正常

(P)——确认 D-710 罐体加热盘管进出口温度正常

[P]——检查 D-713 罐体加热盘管进出口温度是否正常

(P)——确认 D-713 罐体加热盘管进出口温度正常

[P]——检查 D-714 罐体加热盘管进出口温度是否正常

(P)——确认 D-714 罐体加热盘管进出口温度正常

[P]——检查 D-715 罐体伴热管线进出口温度是否正常

(P)——确认 D-715 罐体伴热管线进出口温度正常

[P]——检查 D-719 罐体伴热管线进出口温度是否正常

(P)——确认 D-719 罐体伴热管线进出口温度正常

[P]——检查 D-706 顶压控阀是否好用

(P)——确认 D-706 顶压控阀投用正常

[P]——检查 D-706 顶压力是否与 DCS 显示一致

(P)——确认 D-706 顶压力与 DCS 显示一致

[P]——检查 D-706 顶外排温度是否正常

(P)——确认 D-706 顶外排温度正常

[P]——检查 D-708 顶压控阀是否好用

(P)——确认 D-708 顶压控阀投用正常

[P]——检查 D-708 顶压力是否与 DCS 显示一致

(P)——确认 D-708 顶压力与 DCS 显示一致

[P]——检查 D-708 顶外排温度是否正常

(P)——确认 D-708 顶外排温度正常

[P]——检查 D-701 顶压控阀是否好用

(P)——确认 D-701 顶压控阀投用正常

[P]——检查 D-701 顶压力是否与 DCS 显示一致

(P)——确认 D-701 顶压力与 DCS 显示一致

[P]——检查 D-701 顶外排温度是否正常

(P)——确认 D-701 顶外排温度正常

[P]——微开脱氧水明放空

[P]——检查 D-704 顶脱氧水管线是否畅通

(P)——确认 D-704 顶脱氧水线畅通

（3）管线防冻防凝操作

[P]——检查装置 1#至 6#伴热管排是否正常

(P)——确认装置 1#到 6#管排伴热畅通

[P]——检查罐区伴热管线是否正常

(P)——确认罐区管线伴热畅通

[P]——检查溶剂再生系统伴热管线是否正常

(P)——确认溶剂再生系统管线伴热畅通

[P]——检查泵房伴热管线是否正常

(P)——确认泵房伴热管线伴热畅通

（4）冷换设备防冻防凝操作

[P]——检查 E-717 循环水进出口温度是否正常

(P)——确认 E-717 循环水进出口温度正常

[P]——稍开 E-717 循环水进出口连通

(P)——确认 E-717 循环水进出口连通稍开，温度正常

[P]——检查 E-703 循环水进出口温度是否正常

(P)——确认 E-703 循环水进出口温度正常

[P]——稍开 E-703 循环水进出口连通

(P)——确认 E-703 循环水进出口连通稍开，温度正常

[P]——检查 E-707 循环水进出口温度是否正常

(P)——确认 E-707 循环水进出口温度正常

[P]——稍开 E-707 循环水进出口连通

(P)——确认 E-707 循环水进出口连通稍开，温度正常

[P]——检查 E-711 循环水进出口温度是否正常

(P)——确认 E-711 循环水进出口温度正常

[P]——稍开 E-711 循环水进出口连通

(P)——确认 E-711 循环水进出口连通稍开，温度正常

[P]——检查 E-705 循环水进出口温度是否正常

(P)——确认 E-705 循环水进出口温度正常

[P]——稍开 E-705 循环水进出口连通

(P)——确认 E-705 循环水进出口连通稍开，温度正常

[P]——检查 E-709 伴热是否畅通

(P)——确认 E-709 伴热畅通，伴热线温度正常

[P]——检查 E-712 伴热是否畅通

(P)——确认 E-712 伴热畅通，伴热线温度正常

[P]——检查 E-713 伴热是否畅通

(P)——确认 E-713 伴热畅通，伴热线温度正常

[P]——检查 E-714 伴热是否畅通

(P)——确认 E-714 伴热畅通，伴热线温度正常

[P]——检查 E-715 伴热是否畅通

(P)——确认 E-715 伴热畅通，伴热线温度正常

（5）空气冷却器防冻防凝操作

[P]——检查 A-701 管线有无泄漏、进出口温度是否正常

(P)——确认 A-701 管线无泄漏、进出口温度正常

[P]——检查 A-702 管线有无泄漏、进出口温度是否正常

(P)——确认 A-702 管线无泄漏、进出口温度正常

[P]——检查 A-703 管线有无泄漏、进出口温度是否正常

(P)——确认 A-703 管线无泄漏、进出口温度正常

[P]——检查 A-704 管线有无泄漏、进出口温度是否正常

(P)——确认 A-704 管线无泄漏、进出口温度正常

8.2　长期操作规定

8.2.1　平稳率考核规定

8.2.1.1　平稳率标准的制订

平稳率考核点及其考核范围由车间工艺组制订。车间工艺组定期发放班组平稳率互查表。

8.2.1.2　班组互查方案

①　通过调用 DCS 操作系统的历史趋势，对上班的操作情况进行检查。

②　如果所检查的平稳率在其考核范围内，则在检查表对应的表格中写 6，表明全合格；如果平稳率考核点超标，则在对应的表格中标明该点不平稳的次数（次数/6）。

③　操作不平稳时间小于 3h，该点按照 1/6 不平稳考核；超过 3h，该点按 1/2 不平稳考核。

④　对于超标的平稳率考核点，如果确实因为无法通过调节来实现控制（例如受燃料气管网因素大幅下降造成的波动），必须在交接班日记中写明原因，方可按照平稳生产处理。

⑤　交班时遗留的操作不平稳不计入接班班组，但如果接班班组因此不进行操作调整，则按照车间相关工艺管理制度进行处罚。

⑥　不经车间允许，随意更改历史趋势上下限，按照假记录进行处罚。

8.2.1.3　车间抽查方案

车间技术人员定期对班组平稳率历史趋势进行检查，如有超标情况，则记录其时间、班次、次数。

8.2.1.4　平稳率计算方法

各班月底平稳率＝班组互查平稳率(车间技术人员评定不合格项次)

8.2.1.5　考核办法

月底对各班的平稳率记录进行统计，低于 98.5% 为不合格，计入年终考评。

8.2.2　交接班日记管理规定

8.2.2.1　交接班日记书写格式

接班：上班的遗留问题及接班时发现的问题

本班：

（1）生产情况

a. 本班出现的问题及处理方案。要求写清楚发生的时间、具体情况、处理方法、结束时间、处理结果及相关遗留问题。

b. 车间及公司相关部室的生产命令，写清命令发布者、实施的时间、处理方法、结束时间、处理结果及相关遗留问题。

（2）工艺情况

a. 正常生产过程中的工艺调整情况。要求写清楚调整的时间、具体情况、处理方法、结束时间、处理结果及相关遗留问题。

b. 未对生产产生重大影响的异常情况的分析及处理情况（如汽提塔压力异常、操作的过程中工艺卡片异常等）。

c. 日常必须进行的操作情况（如加注多效工艺液、污油外送情况等）。

d. 班长、内操填写产品质量情况（包括苯产品冰点、色度、抽余油溶剂含量是否合格等），如果正常则不写。

e. 班长、内操填写收率情况，收率低时必须说明具体原因及处理方法（如果没有相关的处理过程必须表明"未作处理"及不处理的原因），如果正常则不写。

（3）设备情况　设备调整、运装情况。

（4）存在问题　各类存在的问题。

（5）防冻凝情况　冬季生产时。

（6）本班区域　静密封点情况如有泄漏写明位置及处理情况，安全阀铅封情况不完好写清位置及处理情况。

（7）D-710 中检尺量、外送量　班长、外操、内操岗位详细填写。

（8）出勤、劳动纪律情况　包括公司的岗位检查情况、班长填写。

（9）其他　以上项目中未包括的内容，如果没有不写。

交班　生产概况、物品情况等。

8.2.2.2　填写时间

① 原始记录巡检时间或规定的时间，按规定的内容填写，操作变动要及时填写；

② 交接班记录的填写时间

——"接班情况"必须在公司规定交接班时间之后的 20min 内填写完毕，如有上班遗留问题，待上班处理完毕后立即填写完毕。

——"交班情况"必须在公司规定的交接班时间进行前填写完毕。

——"本班操作"须在巡检、事故处理、操作调整成后 60min 内填写完毕。

8.2.3　苯抽提装置多效工艺液使用管理办法

8.2.3.1　加多效工艺液使用规定

① 车间日常使用的化学试剂多效工艺液，其用途是用来调整溶剂 pH 值，用量约每天 5kg。

② 车间使用的多效工艺液根据装置生产需要每月按计划领取，并做好保管。

③ 日常使用的多效工艺液由车间材料员发放，当班班组负责领取。发放时做好记录，并由当班班长签字。领取的化学试剂存放在化学药品柜中，并加锁保管，钥匙由班长负责交接。

④ 多效工艺液的加注：每天白班班组根据车间规定的用量进行加多效工艺液，并做好记录。多效工艺液为无毒、不易燃物品，使用过程要按规程进行。

8.2.3.2　加多效工艺液

抽提装置运行过程中，环丁砜长期循环使用，易发生氧化现象，生成酸性物质，会腐蚀设备，当贫溶剂的 pH 值低于 7.0 时，应向抽提系统添加多效工艺液，过程如下。

[P]——将桶装多效工艺液 15L 加入到 D-707

[P]——关闭 D-707 入口阀门

[P]——打开管 D-707 出口阀门

[P]——打开 D-707 补压阀门，将多效工艺液加入到 D-706 中

[P]——关闭 D-707 出口阀门

[P]——关闭 D-707 补压阀门

[P]——打开 D-707 入口阀门

(P)——确认 D-707 内多效工艺液全部进入 D-706

多效工艺液加装完毕。

8.2.4　DCS 室管理规定

① 操作员 DCS 微机管理权限。对仪表操作点 SP、OP 值进行修改，建立临时操作组进行操作。

② 班长 DCS 微机管理权限。对仪表操作点 SP、OP 值进行修改，建立临时操作组进行操作，经车间工艺管理人员许可后，可对各控制点的比例、积分、微分值调整。

③ 正常操作时，修改 SP、OP 值要使用上行键、下行键，禁止直接输入数值；紧急生产状态下需用数字键操作时，必须有第二人确认方才可进行。

④ 严禁操作人员及其他非专业人员对 DCS 中的系统状态（SYSTSTATS）、系统菜单（SYSTMENU）进行点击、修改。

⑤ DCS 系统出现问题时，及时联系车间、信息中心相关人员处理。

⑥ 严禁操作人员及其他非专业人员重新启动计算机，防止资料丢失及长时间无法进入系统。

⑦ 禁止操作人员及非专业人员插拔与控制系统相关的电源、硬件接口。

⑧ 操作台及附属操作桌上的物品要整齐摆放，严禁放置液态物品。

⑨ 操作人员进入 DCS，室衣物、安全帽等携带物品要统一摆放整齐。

⑩ 严禁穿戴雨衣雨鞋进入控制室，防止电路系统出现人为性质的故障。

⑪ 保持场地卫生，做好清洁工作。

⑫ 禁止大声喧哗、嬉闹。

8.2.5　溶剂使用规程

8.2.5.1　补充溶剂

随着抽提装置的运转，不可避免地要损失溶剂，当 C-705 液位低于 60%时，需要向系统补充溶剂（一般 D-713 存放干净的纯溶剂）。流程如下：

D-713→管 P-7403→P-721→管 P-7406→管 P-7407→管 P-7204→C-704→P-704→C-705

[P]——按上述要求导通流程

[P]——启动泵 P-721，将返回线开 20%

[P]——打开泵出口阀，与内操联系好控制流量不大于 3000kg/h

(I)——确认 C-705 液位达到 80%

[P]——停 P-721

[P]——关 P-7407 线上阀门

[P]——关 P-7407 线上阀门

8.2.5.2　处理湿溶剂

湿溶剂含有水、NA、芳烃等物质，将这些物质从湿溶剂中除去后可得到干净的纯溶剂。

[P]——按以下要求导通流程

D-714→管 P-7404→P-717→管 P-7405→管 P-7407→管 P-7204→C-704→P-704→C-705→P-710→E-704→E-715→D-713

[P]——启动 P-717

[P]——开启 P-717 出口阀，控制湿溶剂流量不大于 5t/h

注意

此时，因接受外来溶剂，C-705 液面应上升，经退溶剂流程，将底溶剂退回 D-713，维持 C-705 液位不变，系统内水也呈现过剩状态，在 D-708 处或 D-704 处进行切水。

[P]——与内操保持联系控制 C-705 液位平稳，平稳的退出过剩的溶剂

[I]——将 P-708 设为单回路控制其流量为最大

(I)——确认 D-708 界位超过 80%

(I)——确认 D-708 中水溶剂不超过 10mL/L

[I]——通知外操对 D-708 切水到污水管线

[P]——D-708 切水到污水管线

(I)——确认界位低于 60%，通知外操停止对 D-708 切水

[P]——停止 D-708 切水

(P)——确认 D-714 中湿溶剂回收完毕（P-717 有抽空现象，并且 D-714 液位低于 0.5m）

[P]——停止 P-717

[P]——停止 P-710→E-704→E-715→D-713 流程，停止退溶剂

此时湿溶剂回收完毕

8.2.6　苯抽装置各回流罐及罐区切水操作

苯抽装置操作人员每 2h（根据实际情况可适当缩短或者延长间隔时间）给各回流罐、原料罐及苯产品中间罐切水一次，保证回流罐界位在工艺卡片范围之内，原料罐及苯产品中间罐明水控制在合理范围。切水时站在切水点上风向，切水阀不宜开太大，切水务求干净，同时防止污水带油。

A 级操作框架图

初始状态 S_0

容器底部有水，有界位显示

容器切水操作

最终状态 F_s

容器切水完毕

B 级操作

初始状态 S_0

容器底部有水，有界位显示

操作

[P]——联系主操确认容器界位指示和现场玻璃板界位是否一致

(P)——确认现场没有施工动火作业

(P)——确认有完好消防蒸汽带备用

(P)——确认地漏畅通无阻

(P)——确认有监护人，监护人员必须佩戴对讲机

(P)——确认佩戴正压式空气呼吸器

(P)——确认操作员必须佩戴对讲机

[P]——操作员站在上风向操作

[P]——用防爆 F 扳手开小阀门

(P)——确认有水切出

[P]——见油后关闭阀门

(P)——确认切水阀关闭不外漏，方可离开人

最终状态 F_s

容器切水完毕

8.2.7 苯产品由苯产品中间罐转至南站油库

A 级操作框架图

最终状态 F_s

苯产品转至南站油库，苯产品中间罐液面降低至 10%以下

B 级操作

初始状态 S_0

苯产品中间罐液位达到 60%以上

苯产品转至南站油库操作

(I)——确认苯产品中间罐液位达到 60%以上

[I]——汇报班长苯产品中间罐液位达到 60%以上

(M)——确认苯产品中间罐液位达到 60%以上

[M]——联系调度向南站油库转苯

[M]——联系南站油库转苯

[P]——投用转苯管线电伴热

[P]——用氮气吹扫转苯管线

（P）——确认转苯管线畅通

（P）——确认苯产品泵 P-713 能备用

[P]——改通苯产品中间罐 D-710 至产品泵 P-713 流程

[P]——启运苯产品泵 P-713 向南站转苯

[M]——告知南站油库已开始转苯

（I）——确认苯产品中间罐液位降到 10% 以下

[P]——停运苯产品泵 P-713

[P]——用氮气吹扫转苯管线

[P]——关闭苯产品中间罐 D-710 至产品泵 P-713 阀门

（P）——确认流程恢复

[M]——告知南站油库转苯结束

[M]——汇报调度向南站油库转苯结束

$$最终状态 F_s$$

苯产品转至南站油库，苯产品中间罐液面降低至 10% 以下

8.2.8　液体采样操作

（包括 D-708 苯产品、返洗液、抽余油、贫溶剂、富溶剂、C_5、C_6）

$$A 级采样纲要$$

$$初始状态 S_0$$

联系化验分析中心，准备采集样品

（1）准备

$$状态 S_1$$

佩戴劳保护具，携带取样工具

（2）采样

$$状态 S_2$$

冲洗取样桶，采样结束

（3）取样后的检查

$$最终状态 F_s$$

取样结束，等待化验分析

$$B 级采样操作$$

$$初始状态 S_0$$

联系化验分析，准备采集样品

（1）准备

[P]——佩戴好安全帽、手套、苯检测仪（采集 D-708 苯产品、返洗液、富溶剂时须佩戴空气呼吸器，并有专人监护）

[P]——携带防爆扳手及采样小桶

[P]——进入装置区静电接地处消除静电

[P]——确认采样口周围有无动火或其他施工作业

状态 S_1

佩戴劳保护具，携带取样工具，消除静电

（2）采样

[P]——若发现取样口冻凝，先用蒸汽进行吹扫

[P]——打开取样器放空阀

[P]——排部分油样至小桶

(P)——确认是新鲜油品

[P]——关闭放空阀

[P]——用采集油样冲刷小桶 3 次

[P]——将冲刷后油样倒入指定地点回收

[P]——再打开放空阀，排油至小桶内容积达 80%左右

状态 S_2

采样结束

（3）取样后的检查

(P)——关闭取样点阀门

(P)——确认不漏

[P]——清扫卫生

最终状态 F_s

取样结束，等待化验分析

8.2.9　苯产品中间罐采样操作

A 级采样纲要

初始状态 S_0

联系化验分析中心，准备采集苯产品样

（1）准备

状态 S_1

佩戴劳保护具，携带取样工具

（2）采样

状态 S_2

冲洗取样桶，采样结束

（3）取样后的检查

最终状态 F_s

取样结束，等待化验分析

B 级采样操作

初始状态 S_0

联系化验分析，准备采集油品

（1）准备

[P]——佩戴好空气呼吸器、安全帽、手套、苯蒸气检测仪

[P]——携带专业取样器、采样小桶

[P]——进入装置区静电接地处消除静电

[P]——确认采样口周围有无动火或其他施工作业

(P)——确认有专门的监护人，且监护人也佩戴有空气呼吸器

状态 S_1

佩戴劳保护具，携带取样工具，消除静电，有专人监护

（2）采样

[P]——站在 D-710 罐顶的上风向

[P]——用防爆扳手缓慢打开 D-710 罐顶的取样口

[P]——将专用取样器放入 D-710 取样

[P]——用取至 D-710 的苯样涮洗取样小桶 3 次

[P]——将冲刷后油样倒入指定地点回收

[P]——再用采至 D-710 的样品装满取样小桶容积达 80%左右

[P]——用防爆扳手关闭 D-710 顶部取样口

状态 S_2

采样结束

（3）取样后的检查

(P)——关闭 D-710 顶部取样口

最终状态 F_s

取样结束，等待化验分析

8.2.10　气体采样操作

A 级采样纲要

初始状态 S_0

联系化验分析，准备采集气体样

（1）准备

状态 S_1

佩戴劳保护具，携带取样工具，消除静电

（2）采样

状态 S_2

冲洗气囊，采样结束

（3）取样后的检查

最终状态 F_s

取样结束，等待化验分析

B 级采样操作

初始状态 S_0
联系化验分析，准备采集油品

（1）准备

[P]——佩戴好空气呼吸器、安全帽、手套、苯蒸气检测仪

[P]——携带采样气囊

[P]——进入装置区静电接地处消除静电

(P)——确认采样口周围有无动火或其他施工作业

[P]——观察取样点风向

[P]——站在取样点上风向取样

状态 S_1
佩戴劳保护具，携带取样工具，消除静电

（2）采样

[P]——打开取样器放空阀

[P]——排部分气体至气囊中

[P]——关闭放空阀

[P]——用气囊中的气体置换气囊三次

[P]——再打开放空阀，充气至气囊满

状态 S_2
采样结束

（3）取样后的检查

[P]——采样结束后采样点阀门关闭

(P)——确认取样点及气囊无漏点

[P]——离开取样现场

最终状态 F_s
取样结束，等待化验分析
C 级说明

取样时要求专人监护，监护人员携带便携式硫化氢检测仪，取样过程中要求取样作业人员站在上风向。

8.3　临时操作规定

8.3.1　环丁砜溶剂装填准备方案

溶剂大桶装填

完成对 D-713、D-714 内部检查，罐内保持清洁无油渍、无铁锈、内部光亮，清洁程序已符合要求后，人孔复位。

(P)——确认溶剂输送管线进行气密，置换合格，D-715 内清扫干净，并用 N_2 气封

(P)——确认溶剂大桶内溶剂未凝结，若凝结，用蒸汽对桶壁进行加热

（P）——确认风动泵连接完毕，可用

[P]——用泵将大桶内溶剂打入 D-715

8.3.2　补脱氧水方案

当系统缺水，水循环失衡时，当班班长请示装置主管，经批准后向系统补充脱氧水，具体操作步骤如下：

(I)——确认系统缺水

[I]——汇报班长系统缺水，需要补充脱氧水

[M]——汇报装置主管系统缺水，需要补充脱氧水

[M]——经装置主管批准后，向外线下达补脱氧水指令

（P）——确认班长指令：向系统补脱氧水

（P）——确认补脱氧水流程及盲板状态

[P]——倒通脱氧水线至 D-704 盲板

[P]——打开补水线阀门，向 D-704 补脱氧水

（P）——确认 D-704 液位达到目标值

[P]——关闭补水线阀门，停止向 D-704 补脱氧水

[P]——倒盲脱氧水线至 D-704 盲板

[P]——汇报班长：补水完毕

8.3.3　清泵入口过滤器操作

A 级操作框架图

状态 S_0

机泵处于停用状态

（1）清理前准备

状态 S_1

过滤器具备清理条件

（2）清理

最终状态 F_s

过滤器清理完毕

B 级操作

状态 S_0

过滤器处于停用状态

（1）清理前准备

（P）——确认机泵进出口阀门关闭

（P）——确认机泵泵体内无介质，泵进出口导淋全开

（P）——确认机泵泵体内无压力

（P）——确认机泵泵体温度小于 40℃

（P）——确认防爆工具到位

状态 S_1

过滤器具备清理条件

（2）清理

[P]——拆下泵入口过滤器闷头

[P]——取出过滤网

[P]——用蒸汽吹扫过滤网

[P]——用棉纱布擦过滤器内壁

(P)——确认过滤网干净

(P)——确认过滤器内壁干净

[P]——将过滤器按要求安装好

[P]——紧固过滤器闷头

[P]——清理现场卫生

[P]——打开机泵进口阀，进行机泵耐压密封实验

(P)——确认过滤器安装完毕

(P)——确认过滤器法兰无泄漏

(P)——确认现场卫生符合要求

最终状态 F_s

过滤器清理完毕

8.3.4　调节阀切除操作卡

A 级操作框架图

初始状态 S_0

调节阀投用

调节阀切除

最终状态 F_s

调节阀切除

B 级操作

初始状态 S_0

调节阀投用

调节阀切除

[M]——班长确认调节阀出现故障需要切除

[M]——联系调度说明原因

[M]——通知内操做好准备（有连锁的取消连锁）

[M]——通知外操做好准备

[M]——确认空气呼吸器备用

(P)——确认接到班长具体命令

[P]——联系内操确认具体位置

[P]——缓慢打开要切除调节阀的副线（随时与内操联系）

[P]——逐渐关小下游阀（随时与内操联系）

[P]——相关岗位内操要随时向外操报量，尽量减小流量的波动

[P]——外操直至副线开到合适的位置下游阀关闭

[P]——流量无波动后关上游阀

[P]——从排凝处接皮管将内部的液体导入安全地点（有毒液体或气体应戴上相关防毒面具）

最终状态 F_s

调节阀切除

C 级说明

① 尽量做到无扰动切换；

② 切液或气时注意中毒，必须佩戴相关防毒面具或正压式空气呼吸器。

8.3.5 调节阀投用操作卡

A 级操作框架图

初始状态 S_0

调节阀未投用

调节阀投用

最终状态 F_s

调节阀投用

B 级操作

初始状态 S_0

调节阀未投用

调节阀投用

(M)——班长确认调节阀已修好需要投用

(M)——联系调度说明原因

(M)——通知内操做好准备（有联锁的取消联锁）

(M)——通知外操做好准备

(P)——确认接到班长具体命令

(P)——联系内操确认具体位置

[P]——关闭调节阀的排凝法

[P]——缓慢打开要调节阀的前手阀

(P)——确认调节阀带压无泄漏

[P]——逐渐开大下游阀（随时与内操联系）

[I]——相关岗位内操要随时向外操报量，尽量减小流量的波动

[P]——外操逐渐开大下游阀，关小副线阀直至关闭

[P]——流量无波动后全部打开上下游阀

最终状态 F_s

调节阀投用

C 级说明

① 尽量做到无扰动切换；

② 切液或气时注意中毒，必须佩戴相关防毒面具或正压式空气呼吸器。

8.3.6 投用安全阀

A 级操作框架图

初始状态 S_0

安全阀未投用

投用安全阀

最终状态 F_s

安全阀投用

B 级操作

初始状态 S_0

安全阀未投用

准备工作

(P)——安全阀具备投用条件

(P)——准备好所需工具

投用安全阀操作

[P]——检查安全阀是否完好

[P]——启用时缓慢开安全阀阀门 2～3 扣后，将阀门缓缓开至 3/4 左右

[P]——关闭副线阀门

[P]——阀门打铅封

[P]——在投用期间一定要保证操作平稳，防止超温超压，按预案要求执行

(P)——确认安全阀法兰耐压无泄漏

最终状态 F_s

安全阀处于投用状态

C 级操作说明

（1）适用范围　此说明只适合安装有前后手阀的安全阀，对没有配备前手阀的安全阀在此操作规程范围之外。

（2）安全阀前安装手阀的目的

① 安全阀校验时拆除和更换安全阀隔离容器，防止容器内易燃易爆、有毒有害物质外泄。

② 安全阀被顶开释放压力后在弹簧无法复位时起到系统临时保压作用。

（3）安全阀前后截止阀的操作规程　根据《固定式压力容器安全技术监察规程》的规定，安全阀与压力容器之间一般不宜装设截止阀门，为实现安全阀的在线校验，可在安全阀与压力容器之间装设爆破片装置；对于盛装毒性程度为极度、高度的中毒危害介质；易燃介质；腐蚀、黏性介质或贵重介质的压力容器，为了便于安全阀的清洗与更换，

经使用单位主管压力容器安全的技术负责人批准，并制订可靠的防范措施，方可在安全阀（爆破片装置）与容器之间装设截止阀门。压力容器正常运行期间安全阀前截止阀门必须保证全开（加铅封或锁定），截止阀门的结构和通经不得妨碍安全阀的安全泄压。截止阀门需采用全开时阻力小的阀，防止影响安全阀的起跳压力，安全阀校验时必须将安全阀前阀的压力损失计算在内，以使进口管路压力降符合相应要求。对于单安全阀，在前面加装手阀，在生产情况下严禁将切断阀关闭，将安全阀拿去更换或者校检，此种情况下压力容器设备将失去保护，为了不影响装置正常生产，装置可以设置双安全阀组，一个投用一个备用，在拆除和校正投用安全阀时，可以将备用安全阀投用。重整加氢车间只有苯抽提装置安全阀全为双阀组，其余装置为单安全阀。因此，在安全阀进行拆除和校验时，装置不宜长时间持续运行。

① 压力容器正常工作时　压力容器正常工作时，安全阀前后切断阀必须保证全开（加铅封或锁定），安全阀副线阀全关（加铅封或锁定）。

② 压力容器超压时安全阀不能正常弹起时　当压力容器超过安全阀定压值安全阀无正常弹起泄压动作时，需人工对压力容器进行泄压，以保护压力容器，此时将安全阀后阀关闭，将安全阀副线阀打开泄压，泄压后，相关压力容器必须按紧急停工处理，将安全阀送至安全阀校正部门进行校正，安全阀经过校正且能正常投用后相关压力容器才能投用运行。

③ 安全阀泄压后不能复位时　当安全阀泄压后弹簧不能正常复位时，系统压力逐渐降低，此时为了保住系统压力，需将安全阀前切断阀关闭，按装置紧急停工处理，待安全阀校正好安装好能正常投用后装置才能开工，必须在安全阀正常投用（安全阀前后切断阀全开或锁定）装置有泄压保护时才能开工生产。

④ 安全阀双阀组备用阀和在用阀的切换　确保备用安全阀可投用后，全开备用安全阀前后切断阀，关闭需要停用的安全阀前后切断阀，拆除停用的安全阀送校验部门校正。新投用的安全阀前后切断阀打铅封或用阀锁死。

8.3.7　清理储罐、容器

A 级操作框架图

初始状态 S_0

储罐、容器未清理

清理容器、储罐

最终状态 F_s

容器、储罐清理完毕

B 级操作

初始状态 S_0

储罐、容器未清理

准备工作

(P)——准备好清理储罐、容器所需工具

(P)——学习进入有限空间安全预案

(P)——办理相关作业票，要求作业人、监护人以及批准人在作业票上签字清理储罐、

容器操作

(M)——接到车间主任下达清理指令

(M)——确认需清洗油罐罐号，剩余油量情况

(I)——确认接到班长清理指令

[I]——通知操作工按要求做清理储罐、容器操作

[P]——作业人员到现场进行确认，储罐、容器进出口阀门关闭，并在罐出口阀门法兰加盲板

[P]——进出口阀门上悬挂"禁止使用"警示牌

[P]——打开人孔进行强制通风或自然通风

(M)——自然通风或强制通风 24h 后，联系化验室对储罐、容器进行有毒有害气体检测

(M)——化验室检测合格

(M)——联系车间运行工程师办理进入受限空间许可证及作业许可证

[P]——进入储罐、容器，将罐底的沉积物清理出来

[M]——清理完成后，通知质检人员进行验收

(M)——经检查验收确认合格、签字

[P]——封闭人孔，拆除进出口阀门法兰出的盲板

[P]——去除警示牌

[M]——做好油罐清理记录

最终状态 F_s

容器、储罐清理完毕

注意

在硫化氢危险区内清理容器、储罐时，要求至少三个人，两个人进行工作，第三人在远离容器、储罐的安全位置监护。必须准备至少四套自给式呼吸器，进行清理工作的两个人每人一套，监护者一套，其余一套由监护者保存在安全区域备用。并由三个人对自给式呼吸器进行事先检查。停止所有在下风向的工作并且撤离所有人员

8.3.8　更换压力表操作

A 级操作框架图

初始状态 S_0

压力表需要更换

清理容器、储罐

最终状态 F_s

压力表更换完毕

B 级操作

初始状态 S_0

压力表需要更换

准备工作

(P)——准备好更换压力表的工具

(P)——准备好待换压力表

(M)——确认需要更换压力表的位置

更换压力表操作

(P)——作业人员到现场进行检查确认

[P]——关闭压力表引压阀门

[P]——缓慢卸松压力表

(P)——确认压力表引压阀门关闭严实，无大量气体或液体流出

[P]——卸下旧压力表并换上新的压力表

[P]——缓慢打开压力表引压阀

(P)——确认所更换压力表完好，无泄漏，显示压力正常

[P]——做好压力表红线标识

最终状态 F_s

压力表更换完毕

注意

在更换过程中防止腐蚀性及有毒有害物质大量泄漏，对于危险程度较高的作业，作业人员需要佩戴空气呼吸器

8.4 五个短板、六个标准操作规定

8.4.1 五个短板操作规定

① 接班时认真检查储罐压力、液面、温度有无异常情况；

② 接班前检查装置区的安全阀、温度计、压力表等安全附件是否完好；

③ 巡检过程中检查储罐相连管线、法兰是否出现泄漏；

④ 每次大检修时全面排查储罐腐蚀、开裂情况；

⑤ 配合电气人员检查 DCS 系统备用电源；

⑥ 认真分析装置每日耗电量，发现异常及时联系配电专业人员检查确认；

⑦ 装置内各岗位人员严禁擅自在配电室进行任何操作；

⑧ 设备技术人员定期排查装置内高危泵、有毒类介质禁止使用单密封机泵；

⑨ 对已使用的地下管网实施阴极保护，减缓管线腐蚀；

⑩ 新接管线必须做防腐处理；

⑪ 定期检测稳定汽油中的硫含量，减缓设备腐蚀。

8.4.2 六个标准操作规定

① 大力推行立体交叉巡检，确保巡检无死角，及时发现隐患并整改；

② 各岗位人员严格按照操作规程操作，防止发生超温超压等异常情况；

③ 每年年初车间与各班组签订绩效合同；

④ 设备润滑油严格执行三级过滤，防止设备异常；

⑤ 巡检过程中认真检查设备完好情况，发现缺陷时要及时上报并处理；

⑥ 工艺技术人员定期检查已投用的机泵符合工艺要求；

⑦ 巡检过程中发现机泵上有污油时，在安全操作的前提下尽快清理干净；

⑧ 设备技术人员定期检查设备运行记录，确认设备运行参数符合设计要求；

⑨ 设备技术人员定期检查设备的各类标识，发现丢失、遗漏等要及时补齐；

⑩ 巡检过程中认真巡检罐区有无泄漏，发现跑、冒、滴、漏时及时整改；

⑪ 班组长及运行工程师每班检查罐区的防雷防静电设施、消防及报警系统、排水系统、防火堤及围堰设施是否完好；

⑫ 车间安全员定期检查罐区防雷防静电设施、消防及报警系统、排水系统、防火堤及围堰设施是否完好；

⑬ 巡检过程中发现电源线有裸露情况时联系配电维修人员，立即整改；

⑭ 车间安全员定期检查配电室周边是否正常，电缆沟、桥架盖板是否完好；

⑮ 工艺技术人员每天检查装置自保系统、仪表联锁投用情况，发现异常时及时处理。

第9章

仪表控制系统操作法

9.1 DCS 控制系统概述

9.1.1 DCS 控制系统概述

DCS 控制系统又称分散控制系统（Distributed Control System，简称 DCS），是在计算机技术、"自动"控制技术、通信技术和图形显示技术相结合的基础上开发出来的新型控制系统。是一种能对生产过程进行集中监视和管理的，以微型计算机为基础的用数据通信把它们结合在一起的新型"自动"控制系统。

8 万吨/年苯抽提装置采用美国霍尼韦尔（Honeywell）TPS 集散型控制系统，全系统由一条冗余的 LCN 网络（局部控制）网络、一条冗余的 UCN（WA 万能控制）网络构成，LCN 网上共拥有 4 个模件（5 个节点），分别是 GUS 操作站 2 个，一对冗余的历史模件 HM，一对冗余的网络接口模件 NIM。UCN 万能控制网络与一对冗余的高级过程管理站 HPM 连接在一起，通过一对冗余的网络接口模件 NIM 与 LCN 相连。

9.1.2 DCS 操作中的几个定义

（1）点（Point） 点也称仪表位号（Tag Name），是 TPS 系统中用来进行数据处理和控制的基本单元，一个点只能属于一个唯一的单元。从点的形式划分，点又分为全点（Full Point）和半点（Component Point）两种，全点包括描述信息、报警功能、控制模式（Mode）等操作员所需要的信息，是操作员操作的点，半点是系统需要知道，而操作员不需要在操作画面上看到的点，其主要是为了便于与控制点的输入、输出连接（例如 FIC0201）。

按照点的过程类型划分，可分为软件点[内部仪表点，例如：REG.CTL（常规控制点，如 FIC0201），Logic（逻辑运算，如 LY0201）]，硬件点[TI 测量点（TI0226）/输出 I/0 点（PAM8201）]两类。不管是硬点、软点，还是半点、全点，每个点都有细目显示。

在流程图上，对一个控制回路来讲，其相应的输入点、输出点、计算点一般不出现，但是它们却在系统 HPM 中运行,是控制及测量过程所不能缺少的。调用上述各点时,均可用位号将其细目图调出。

(2)单元(Unit) 单元是按照生产区域(装置)中的某一部分,作为一个独立的生产工序划作的,它是由若干个点组成的,一个点只能属于一个单元。8 万吨/年重整汽油分离苯装置共包括 4 个单元。

01 单元:预处理系统

02 单元:抽提系统

03 单元:溶剂再生系统

04 单元:公用工程

(3)区域(Area) 区域又称操作区域,是工艺过程的一部分,通常由 2 个或更多的过程单元组成。8 万吨/年苯分离装置工艺上关联比较密切,仅定义了一个区域。

区域 01(Area01):苯分离装置

(4)控制台组(Console) 一台或多台 GUS 及其配套的外套外围设备可以组成一个 TPS 控制台组(Console),通常也称为操作台。组态为同一控制台组内的 GUS 操作站,可以实现外设(硬盘、打印机等)共享,以充分利用系统资源,GUS 之间还可以进行画面互相调用。

(5)操作组(Group) TPS 系统的操作组最多由 8 个点组成,操作组主要用于对工艺过程中的若干相关的控制,测量参数进行较集中的监控。这些工艺参数可以属于不同的单元,但必须同属于一个操作区域。

苯分离装置中 001~390 为组态定义组,391~400 为临时操作组,操作员可根据自己的实际需要,将每 8 个点组成操作组。

(6)趋势(Trend) 反映一点或多点在某段时间间隔内 PV 值和 OP 值的变化趋势。操作人员可以从操作组(Group)或者点(Detail)显示观察趋势。

(7)流程图(Schematic\Display) 流程图一般包括工艺操作流程图,各类辅助画面及相关表格,是为了方便操作员对装置操作状况的查看和调整。

9.1.3　工艺流程图的调用和操作

(1) 流程图的调用　DCS 操作的显著特点就是面对显示器屏幕上的流程图进行操作,操作中流程图的调用应简单、迅速,常见有下列几种方式。

a. 用户自定义键直接调用　操作时直接按压相应的用户自定义键,就可进入相应的画面。

b. 采用键盘输入调用　采用该方法时需操作人员熟记流程图名称,主要流程图代号如下。

b1:分馏系统

b2:抽提塔及汽提塔系统

b3:抽余油水洗系统

b4:溶剂回收系统

b5：苯精制系统和溶剂再生系统

b6：系统管网

c. 从系统界面调用　操作：进入系统界面（Native Windows），点击界面最上方文字标题栏中 Operation，在下拉菜单中，选中 display，输入流程图代号（b×），然后按"确定"键或回车键即可。

（2）流程图的相关操作　改变区（Change-Zone）是操作员比较常用的操作，具体为：在流程图上用鼠标左键单击任一仪表控制点的黄图框（如 LICA7101），屏幕画面最下方出现操作改变区（CHANGE-ZONE）。操作员通过对该点的改变区操作，实现对该点过程的监视和控制。各种点的改变区依点的类型不同而形式各异。

在实际操作中，操作员需要经常地在流程图画面与操作组、点画面之间进行切换以满足操作需要。为了方便操作员上述操作需求，本装置组态时设计了通过石击仪表框子图位号或调节阀阀体，从而直接调用相应点的细目。

9.1.4　报警及其相关处理

在正常生产过程中，如果出现错误信息、危险信息，计算机会通过不同方式发出报警信号。报警的分类和具体处理方法如下。

（1）工艺范围超程报警　当实际工艺生产信号超出此点的组态设置的报警高（低）限时，在流程图上于此点的外框会由黑色变为闪烁的红色；当此信号超出此点的组态设置的报警高高（低低）限时，在流程图上于此点的外框会由闪烁的红色变为红色（不再闪烁），以提醒操作人员采取相应的操作。

（2）报警灯屏幕报警　当装置内部发生可燃、有害物泄漏时，报警灯屏会发出闪烁信号，同时蜂鸣器会发出声音报警，在"可燃气体报警器平面布置图"流程图发出闪烁信号，以提醒操作人员检查其报警的具体现场情况，保证人员、设备的安全。

报警灯屏下部按钮的功能。

a. 红色按钮　确认报警；

b. 黄色按钮　报警灯测试；

c. 绿色按钮　报警复位。

（3）DCS 点报警　在操作员键盘"ALM SUMM"键上有两个报警灯。

报警的显示：

a. 颜色　红色表示紧急优先级报警，黄色表示高优先级报警；

b. 闪烁　报警灯的闪烁表示区域中存在未确认的报警，持续亮表示在区域中存在报警但已确认，熄灯表示区域中无报警。

按操作员键盘的"ALM SUMM"键后，在屏幕上会弹出区域报警画面，在画面下方"01～05"区域块中会显示红色的出现错误信号的区域块。用鼠标点击出现错误信号的区域块后，画面下方的报警细目会自动引导至该区域，并显示出所有该区域出现错误信号的报警。

9.2 主要工艺操作仪表逻辑控制说明

在一个生产过程中，对主要的工艺指标，通过仪表的调节作用，直接或间接地使用被调量按预定的要求进行调节并达到平稳，叫作仪表"自动"控制。由工艺设备和调节仪表根据内在联系所组成的自动调节系统，叫作仪表控制方案。每个自动调节系统，包括调节对象、测量变送器、调节器及执行机构四个部分。调节对象是指工艺过程中被调节的设备，常规测量参数包括温度、流量、压力及液位等数值。

本装置几种典型仪表控制方案分述如下。

9.2.1 温度控制方案（TIC）

① C-701 塔底温度与 E-701 蒸汽流量串级控制；

② C-704 塔底温度与 E-706 蒸汽流量串级控制；

③ C-705 塔底温度与 E-710 蒸汽流量串级控制；

④ C-707 塔底温度与 E-718 蒸汽流量串级控制；

⑤ D-709 入口温度与 E-713 蒸汽流量串级控制；

⑥ 2.0MPa 蒸汽温度采用单回路控制。

9.3 I/A 仪表的一般使用要求

（1）I/A 仪表的控制回路处于手动状态时，根据风压变化来调节，要少调，慢调，尽量使用慢速升降风压，而不使用快速升降风压，在控制过程中，发现被调参数不稳，可将自动改为手动，串级调节只调主回路（手动状态下，调节副回路）。

（2）I/A 仪表的输出风压，一般正常操作时，要处于中间位置，如接近 0.02MPa 或 0.1MPa 时，则说明调节阀所处的位置不合格。

（3）在装置开工操作过程中，一般应进行手动操作，有利于减少不必要的影响因素，造成操作波动，而影响开工时间。

（4）在管线吹扫，洗涤过程中，管线所经过的测量，计量仪表一次阀务必关阀，控制阀走副线或拆阀排空，开工气密时一次表也必须进行气密。

（5）对所有测量、计量及 I/A 控制的仪表必须可靠，精确度和灵敏度符合要求，为此要做好仪表的定期检验。

（6）给定值的修改。要对某一参数的给定值进行修改，可先调出该参数所在回路的控制画面，首先应在自动的状态下进行，如手动状态，应改为自动状态，方可进行，将光标移至给定值处（SP），待出现黄色提示符后，可由键盘进行数据输入。

（7）手、自动切换。I/A 仪表的手动、自动切换有所不同，从自动到手动及从手动到自动可进行一步切换，而不需等到给定值与测量值有效期不大时再进行切换。

① 用控制阀的副线阀控制好被调参数的稳定；

② 首先在 I/A 仪表上将控制回路调节器的切换开关搬到手动位置，初次投用时，

将风压放在 0.06MPa；

③ 将控制阀下游阀打开，缓慢打开控制阀上游阀，同时缓慢关副线阀，直到切换完毕；

④ 将 M/A 切换开关打至 A，I/A 仪表实现自动控制。

9.4　注意事项

（1）一般情况下，不准轻易改变已调整好的仪表的比例度、积分、微分时间等特性参数。

（2）不要在一个操作画面上覆盖 3 个以上的控制画面，以免造成计算机锁机。

（3）在一个画面还未稳定时，不要急于调出另一个画面。

（4）没有特殊情况，不要进入与操作无关的其他环境。

（5）在停电情况下，UPS 会出现蜂鸣报警，班长要通知电算紧急处理，以免造成 I/A 仪表的损坏。

第 10 章

卫生、安全生产及环境保护技术规程

10.1 安全知识

10.1.1 人身安全十大禁令

① 安全教育和岗位技术考核不合格者，禁止独立顶岗操作；

② 不按规定着装或班前饮酒者严禁进入生产岗位和施工现场；

③ 未经允许，无关人员严禁进入生产、检修、施工等危险作业区域；

④ 不戴好安全帽者，严禁进入生产装置和检修、施工或交叉作业场所；

⑤ 未采取防护措施，严禁进入塔、容器、罐、下水道、电缆沟、管沟等有毒、缺氧危险作业场所；

⑥ 未办理作业票或安全措施未落实，严禁进行特殊作业；

⑦ 未办理电气作业"三票"，严禁电气施工作业；

⑧ 未办理维修作业票，严禁拆卸停用的与系统连通的管道、机泵等设备；

⑨ 机动设备或受压容器的安全附件合防护装置不齐全好用，严禁启动使用；

⑩ 机动设备的转动部件必须加装防护装置，转动部位严禁擦洗或拆卸。

10.1.2 防火防爆十大禁令

① 严禁在厂内吸烟及携带火种和易燃、易爆物品入厂；

② 严禁未按规定办理用火手续，在厂内进行动火作业或生活用火；

③ 严禁穿易产生静电的服装进入油气区和在油气区使用易产生静电的化纤物品；

④ 严禁穿带铁钉的鞋进入厂区和用黑色金属或易产生火花的工具敲打、撞击和作业；

⑤ 严禁用汽油、易挥发溶剂擦洗设备、衣物、工具及地面等；

⑥ 严禁未经批准的各种机动车辆进入生产装置、罐区及易燃易爆区；

⑦ 严禁就地排放易燃、易爆物料及化学危险品；

⑧ 严禁在生产装置区、储罐区等非灌装区域内，灌装油品、溶剂、可燃气体；

⑨ 严禁在甲类易燃易爆区域使用非防爆工具及通信器材；

⑩ 严禁堵塞消防通道及随意挪用或损坏安全消防设施。

10.1.3　防止静电危害十条规定

① 严格按规定的流速输送易燃易爆介质，不准用压缩空气调合、搅拌。

② 易燃、易爆流体在输送停止后，须按规定静止一定时间，方可进行检尺、测温、采样等作业。

③ 对易燃易爆流体储罐进油，不准使用绝缘体和非绝缘体复合而成的器具。

④ 轻质油品不准从罐上部进油，油槽车应采用鹤管液下装车，严禁在装置或罐区灌装油品。

⑤ 容易产生化纤和粉体静电的环境，其温度必须控制在规定界限以内。

⑥ 严禁穿易产生静电的服装进入易燃、易爆区，尤其不得在该区穿、脱衣或用化纤织物擦拭设备、地面。

⑦ 易燃易爆区、易产生化纤和粉体静电的装置，必须做好设备防静电接地；混凝土地面、橡胶地板等导电性要符合规定。

⑧ 化纤和粉体物料的输送和包装，必须采取消除静电或泄出静电措施；易产生静电的装置设备必须设静电消除器。

⑨ 防静电措施和设备要指定专人定期进行检查并建卡登记存档。

⑩ 新产品、新设备、新工艺和原材料的投用，必须对静电情况做出评价，并采取相应的消除静电措施。

10.1.4　工业用火的安全管理

（1）管理范围

① 电焊、气焊、钎焊、塑料焊等焊接切割；

② 电热处理、电钻、砂轮、风镐等及其他临时用电作业；

③ 喷灯、火炉、电炉、熬沥青、炒沙子、黑色金属撞击等明火作业；

④ 在爆炸危险场所使用非防爆的电气设施；

⑤ 进入易燃易爆生产装置区或罐区的作业车辆。

（2）用火等级的划分　根据用火部位的危险程度，用火分为特级、一级、二级。

① 特级用火　按规定一般不允许用火的带油、带压或带有其他可燃介质的容器、设备和管线，确因生产需要的用火为特级用火。特级用火必须经厂级领导、厂有关部门、用火单位对所从事的作业进行风险因素识别并制订可靠的安全措施及应急计划后，方可用火。

② 一级用火

a. 处于生产状态的易燃易爆装置区；

b. 各类油罐区、可燃气体及助燃气体罐区、液化石油气站；

c. 可燃液体、可燃气体及助燃气体的泵房与机房；

　　d. 可燃液体和气体及有毒介质的装卸区和洗槽站；

　　e. 工业污水场、易燃易爆的循环水场、凉水塔和工业下水系统的各种井、池、管道等（包括距上述地点 15m 以内的区域）；

　　f. 危险化学品库、油库、加油站等；

　　g. 储存、输送易燃易爆液体和气体的容器、管线。

　　③ 二级用火

　　a. 装置停车大检修，工艺处理合格，经厂组织检查，认定可以按二级用火管理的生产装置；

　　b. 运到安全地点并经吹扫处理用火分析合格的容器、管线；

　　c. 仓库、车库及木材加工厂；

　　d. 生产装置区、罐区的非防爆场所；

　　e. 在生产厂区内，不属于一级用火和特级用火的其他用火。

　　（3）用火作业票的申请及审批

　　① 用火作业票应由用火单位提出，并对特种作业人员的资格进行审查。用火所在车间在用火作业票的相关单位栏内签字。

　　② 用火单位、用火点所在单位与用火作业人员对从事的作业进行风险因素识别并制订风险削减措施。

　　③ 用火单位作业负责人组织落实用火风险削减措施后，相关单位人员认为无误后签字。

　　④ 在反应器、罐、塔、槽等有限空间内或容器本体用火作业，必须对有限空间内的气体进行分析，其分析报告单由作业负责人填写或粘贴。

　　⑤ 一级用火作业票由厂安全部门批准生效。二级用火作业票由车间领导批准生效。特级用火作业票由分厂领导批准生效。所有与用火作业票有关的人员都必须到用火现场查看，并在相应栏内签字。

　　⑥ 节假日（包括双休日）期间一般情况下不允许从事用火作业；如生产需要必须用火时，须将用火等级相应提高一等，并按上述规定办理用火作业票。

　　（4）用火的监护及安全措施的落实

　　① 用火须由两人担任监护。用火点所在单位和用火作业单位各派一人，以用火点所在单位为主。应指派熟悉用火现场情况的人员做监护人。

　　② 用火风险削减措施中的退料、吹扫、置换、分析等工艺措施，由工艺人员落实。加盲板、设防火屏障等措施由设备人员落实。一般情况下，灭火器材的准备、含油污水井的封盖等工作，在装置界区内的由生产车间负责，界区外的由用火作业单位负责。上述作业无论何种情况，双方必须共同落实好各项安全措施，相关责任人签署意见，安全措施没有落实不准用火。

　　③ 生产区域内的基建、技措项目等，在工程设计的同时必须考虑施工用火的安全及其措施。用火安全措施所需的材料、费用应同时列入工程预算。

　　（5）用火的综合技术措施

　　① 用火监护人在用火前要对用火现场的移动及固定式消防器材和设施全面检查一

遍，确认完备，方可用火。附近无消防设施的一级动火、特级动火必须申请消防车掩护。

②　凡在存有可燃物料的设备、容器、管道上用火，须首先退料并切断各种可燃物料的来源，彻底吹扫、清洗置换并将与之相连的各部位加好盲板（无法加盲板的部位应采取其他可靠隔断措施），防止可燃物料窜入或用火源窜到其他部位，并应采样分析。分析合格超过 1h 后用火，需重新采样分析。盲板要符合压力等级要求，厚度不低于 3mm，严禁用铁皮或石棉板代替。

③　在有可燃气体的装置（部位）用火，应使用可燃气、氢气检测仪对用火点附近的动、静密封点进行检测，如有泄漏，必须采取可靠的安全措施后，方可用火作业。

④　在油罐、塔、釜或其他存有可燃介质的有限空间内用火，在将其内部物料退净后，应进行蒸汽吹扫（或蒸煮）、氮气置换或用水冲洗干净，然后打开上、中、下部人孔，形成空气对流，或采用机械强制通风换气，严防出现死角。要采样分析有限空间内气体，其可燃介质（包括爆炸性粉尘）含量必须低于该介质与空气混合物的爆炸下限的 10%（体积分数），氧含量为 10.5%～23.5%（体积分数）。

⑤　用火前，有限空间内的气体采样分析由分析部门负责。现场采样时，装置要给予配合，样品要有代表性（容积大的应多处采样，根据介质与空气相对密度的大小确定采样重点应在上方还是下方）。分析结果报出后，采样分析样品至少要保留 8h。出现异常现象，应停止用火，重新采样分析。

⑥　凡进入塔、罐、釜、槽等有限空间内用火，必须同时遵守进入有限空间作业安全管理规定办理《进入有限空间作业票》，不能以《用火作业票》代替。

⑦　处于运行状态的装置内，凡可用可不用的火应一律不用，用火部件能拆下的，一律要拆下移到安全地方用火。

⑧　高处用火（含在多层构筑物的二层或二层以上用火）必须采取防止火花溅落措施，并应在火花可能溅落的部位安排监护人。

⑨　风力 5 级以上应停止室外的高处用火，6 级以上停止室外一切用火。

⑩　用火点周围半径 30m 内不准有液态烃泄漏；半径 15m 内不准有其他可燃物泄漏和暴露；生产污水系统的漏斗、排水口、各类井、排气管、管道等必须封严盖实。

⑪　二级用火作业超过一天时，每天在开工前，应由用火人、监护人共同检查用火现场，核对安全措施，合格后方可用火。

⑫　用火作业结束后或下班前，用火人员要进行详细检查，不得留有火种。

⑬　储装氧气的容器、管道、设备必须与用火部位隔绝（加盲板），用火前必须进行置换，保证系统氧含量不大于 23.5%（体积分数）。

10.1.5　安全防护器具常识

10.1.5.1　消防工具的维护与使用方法
（1）消防工具的维护保养常识

　　a. 装置的消防工具主要有灭火器、消防蒸汽、消防栓；

　　b. 灭火器类型有手提式干粉灭火器与推车式干粉灭火器；

　　c. 干粉灭火器应放在通风干燥及取用方便的地方，各连接部件要拧紧，喷嘴要堵好，以防干粉受潮结块影响正常使用；

d. 存放期间应避免日光暴晒和高温，以防动力瓶内的 CO_2 或 N_2 温度升高，压力增大而漏气；

e. 装置消防蒸汽应经常检查，保证开关正常备用，做好排凝工作，防止冬季冻结；

f. 消防栓应保证开关灵活好用，扣盖、接头完好，消防井内无杂物、无污水，消防栓警示牌摆放正确。

（2）消防工具的使用方法

a. 手提式干粉灭火器

型号　MFZ-8 型（内装式）。

构造　由进气管、出粉管、二氧化碳钢瓶、筒身与钢瓶的紧固螺母、提柄、干粉筒身、胶管、喷嘴、压把构成。

使用方法　使用手提式干粉灭火器时，将灭火器提到起火点，站在上风口，上下颠倒几次，一只手握住喷嘴，对准火源根部，另一手拔去保险销，按下把柄听到筒内有排气声立即抬起压把（再不要按把柄），干粉即可喷出。扑救地面油火时，要平射，并对准火焰根部左右摆动，由近及远，快速推进。要防止复燃。

b. 推车式干粉灭火器

型号　MFTZ-35 型（内装式）。

构造　由推车、干粉罐、二氧化碳动力瓶、进气管、出粉管、喷粉胶管、喷嘴、压力表、开关等构成。

使用方法　将灭火器推到起火地点，一手握住喷粉胶管，对准火源，另一手逆时针方向旋转动力瓶手轮，待压力表指针达到 0.108MPa（10kgf/cm^2）时，打开灭火器开关，干粉即可喷出，左右摇摆喷枪，快速推进，防止复燃。

c. 启用装置消防蒸汽时，应注意附近人员，防止造成水汽烫伤和汽量过大时胶管摇摆伤人。

d. 使用消防栓时应注意接头是否接好，水量应由小至大，不可一下把开关开至最大。

10.1.5.2　劳动保护用具的使用及保养

（1）劳动保护的种类　安全帽、安全带、安全鞋、防护面罩、电筒、应急灯、防护手套、绝缘手套、过滤式防毒面罩、隔绝式防毒面罩、全身防护服、耳罩、耳塞、遮光镜。

（2）安全帽的使用维护　要正确使用安全帽。如果戴法不正确，也起不到充分保护作用；同时若不懂得正确维护方法，在使用过程中其防护性能会降低，也就有可能在万一受到冲击的情况下起不到作用，因此要注意正确的使用和维护方法。主要注意事项如下。

a. 缓冲衬垫的松紧由带子调节，人的头顶和帽体内顶部空间至少要有 32cm 才能使用。这样做，在遭受冲击时不仅帽体有足够的空间可供变形，这种间隔也有利于头和帽体之间的通风。

b. 使用时，不要把安全帽歪戴在脑后，否则会降低安全帽对于冲击的防护作用。

c. 使用时，安全帽要系结实，否则就可能在物体坠落时，由于安全帽掉落而起不到防护作用，尤其是在装卸时更应该注意这类情况。另外，如果安全帽不系牢，即使帽体与头顶之间有足够的空间也不能充分发挥防护作用，而且当头前后摆动时安全帽容易脱落。

d. 帽体顶部除了在帽体内部安装了帽衬外，不要为了透气而随便开孔。这样做会使帽体强度显著降低。

e.由于帽子在使用过程中会逐渐损坏，所以要定期进行检查，仔细检查有无龟裂、下凹、裂痕和磨损等情况。注意不要用有缺陷的帽子；另外，因为帽体材料有硬化、变脆的性质，所以要注意不能长时间在阳光下暴晒，否则由于汗水浸湿，安全帽的帽衬易损坏。如果发现这种原因损坏的帽子要立即更换新帽。

选择安全帽时，要按不同防护目的来选用。如装卸用安全帽和电器作业用安全帽等。而且一定要选择符合我国颁发的有关安全帽的国家标准。

（3）安全带使用维护　安全带使用不当时就会增加冲击负荷，直接威胁人的生命安全。因此在使用时应特别注意。关于安全带的使用和维护应注意如下事项。

a. 水平拴挂　使用单腰带时，应将安全带系在腰部，绳的挂钩在和带同一水平的位置，人和挂钩保持差不多于绳长的距离。这样，当坠落时，操作人员受到的摆动冲击负荷较垂直情况时的冲击负荷小。但要注意，在摆动过程中不要和其他物体相碰。

b. 高挂低用　将安全带的绳挂在高处，人在下面工作，这叫做高挂低用，是一种较安全的挂绳法。可使实际冲距减少。若高挂距离远，可另接一长绳。绳挂在低处，人在上面作业的低挂高用则很不安全，因为实际冲击距离大，人和绳都要受较大的冲击负荷。

除挂绳法必须注意外，还要特别注意保持绳子上的保护套完好，以防绳被磨损。若发现保护套丢失，需要加上后再用。悬挂点应保证光滑，不得有尖锐的突起物。

安全断裂和磨损，要保证安全带经常处于完好状态。带使用后，要注意维护和保管。要经常检查安全带的连接部分和挂钩部分，必须详细检查捻线是否发生。

10.1.6　防硫化氢中毒常识

10.1.7　石油类火灾事故防护知识

石油类火灾特别是易燃、易爆、燃烧速度快，因此在安全生产和检修时，杜绝发生火灾。装置内油品遇明火、电火花、摩擦火花、高温物体自然发热、光和射线等就会着火。一旦着火去组织力量扑救，无能力扑救要立即向消防部门汇报。

本装置消防器具主要包括灭火器、消防栓、消防蒸汽和快速接头。

10.1.7.1　灭火器

本装置使用灭火器有手提式干粉灭火器和推车式干粉灭火器

（1）手提式干粉为灭火器

型号　手提式干粉灭火器有 MF8 型和 MF4 型两种。

构造　外装式 MF8 型干粉灭火器由进气管、出粉管、二氧化碳钢瓶、筒身与钢瓶的紧固螺母、提柄、干粉筒身、胶管、喷嘴、提环构成；内装式 MF4 型干粉灭火器由进气管、喷腔、出粉管、二氧化碳钢瓶、筒身、压把、保险销、提把、钢字防潮堵构成。

　　使用方法　使用手提式干粉灭火器时，将灭火器提到起火地点，上下颠倒几次，一只手握住喷嘴，人站上风，对准火源根部；另一只手摘去铅封，拔出保险销，然后提起环（或按下压把），干粉即可喷出，扑救地面油火时，要平射，左右摆动，由近及远，快速推进，注意防止复燃。维护保养：干粉灭火器应放在通风干燥及取用方便的地方，各连接部件要拧紧，喷嘴要堵好，以防干粉受潮结块，存放期间应避免日光曝晒和高温，以防动力瓶内的 CO_2 因温度升高，压力增大而漏气。

　　（2）推车式干粉灭火器

　　型号　推车式有 MF35 型 MF50 型。装置使用是 MF35 型灭火器。

　　构造　主要由推车、干粉罐、二氧化碳动力瓶、进气管、出粉管、喷粉胶管、喷嘴、压力表、开关等组成。

　　使用方法　将灭火器推到起火地点，一手握住喷粉胶管，对准火源，另一只手逆时针方向旋转动力瓶手枪，待压力表指针达到 0.98MPa（10kg/cm^2）时，打开灭火器开关，干粉即可喷出，左右摇摆喷管，快速推进，防止复燃。

　　维护保养　推车式干粉灭火器维护与手提式干粉灭火器维护保养大体相同。

10.1.7.2　消防蒸汽

　　组成　消防蒸汽分成固定式蒸汽灭火系统和半固定式蒸汽灭火系统。固定式蒸汽开关灭火装置分别布置在泵房、机房和加热炉；半固定式蒸汽灭火装置，根据生产装置情况而定，分布较广。

　　使用方法　半固定式蒸汽灭火设备宜扑救闪点大于 120℃的可燃液体储罐的火灾，开启时注意戴上手套，防止烫伤等，喷气的一头勿对准人。当泵房火大不易进人或炉区周围有易燃易爆气体时，开启固定式蒸汽灭火装置，即打开各固定开关。

　　维护与保养　半固定式蒸汽灭火设备，要注意定期检查是否有老化或有泄漏的地方。开关是否完好灵活。固定蒸汽灭火设备要注意定期检查各配气管上的气孔是否畅通，开关是否完好灵活，定期加油。

10.1.7.3　消防栓与快速接头

　　构成　快速接头一般都布置在较方便的地方，ϕ65 接头只有一种，而消防栓一般布置在地下井中，有ϕ80 和ϕ100 的两种接头组成。

　　使用方法　当火灾初起时，迅速接好快速接头，喷头对准火区，打开开关，控制火势等待消防车到来，消防栓一般为消防部门使用，如遇特殊情况也可作为快速接头使用。

　　维护与保养　快速接头与消防栓要注意防堵、防锈。灭火时消防水管不宜太长（超过 120m）。定期检查备用情况。

10.1.7.4　火灾报警程序

　　发生火灾时，千万不要惊慌，应一方面迅速报警，另一方面组织力量扑救。打电话报警，火警电话"119"，或手机拨打厂内安防电话，电话接通后，情绪要镇静，要讲清起火地点、起火部位和火灾程度、何种物质起火，以便消防部门派出相应的灭火力量。

10.1.8　中毒现场抢救知识

　　（1）救护者应做好个人防护，戴好防毒面具，穿好防护衣。

（2）切断毒物来源，关闭地漏管道阀门，堵加盲板。

（3）采取有效措施防止毒物继续侵入人体，应尽快将中毒人员脱离现场，移至新鲜空气处，松解患者颈、胸部纽扣和腰带，以保持呼吸畅通，同时要注意呆暖和保持安静，严密注意患者神志、呼吸状态和循环状态等。

（4）尽快制止工业毒物继续进入体内，并设法排除已注入人体内的毒物，消除和中和进入体内的毒物。

（5）迅速脱去被污染的衣服、鞋袜、手套等，立即彻底清洗被污染的皮肤，冲洗时间要求 15～30min，如毒物系水溶性，现场无中和剂，可用大量水冲洗，遇水能反应的则先用干布或其他能吸收液体的东西抹去粘染物，再用水冲洗，对黏稠的毒物（如有机磷农药）可用大量肥皂水冲洗，尤其注意皮肤皱折，毛发和指甲内的污染，较大面积冲洗，要注意防止着凉、感冒。

（6）毒物经口引起人体急性中毒，可用催吐和洗胃法。

（7）促进生命器管功能恢复，可用人工呼吸法、胸外按压法。

10.1.9　防护用具的使用

10.1.9.1　正压型空气呼吸器

① 将呼吸器背在身后，根据身材调节肩带、腰带至合身、牢靠为宜。

② 使用前，先打开气瓶开关检查气瓶的压力，随着管路压力的上升，会听到报警器发出短暂的哨声。气瓶工作压力应是 26～30MPa。

③ 将气瓶开关关闭，然后将快速插头插牢。打开气瓶开关，让气体从气瓶经减压器软导管输出。

④ 在检查全面罩密封情况前，先检查全面罩的镜片，使其保持清洁、明亮。

⑤ 将全面罩与输气管相连，带上全面罩后，进行 2～3 次深呼吸。正常情况下，呼吸时应无憋气感，屏气时气瓶应停止供气。

⑥ 收紧全面罩系带，使之与面部贴合良好并具气密性，但不可过紧，以面部感觉舒适、无明显压迫感及头痛为宜。此时深吸一口气，供气开关自动开启，供给适量气体使用。

⑦ 关闭气瓶开关，深呼吸数次，全面罩内产生负压，人感觉呼吸困难则证明气密性良好。此时打开气瓶开关两圈以上即可使用。

⑧ 在作业中，气瓶压力下降到 4～6MPa 时，报警器会发出报警哨声，此时佩戴者必须立即撤离现场。

⑨ 作业完毕，摘下全面罩。将气瓶开关置于开启位置，释放出呼吸器内残留的气体，然后拨出快速插头。严禁带压拔快速插头。

⑩ 将呼吸器从身上拆下，把供气阀转换开关置于关闭状态，清扫干净后空气备用。

10.1.9.2　过滤式防毒面具

① 作业环境的氧含量必须大于 18%，有毒气体浓度必须小于 1%。

② 首先进行外观检查，如面罩等。

③ 将面罩与滤毒盒连接好后，进行气密性检验，将面罩戴好后，用手堵住盒下部

深呼吸两次，如有憋闷的感觉，表明气密性较好。进行气密性检验合格后，方可进入作业场所。

④ 未脱离作业环境，严禁将面罩取下。

⑤ 使用完毕后，清洁复原，在原处摆放好。

10.1.9.3　推车式正压呼吸器

● 使用前快速检查

（1）气瓶内压缩空气的压力　完全打开气瓶阀，压力必须显示 260～300kgf。

（2）气密性　关上气瓶阀，观察压力表，在 1min 内压力下降不得大于 20kgf。

（3）报警哨

① 从面罩上卸下供气阀；

② 把手放在供气阀出气口，使空气泄漏；

③ 观察压力表，在压力低于 50～60kgf 时，报警哨必须响。

（4）佩戴面罩

① 将面罩的目镜部分朝下，套上颈部束带。

② 将面罩由下颚部套入，并用束带束住头部。

③ 由上至下调节束带，使其束紧，注意不要太紧。

④ 用掌心堵住面罩接口，吸气然后屏住呼吸，使用者应感觉到面罩紧贴脸部，直到恢复呼吸为止（或用手掌封住面罩接口并呼吸，如感到无法呼吸，说明密封良好来测试面罩的气密性）。如感觉面罩并未贴近脸部，再调节束带并重复实验。

（5）将供气阀连接在面罩上的接口处。

● 使用

（1）把气瓶阀完全打开，检查气瓶压力到位，整套呼吸器已可使用；

（2）注意经常查看压力表，在报警开始时，尽快撤离危险区域。

● 使用后

（1）同时按供气阀的 2 个按钮卸下供气阀。

（2）用拇指扳开头带扳扣，使束带放松；将拇指插入面罩和下颚之间，小心将面罩朝上脱下，拿下面罩。

（3）关上气瓶阀。

（4）按供气阀的控制按钮排空整个系统。

10.1.10　触电救护知识

10.1.10.1　对人体的危害

（1）电伤　指电流对人体外部造成局部伤害，如电流引起人体外部的烧伤。

（2）电击伤　指电流通过人体内部，破坏人体心脏、肺部及神经系统的正常动作，甚至危及生命。

（3）电损伤人体的变化　细胞内离子失衡，导致肌肉收缩、麻木，在高电压下肌肉强烈收缩，组织发生病理性变化。

（4）临床表现　全身情况：神志清楚，机体抽搐麻木，有电灼伤；神志不清楚，休克状态，心律失常，假死；局部情况，电弧灼、焦化、炭化。

10.1.10.2　触电急救

（1）紧急处置　迅速拉开电源，使触电者迅速脱离触电状态。

（2）就地抢救

轻微触电者　神志清楚，触电部位感到疼痛、麻木、抽搐，应使触电者就地安静、舒适地躺下来，并注意观察。

中度触电者　有知觉且呼吸和心脏跳动还正常，瞳孔不放光，对光反应存在，血压无明显变化，此时，应使触电者平卧，四周不要围人，使空气流通，衣服解开，以利呼吸。

重度触电者　触电者有假死现象。呼吸时快时慢，长短不一，深度不等，贴心听不到心音，用手摸不到脉膊，证明心脏停止跳动，此时应马上不停地进行人工呼吸及胸外人工挤压，抢救工作不能间断，动作应准确无误。

（3）触电急救法　可采用人工呼吸与心脏复苏方法。

10.1.11　烧伤救护知识

热力烧伤包括火、开水、蒸汽、电弧灼伤等。

10.1.11.1　对人体的危害

皮肤或皮下组织烧坏，严重时导致死亡。

10.1.11.2　化学灼伤分类

浅一度（红斑）；浅二度（水泡型）；深二度；真皮深层；深三度（焦痂性）。

10.1.11.3　烧伤的急救

① 迅速移去热力对身体的伤害，采取用水冷却表面的方法。若是化学烧伤，应立即脱去被污染的衣服，立即用大量清水冲洗，时间一般为 20～30min。

② 用湿纱布包好创面。

③ 烧伤严重，可采取人工呼吸和心脏复苏法。

注意：烧伤病人应尽量不喝水或喝少许盐水，注意创面保护。

10.1.12　人工呼吸与心脏复苏的操作方法

10.1.12.1　准备工作

① 现场人员将伤者移至上风阴凉处呈仰卧状。

② 在离伤者鼻孔的 5mm 处，用指腹检查是否有呼吸，同时轻按伤者颈部，观察是否有搏动。

③ 现场人员可脱下上装叠好，置于伤者颈部，将颈部垫高，让呼吸道保持畅通。

④ 检查并清除伤者口腔中异物。若伤者带有假牙，则必须将假牙取出，防止阻塞呼吸道。

10.1.12.2　人工呼吸法

（1）将手帕置于伤者口唇上，施救者先深吸一口气。

（2）一手捏住伤者鼻孔，以防漏气，另一手托起伤者下颌，嘴唇封住伤者张开的嘴巴，用口将气经口腔吹入伤者肺部。

（3）松开捏鼻子的手使伤者将废气呼出。注意此时施救者人员，必须将头转向一侧，防止伤者呼出的废气造成再伤害。

（4）救护换气时，放松触电者的嘴和鼻，让其自动呼吸，此时触电者有轻微自然呼吸时，人工呼吸与其规律保持一致。当自然呼吸有好转时，人工呼吸可停止，并观察触电者呼吸有无复原或呼吸梗阻现象。人工呼吸每分钟进行 14～16 次，连续不断地进行，直至恢复自然呼吸为止，做人工呼吸的同时，要为伤者施行心脏挤压。

10.1.12.3　心脏挤压方法

（1）挤压部位为胸部骨中心下半段，即心窝稍高，两乳头略低，胸骨下 1/3 处。

（2）救护人两臂关节伸直，将一只手掌根部置于挤压部分，另一只手压在该手背上，五指翘起，以免损伤肋骨，采用冲击式向脊椎方向压迫，使胸部下陷 3～4 cm，成人 5min 做 60～80 次挤压后，随即放松。

（3）两人操作对心脏每挤压 4 次，进行一次口对口人工呼吸；一人操作时，则比例为 15∶2，当观察到伤者颈动脉开始搏动，就要停止挤压，但应继续做口对口人工呼吸。在施救过程中，要注意检查和观察伤者的呼吸与颈动脉搏动情况。一旦伤者心脏复苏，立即转送医院做进一步的治疗。

10.1.13　创伤急救知识

10.1.13.1　人员自保

（1）若作业人员从高空坠落的紧急时刻，应立即将头前倾，下颌紧贴胸骨，这一姿势应保持到身体被悬托为止。

（2）下坠时，应尽可能地去抓附近可能被抓住的物体，当被抓的某一物体松脱时，应迅速抓住另一物体，以减缓下坠速度。

（3）凡有可能撞到构筑物和坠地时，坠落者应紧急弯脚曲腿以缓和撞击。

10.1.13.2　急救措施

● 创伤急救的基本要求

（1）创伤急救原则上是先抢救，后固定，再搬运，并注意采取措施，防止伤情加重或污染。需要送医院救治的，应立即做好保护伤员措施后送医院救治。

（2）抢救前先使伤员安静躺平，判断全身情况和受伤程度，如有无出血、骨折和休克等。

（3）外部出血立即采取止血措施，防止失血过多而休克。外观无伤，但呈休克状态，神志不清或昏迷者，要考虑胸腹部内脏或脑部受伤的可能性。

（4）为防止伤口感染，应用清洁布片覆盖。救护人员不得用手直接接触伤口，更不得在伤口内填塞任何东西或随便用药。

（5）搬运时应使伤员平躺在担架上，腰部束在担架上，防止跌下。平地搬运时伤员头部在后，上楼、下楼、下坡时头部在上，搬运中应严密观察伤员，防止伤情突变。

● 止血

（1）伤口渗血。用较伤口稍大的消毒纱布数层覆盖伤口，然后进行包扎。若包扎后仍有较多渗血，可再加绷带适当加压止血。

（2）伤口出血呈喷射状或鲜红血液涌出时，立即用清洁手指压迫出血点上方（近心端），使血流中断，将出血肢体抬高或举高，以减少出血量。

（3）用止血带或弹性较好的布带等止血时，应先用柔软布片或伤员的衣袖等数层垫在止血带下面，再扎紧止血带以刚使肢端动脉搏动消失为度。上肢每 60min，下肢每 80min放松一次，每次放松 1～2min。开始扎紧与每次放松的时间均应书面标明在止血带旁。扎紧时间不宜超过 4h。不要在上臂中 1/3 处和肢窝下使用止血带，以免损伤神经。若放松时观察已无大出血可暂停使用。

注：严禁用电线、铁丝、细绳等作止血带使用。

（4）高处坠落、撞击、挤压可能有胸腹内脏破裂出血。受伤者外观无出血但常表现面色苍白、脉膊细弱、气促、冷汗淋漓、四肢厥冷、烦躁不安，甚至神志不清等休克状态，应迅速躺平，抬高下肢，保持温暖，速送医院救治。若送院途中时间较长，可给伤员饮用少量糖盐水。

10.1.14　骨折急救知识

（1）肢体骨折可用夹板或木棍、竹竿等将断骨上、下两个关节固定，也可利用伤员身体进行固定，避免骨折部位移动，以减少疼痛，防止伤势恶化。

（2）开放性骨折，伴有大出血者，先止血，再固定，并用干净布片覆盖伤口，然后速送医院救治。切勿将外露的断骨推回伤口内。

（3）疑有颈椎损伤，在使伤员平卧后，用沙土袋（或其他代替物）放置头部两侧。

（4）使颈部固定不动。必须进行口对口呼吸时，只能采用抬头使气道通畅，不能再将头部后仰移动或转动头部，以免引起截瘫或死亡。

（5）腰椎骨折应将伤员平卧在平硬木板上，将腰椎躯干及二侧下肢一同进行固定预防瘫痪。搬动时应数人合作，保持平稳，不能扭曲。

10.1.15　颅脑外伤

（1）应使伤员采取平卧位，保持气道通畅，若有呕吐，应扶好头部和身体，使头部和身体同时侧转，防止呕吐物造成窒息。

（2）耳鼻有液体流出时，不要用棉花堵塞，可轻轻拭去，以利降低颅内压力。也不可用力擤鼻，排除鼻内液体，或将液体再吸入鼻内。

（3）颅脑外伤时，病情可能复杂多变，禁止给予饮食，速送医院诊治。

10.1.16　烧伤、烫伤急救知识

10.1.16.1　人员自保

（1）伤员应迅速脱离现场，及时消除致伤原因。

（2）处在浓烟中，应采用弯腰或匍匐爬行姿势。有条件的要用湿毛巾或湿衣服捂住鼻子行走。

（3）楼下着火时，可通过附近的管道或固定物上拴绳子下滑；或关严门，往门上

泼水。

（4）若身上着火应尽快脱去着火或沸液浸渍的衣服；如来不及脱着火衣服时，应迅速卧倒，慢慢就地滚动以压灭火苗；如邻近有凉水，应立即将受伤部位浸入水中，以降低局部温度。但切勿奔跑呼叫或用双手扑打火焰，以免助长燃烧和引起头面部、呼吸道和双手烧伤。

10.1.16.2　现场救护

（1）烧伤急救就是采用各种有效的措施灭火，使伤员尽快脱离热源，尽量缩短烧伤时间。

（2）对已灭火而未脱衣服的伤员必须仔细检查，检查全身状况和有无合并损伤，电灼伤、火焰烧伤或高温气、水烫伤均应保持伤口清洁。伤员的衣服鞋袜用剪刀剪开后除去。伤口全部用清洁布片覆盖，防止污染。四肢烧伤时，先用清洁冷水冲洗，然后用清洁布片消毒纱布覆盖送医院。

（3）对爆炸冲击波烧伤的伤员要注意有无脑颅损伤、腹腔损伤和呼吸道损伤。

（4）烧毁的、打湿的、或污染的衣服除去后，应立即用三角巾、干净的衣物被单覆盖包裹，冬天用干净单子包裹伤面后，再盖棉被。

（5）强酸或碱等化学灼伤应立即用大量清水彻底冲洗，迅速将被侵蚀的衣物剪去。为防止酸、碱残留在伤口内，冲洗时一般不少于 10min。对创面一般不做处理，尽量不弄破水泡，保护表皮。同时检查有无化学中毒。

（6）对危重的伤员，特别是对呼吸、心跳不好或停止的伤员立即就地紧急救护，待情况好转后再送医院。

（7）未经医务人员同意，灼伤部位不宜敷搽任何东西和药物。

（8）送医院途中，可给伤员多次少量口服精盐水。

10.1.17　冻伤、高温中暑急救知识

10.1.17.1　冻伤急救

（1）冻伤使肌肉僵直，严重者深及骨骼，在救护搬运过程中，动作要轻柔，不要强使其肢体弯曲活动，以免加重损伤，应使用担架，将伤员平卧并抬至温暖室内救治。

（2）将伤员身上潮湿的衣服剪去后，用干燥柔软的衣服覆盖，不得烤火或搓雪。

（3）全身冻伤者呼吸和心跳有时十分微弱，不应该误认为死亡，应努力抢救。

10.1.17.2　高温中暑

（1）烈日直射头部，环境温度过高，饮水过少或出汗过多等可以引起中暑现象，其症状一般为恶心、呕吐、胸闷、眩晕、嗜睡、虚脱，严重时抽搐、惊厥甚至昏迷。

（2）应立即将病员从高温或日晒环境转移到阴凉通风处休息。用冷水擦浴，湿毛巾覆盖身体，电扇吹风，或在头部置冰袋等方法降温，并及时给病人口服盐水。严重者送医院治疗。

10.2　安全规定

10.2.1　安全生产基本原则

　　石油化工生产具有生产规模大型化、工序生产过程复杂、生产连续性强、自动化程度高等特点，同时又有易燃、易爆、高温、高压、有毒有害、有腐蚀性的特点。

　　歧化装置是石油化工生产的一部分，同样具有上述特点，这就要求有一套行之有效的安全管理制度规程和规章制度，为现代化生产作保证，使员工有章可循。本章所规定的安全规章制度每一个岗位操作人员都要认真执行，规范遵守，从而保证装置安稳长满优运行。

　　按国家有关规范规定歧化装置属于甲类防火装置，因此必须遵守和执行国家相应的规范和上级单位以及我厂的各项安全管理规定。

10.2.2　车间安全生产规定

　　（1）严禁携带火种及其他易燃易爆物品进入车间，装置内任何部位禁止吸烟。

　　（2）严禁用汽油擦洗衣物、工具、设备、地面等，特殊用油持安全证明或许可证方可进行。严禁本单位即外单位任何人员将石油产品送与他人使用。

　　（3）严禁穿戴钉子鞋进入装置，严禁用黑色金属等易产生火花的物品敲击设备。拆装易燃易爆物料设备时应使用防爆工具。

　　（4）在易燃易爆场所不能穿纤维衣服，以防产生静电火花。

　　（5）进入装置内的各种机动车辆应办理通行证，设备检修用火，根据用火类别办理火票，严格执行用火管理制度。

　　（6）高温设备管线上不能烘烤食品及各类易燃物品。

　　（7）不许随便拆卸管线、法兰，不准随便排放油品、物料等。

　　（8）严禁用水和蒸汽冲洗电动机、电缆、电器开关等电器设备。

　　（9）设备不能超温超压超速超负荷运行。

　　（10）设备检修必须办理作业票，机动设备检修必须切断电源，仪表检修必须切手动。

　　（11）按压力容器管理规定，加强安全阀的管理，定期检查。（起跳后要重新检验）

　　（12）消防栓、炮、灭火器、安全抢险物品不能随便挪用，不能损坏，保证灵活好用，定期检查，消防通道保持畅通。

　　（13）工作中不能脱岗、串岗、看报、看书，不做与生产无关的事情。

10.2.3　装置开工安全规定

　　① 要认真细致地检查工程质量是否合格，工艺流程是否畅通、检查设备是否完好、安全设施、卫生条件等是否达到装置开工条件。

　　② 在设备、管线经过吹扫、冲洗、试压后单机试运、水联运符合要求后，彻底打扫装置的环境卫生。

③ 所有设备、开关、法兰、管线，都要处于良好状态，按流程倒好线路，各排空、放空全部关死，安全阀底部阀全部投用，并打铅封。机泵润滑油端面密封要良好，冷却水要畅通，仪表灵活、好用、准确。

④ 检查全部容器液面报警器是否好用。

⑤ 要求消防设施齐全好用，位置适当。

⑥ 要与有关单位做好联系工作。

⑦ 要有详细的开工方案，开工方案要经过各部门审核，并严格执行开工方案。

⑧ 加热炉点火要严格按照点炉操作规程进行，点火前进行彻底检查，检查防爆系统、烟道挡板等，炉膛彻底吹扫直到烟道见汽为止；点火时要对称点火嘴。

⑨ 装置进油前要切水。进油后全面检查流程。同时联系仪表校对液面，防止液面假显示使开工被动。

10.2.4　装置停工检修安全规定

① 装置停工检修前必须制订安全措施，组织用火，同时要制订管线设备蒸汽吹扫流程，要吹扫细致，打盲板要有人专门负责编号登记以便开工时拆除，下水井，地漏，必须用水或蒸汽冲扫干净并封严。

② 塔容器等大设备检修，要用蒸汽按规定时间吹扫，温度降低以后，由上而下拆卸人孔盖，严防超温，不能自下而上拆卸，以防自燃着火爆炸或烫伤。

③ 凡通入塔、炉、罐容器的蒸汽应有专人管理，严禁随便开动，本装置与外单位可燃介质连接管线要打上盲板，防止串气爆炸。

④ 凡要检修的电动机、风机等设备，必须切断电源。

⑤ 在拆卸设备前，必须经上级负责人检查，对所有的油、汽、风、水、瓦斯管线看是否处理干净，经允许后，方可拆卸，以防残压伤人或油水流出污染工地，严禁在地面、钢架、平台上放污油。

⑥ 塔炉和其他容器检修时，临时照明灯应采用胶质软线（不能有破损）低压（≤12V）安全灯，以防触电。

⑦ 凡进塔、炉或其他容器，电缆沟、下水井等设备内必须办理作业证，通风，要有安全措施（如要戴安全帽、防毒面具，外边有人看护），时间不得过长，督促轮换工作，严防中毒及事故发生。

⑧ 凡进入检修现场的人员一律得戴安全帽，高空作业在2m以上，必须系安全带和携带工具袋，卸下零件螺栓等要摆齐，不用的废料及时清理拿走，高空吊物要做到"一看""二叫""三放下"。

⑨ 装置内需要用电、用火及机动车辆进入装置时，要严格执行用电、用火管理制度、乙炔瓶与氧气防爆安全规定。

10.2.5　防火防爆安全规定

① 禁止带打火机、火柴等引火物进装置内机房、泵房，禁止在装置内存油处、瓦斯容器等易燃易爆物的地点用铁器敲击，禁止随地抛棉布头、绳索等易燃物。

② 禁止装置内将油液向地面自由放空，采样油不得倒入地沟。

③ 无有效安全措施，没有上级领导批准，禁止拆卸高温高压的设备和管线，防止高温热油喷出着火。

④ 禁止用汽油擦洗机器零件、地面、机泵和衣物，高温设备严禁烤衣物、食物等。

⑤ 禁止没有灭火器、防火罩的一切机动车辆和穿钉子鞋进入装置内有油气的地方。

⑥ 在装置的泵房内，使用电气焊、照明、换临时电线等均要办理用火手续，所在岗位派出专人监火，在规定时间部位动火，大容器内用火要经过气体分析，可燃物浓度不得超过 0.5%，用火前要进行明火试验，用火时要按用火规定执行。

⑦ 未经安全防火教育，不准进入生产岗位。

⑧ 禁止设备超温、超压、超速、超负荷。

10.2.6　防止人身中毒规定

① 炼油设备管线要保持密闭，把设备管好、用好、修好，做到定期检修，有漏就堵，减少环境污染，禁止随意向地面和大气排放有毒气体。

② 进入塔、罐容器下水井内，必须办理作业证，做好安全措施，进入容器必须经过容器气体分析后合格，并有监护人方可进行作业。

③ 特殊情况下，要进入有毒气体的设备作业，必须带防毒面具，确定危险的联系信号，缚上安全绳，人孔外有两人以上监护，工作时间不能过长，有急救安全措施等。

10.2.7　防雷电、静电和触电规定

① 炉、塔、罐等设备和建筑物必须有防雷电设施，导电性能好，必须符合规范。

② 容器进油时，不得冲速过猛，并有良好静电接地设施。

③ 操作工检查运转电器设备时，应先用手背触及外壳看是否触电后，才可用手掌面检查，检查时要穿胶鞋。

④ 容器内作业、临时照明、通风机的电源线要保护好，不得与设备边角摩擦，防止触电。

⑤ 在干燥的容器中照明电压不得超过 36V，在潮湿的容器中照明电压不得超过 12V。

10.2.8　设备安全技术规定

① 浮头式换热器单向受热温差应在 130℃以下，固定管换热器不允许单向受热。

② 设备安全阀必须灵活好用，定压正确，不能任意调整定压值，或改变安全阀规格或降低安全阀排泄能力。

③ 机泵设备的机械润滑，要严格用"三级过滤"和"五定"制度执行。

④ 换热器检修后，要进行试压，试压压力为操作压力的 1.25 倍，塔类和容器试压按规定进行，法兰泄漏，必须降压后处理。

⑤ 高温系统阀门，盘根垫片材质要按规定使用。

⑥ 装置内油气浓度大的地方，要使用防爆电动机，灯具开关接线盒的容器设备，

应具有良好的外壳接地和静电接地。

10.3 装置防冻、防凝安全规定

10.3.1 装置防冻规定

冬季防冻防凝工作是确保安全生产的主要手段，为严防一切冻凝事故的发生，根据装置特点防冻防凝工作也应按照"以防为主，以消为辅"的方针进行。加强对易冻、易凝物品的收、送使用与管理，遵守规章制度，以达到保证安全生产的目的，具体做法如下。

① 入冬以前，对装置进行一次全面检查，做好装置过冬准备工作，如设备和管线内保温蒸汽伴热、设备管线、阀门是否有死角及疏水阀排凝情况是否通畅，检查门窗、玻璃、暖汽等。

② 冬季停用的设备和管线，必须首先用蒸汽扫净，不能用风扫的设备和管线，必须把低处排凝阀打开，把存水放掉。

③ 冬季临时停用的设备，必须保证回水或蒸汽微量流通，避免冻凝管线。

④ 在冬季操作中，主蒸汽线，上水及回水管线，伴热线上的疏水阀，根据气温情况，微开阀门，防止冻坏阀门和管线，疏水器保持畅通好用。

⑤ 各处消防蒸汽线的排凝阀或放空阀，应微开排汽，防止冻凝，所有的灭火器冬季均应放在室内。

⑥ 对装置的工业风及净化风，应加强检查切水工作，对各处的排汽的胶皮管应接至下水井排凝。

⑦ 若发现阀门有冻结现象而开不动时，特别是铸铁阀，禁止用板手、钩子等敲击，应先把开关关闭，再用蒸汽吹暖热（或用水暖热）后再开。

⑧ 所有地下管道，均应埋没离地面1.5m以下，并保持经常流动，各处排水井、道沟、盖板均应盖严。

⑨ 在冬季各油线的伴热线，任何时候均要通汽通水，并保证畅通，通向大气的冷凝液水管及排水阀，要采取微量排汽、排水法。

⑩ 对临时不用的机泵，在冬季也应给少量冷却水，以防冻坏设备。

装置冬季停汽停水时，应用风将所有蒸汽线、水线，彻底吹扫干净，并与装置外总线隔绝，或在适当地方排出。

冬季停工期间，各加热设备，管线伴热线，各蒸汽一般均应继续微量给汽，各冷却器、冷水线也一般继续微量通水，使管线疏通，防止冻结管线。

冬季里可视早、中、晚及气温状况来调节蒸汽及水排空程度，并经常检查，不能一劳永逸。

发现仪表伴热线有问题时，及时通知仪表工，进行处理。

加强防冻凝巡回检查，搞好平稳操作，安全生产。

10.3.2　装置具体设备防冻防凝规定

10.3.2.1　设备

（1）压缩机　装置停用压缩机，首先要停用压缩机循环冷却水并用氮气吹扫置换干净，打开循环水系统低点放空，排净管线内存水；压缩机冷却器连接法兰卡开，放净冷却器内存水，防止冻凝。

（2）机泵　装置备用机泵保证冷却水畅通流动；进出口管线伴热投用并畅通；出口防冻凝线打开，进口阀门微开，保证热流体流动；停用机泵关闭进出口阀门，打开放空，排空泵内介质，冷却水进回水阀关闭，打开进回水连通，保证冷却水流通。

（3）冷却器　在用冷却器要经常检查，保证进出口管线温度不低于 10℃；停用换热器要对管壳程进行氮气吹扫置换，置换完毕后有条件的对进出口加装盲板进行隔离，或卡开相关阀门法兰，防止可凝介质进入设备。

10.3.2.2　管线

（1）进出装置工艺管线　随时监测介质含水情况，对管线低点经常进行排空处理，防止低点存水凝结冻坏阀门；停用管线及时用蒸汽、氮气进行吹扫处理，并打开低点放空排净管线内介质，有条件的可在管线两端阀门处加装盲板进行隔离。

（2）蒸汽管线　蒸汽管线安装低点排凝阀和疏水器，要保持排凝阀和疏水器的畅通；对停用管线及管线盲节要加装盲板进行隔断处理；不间断巡检时一定要检查管线温度和排凝阀、疏水器的运行情况并及时进行处理。

（3）伴热管线　伴热系统水罐要有一定液位，循环机泵要随时检查压力（0.7MPa）和温度（100℃），要保证伴热水系统水量充足、压力稳定；随时检查各伴热分支是否畅通，回水温度是否正常一致，如有不一致，及时进行疏通处理。

10.3.2.3　容器

（1）停用容器　氮气置换，打开低点放空放净存液后关闭，充氮气保压。

（2）备用容器　保证伴热、加热系统畅通，检查确认容器内温度不低于 20℃，随时切水确认是否冻凝。

10.4　本装置历年发生的主要事故

本装置开厂以来无事故发生。

10.5　易燃易爆物的性质

10.5.1　汽油

燃烧性：易燃；闪点：-50℃；爆炸下限：1.3%；引燃温度：415～530℃；爆炸上限：6.0%；最小点火能（mJ）：无资料；最大爆炸压力：0.813MPa。

危险特性其蒸气与空气形成爆炸性混合物，遇明火、高热能引起燃烧爆炸。与氧化剂能发生强烈反应。其蒸气比空气重，能在较低处扩散到相当远的地方，遇明火会引着回燃。

　　灭火方法：灭火剂（泡沫、干粉、二氧化碳）。用水灭火无效。

10.5.2　苯

　　燃烧性：易燃；闪点（℃）：-10.11℃（闭口）；爆炸下限（体积分数）：1.2%；爆炸上限（体积分数）：8%；燃烧热：3264.4kJ/mol；自燃温度：562.22℃；最小点火能：0.20mJ。

　　危险特性其蒸气与空气形成爆炸性混合物，遇明火、高热能引起燃烧爆炸。与氧化剂能发生强烈反应。其蒸气比空气重，能在较低处扩散到相当远的地方，遇明火会引着回燃。

　　灭火剂　泡沫、干粉、二氧化碳、砂土。用水灭火无效。

　　安全措施　贮于低温通风处，远离火种、热源。与氧化剂、食用化学品等分贮。禁止使用易产生火花的工具。

10.6　有毒有害物质的理化性质及防护

10.6.1　苯

　　接触极限：中国 MAC 40mg/m^3（皮）；侵入途径：吸入、皮肤接触以及吞食；毒性属中等毒性类；通过长时间地吸入、皮肤接触以及吞食对身体产生严重危害，可致癌，是诱变剂；LD_{50}=3306mg/kg（大鼠经口）；LC_{50}=10000mg/kg 7h（大鼠吸入）。

　　健康危害

　　① 对眼睛产生严重的刺激。可造成轻度短暂性伤害。

　　② 可通过皮肤吸收有害数量的苯。与液态苯直接接触可产生红斑和气泡。长时间或反复接触可导致干性鳞状皮炎或引起二次感染。

　　③ 抑制中枢神经系统，起初以兴奋为特征，随后产生头痛，头晕目眩，昏昏欲睡以及恶心，进一步可导致虚脱，失去意识，昏迷甚至由于呼吸衰竭而死亡。可导致类似呼吸苯蒸汽产生的后果，吸入到肺中的苯可产生化学性肺炎，这种肺炎可能是致命的。

　　④ 产生呼吸道刺激，可导致中枢神经系统的不良后果，包括头痛、惊厥、直至死亡。可产生昏睡、丧失意识及中枢神经系统的压抑。对中枢神经系统的影响包括混淆、运动失调、眩晕、耳鸣、虚弱、迷惑、嗜眠症、最终昏迷，在苯环境中可导致骨髓的不可逆伤害，还可导致再生障碍，苯可以吸入肺部。

　　⑤ 实验室动物实验证实苯可以导致癌症。长时间或反复暴露在苯环境中会导致不利的可重复出现的后果。可引起骨髓畸形，影响造血机能。还可引起贫血及其他血细胞奇异。慢性吸入与较高的白血病和骨髓瘤的发生率有关。据报道苯具有免疫抑制剂的作用。动物研究表明苯还会引起胎儿生长发育延缓或畸形。

　　急救措施

　　① 眼睛　立即用大量的水至少冲洗 15min，不时提升上下眼皮，立即寻求医疗救助。

② 皮肤　立即寻求医疗救助，马上采用大量的肥皂水至少冲洗 15min，脱去弄脏的衣服和鞋，洗后再穿。

③ 摄入　不要诱发呕吐。如果受害者意识清醒，让其喝下 2～4 杯牛奶和水，决不让意识不清醒的人口服任何东西，因为可能导致呼吸危险，应立即寻求医疗救助。

④ 吸入　立即寻求医疗救助。迅速将受害者从苯环境转移到空气新鲜的地方。如果呼吸发生困难，可让其吸氧。不可采用嘴对嘴的复苏方式。如果呼吸已经停止，宜采用适当的机械装置如氧气袋、面罩等进行人工呼吸。

防护措施

① 生产过程密闭，装置全面通风。

② 戴防护眼镜。

③ 佩戴合适的手套，防止皮肤接触。

④ 穿合适的防护服，防止皮肤接触。

⑤ 根据现场条件，按要求使用相应的防毒面具。

⑥ 工作现场严禁吸烟、进食和饮水。避免长期反复接触。进入有限空间或其他高浓度区作业，须有人监护。

10.6.2　汽油

（1）理化性质

外观与性质：无色或淡黄色透明液体，易流动，有挥发性；

相对密度（水=1）：0.70～0.79；

沸点：40～200℃；

饱和蒸气压：9 月 16 日～3 月 15 日不大于 88kPa；

　　　　　　3 月 16 日～9 月 15 日不大于 74kPa；

闪点：<-50℃；

爆炸上限：1.6%；

引燃温度：415～530℃；

爆炸下限：1.3%；

溶解性：不溶于水，易溶于苯、二硫化碳和醇；

燃烧性：易燃。

（2）危险性概述

危险性类别　第 3.2 类中闪点易燃液体。

侵入途径　吸入、经皮肤吸收。

健康危害　有毒，对人体皮肤有害，呼吸过量的汽油蒸气能引起中毒。

中毒的表现　轻者一般为头晕、头痛、恶心、呕吐、无力、酒醉样感、精神恍惚等；重度中毒时，患者很快意识丧失，继之进入昏迷状态，呼吸表浅而快，脉搏细微，血压下降，严重者可发生呼吸麻痹。若浓度很高时，可发生"闪电样"死亡。如吸入可引起支气管炎、支气管肺炎或大叶性肺炎，表现为急性咳嗽、咳血痰，数小时后感到胸痛，甚至可发生肺水肿。如误服时，有剧烈的上腹部疼痛、恶心、呕吐，甚至引起中毒性肝病。

环境危害　该物质对环境有危害，应特别注意对水体的污染。

燃爆危险　易燃，其蒸气与空气可形成爆炸性混合物，遇明火、高热有燃烧爆炸的危险。

（3）急救措施

皮肤接触　脱去污染的衣着，先用温水清洗，可擦肤轻松药膏，已有水泡，暴露创面，用红外线每日照射 1～2 次。

眼睛接触　立即提起眼睑，用大量流动清水彻底冲洗。

吸入　迅速脱离现场至空气新鲜处。保持呼吸道通畅。困难时给输氧。呼吸及心跳停止者立即进行人工呼吸和心脏按摩术。必要时给予氧气吸入和注射兴奋剂，有烦躁不安及抽搐者给镇静剂。

经上述处理仍不见好转时，应尽早送往医院。

食入　误服者给充分嗽口、饮水、尽快洗胃。就医。

（4）消防措施

危险特性　其蒸气与空气形成爆炸性混合物，遇明火、高热能引起燃烧爆炸。与氧化剂能发生强烈反应。其蒸气比空气重，能在较低处扩散到相当远的地方，遇火源引着回燃。若遇高热，容器内压增大，有开裂和爆炸的危险。流速过快，客易产生和积聚静电。

有害燃烧产物　CO。

灭火方法及灭火剂　切断气源。若不能立即切断气源，则不允许熄灭正在燃烧气体。喷水冷却容器，可能的话将容器从火场移至空旷处。

灭火剂　雾状水、泡沫、二氧化碳。

（5）泄漏应急处理

① 让闲杂人远离。

② 隔离危险区域及避免人员进入。

③ 危害区内禁明火、火焰及抽烟。

④ 安全许可的情况下停止泄漏。

⑤ 进行蒸汽掩护。

⑥ 避免泄漏物流入下水道，会有起火或爆炸的危险。

⑦ 小量泄漏。使用防静电工具将泄漏油品收集干净。

⑧ 大量泄漏。在泄漏前筑堤围堵然后再处理。让闲杂人远离。

（6）接触控制/个体防护

最高容许浓度　$300mg/m^3$。

工程控制　生产过程密闭，加强通风。

呼吸系统防护　高浓度环境中，建议佩戴过滤式防毒面具（半面罩）。

眼睛防护　一般不需要特殊防护，高浓度接触时可戴化学安全防护眼镜。

身体防护　穿防静电工作服。

手防护　戴一般作业防护手套。

其他防护　工作现场严禁吸烟。避免高浓度吸入，进入罐、限制性空间或其他高浓度区作业，须有人监护。

（7）稳定性和反应性

稳定性　化学性质比较活泼。

禁配物　强氧化剂。

避免接触的条件　明火、高热。

聚合危害　不能发生。

分解产物　一氧化碳、二氧化碳。

（8）毒理学资料

急性毒性　小鼠在吸入染毒时，首先出现兴奋症状，有活动频繁、烦躁不安、跳跃、管状尾，继之发生四肢无力、步态蹒跚、侧卧、翻滚，有时出现角弓反张、抽搐，最后呼吸衰竭死亡。小鼠在染毒后第 2～10d 内出现部分死亡，并见有毛蓬松、进食减少，体重减轻等现象。猫吸入汽油蒸气有黏膜刺激、兴奋、四肢痉挛、麻痹和麻醉，吸入 $140g/m^3$ 浓度，3h 死亡。

亚急性和慢性毒性　小鼠吸入 10～$11g/m^3$ 汽油（馏程为 86～175℃）蒸气 3～4 个月未见有中毒现象。累积染毒 10916h，未见有中毒症状，亦未出现血液白细胞记数、分类以及骨髓涂片的异常变化，病理镜检少数大鼠有小范围的脑实质轻度灶性早期软化合并胶质细胞反应性变化。长期吸入汽油蒸气的大鼠，证实血、脑、肝、胎盘、子宫中有汽油蓄积，且胎鼠含量最高。并证明汽油作业女工的胎儿血中汽油浓度比母亲血高 2 倍。用溶剂汽油对 45 只兔涂耳，每天 2 次，每次 0.3mg/kg，共 3 个月，涂抹处有干燥和脱燥。仅有 3 只出现血液系统改变，并发现有大脑额叶、顶叶、视丘、海马充血和血管周围细胞浸润，脑实质坏死、软化和胶质细胞增生。

刺激性　无。

致敏性　无。

致突变性　无。

致畸性　无。

致癌性　无。

其他　无。

10.6.3　甲苯

侵入途径　吸入、食入、经皮吸收。

毒性　属低毒类。

对皮肤、黏膜有刺激性，对中枢神经系统有麻醉作用。

LD_{50} 5000mg/kg（大鼠经口）；

LC_{50} 12124mg/kg 7h（大鼠吸入）。

人吸入 $71.4g/m^3$，短时致死；人吸入 $3g/m^3 \times$（1～8）h，急性中毒；人吸入（0.2～0.3）$g/m^3 \times 8h$，中毒症状出现。

（1）健康危害

急性中毒　短时间内吸入较高浓度本品可出现眼及上呼吸道明显的刺激症状、眼结膜及咽部充血、头晕、头痛、恶心、呕吐、胸闷、四肢无力、步态蹒跚、意识模糊。重症者可有躁动、抽搐、昏迷。

慢性中毒　长期接触可发生神经衰弱综合征，肝肿大，女性月经异常等。皮肤干燥、皲裂、皮炎。

（2）急救措施

皮肤接触　脱去被污染的衣着，用肥皂水和清水彻底冲洗皮肤。

眼睛接触　提起眼睑，用流动清水或生理盐水冲洗，就医。

吸入　迅速脱离现场至空气新鲜处。保持呼吸道通畅。如呼吸困难，给输氧。如呼吸停止，立即进行人工呼吸。就医。

食入　饮足量温水，催吐，就医。

灭火方法　喷水保持火场容器冷却。尽可能将容器从火场移至空旷处。处在火场中的容器若已变色或从安全泄压装置中产生声音，必须马上撤离。灭火剂：泡沫、干粉、二氧化碳、砂土。用水灭火无效。

（3）防护措施

呼吸系统防护　空气中浓度超标时，应该佩戴自吸过滤式防毒面罩（半面罩）。紧急事态抢救或撤离时，应该佩戴空气呼吸器或氧气呼吸器。

眼睛防护　戴化学安全防护眼镜。

身体防护　穿防毒渗透工作服。

手防护　戴乳胶手套。

其他　工作现场禁止吸烟、进食和饮水。工作完毕，淋浴更衣。保持良好的卫生习惯。

（4）急救措施　泄漏污染区人员迅速撤离至安全区，并进行隔离，严格限制出入。切断火源。建议应急处理人员戴自给正压式呼吸器，穿消防防护服。尽可能切断泄漏源，防止进入下水道、排洪沟等限制性空间。小量泄漏用活性炭或其他惰性材料吸收。也可以用不燃性分散剂制成的乳液刷洗，洗液稀释后放入废水系统。大量泄漏时，构筑围堤或挖坑收容；用泡沫覆盖，降低蒸气灾害。用防爆泵转达移至专用收集器内，回收或运至废物处理场所处置。如有大量甲苯洒在地面上，应立即用砂土、泥块阴断液体的蔓延；如倾倒在水里，应立即筑坝切断受污染水体的流动，或用围栏阻断甲苯的蔓延扩散；如甲苯洒在土壤里，应立即收集被污染土壤，迅速转移到安全地带任其挥发。事故现场加强通风，蒸发残液，排除蒸气。

参 考 文 献

[1] 卢焕章. 石油化工基础数据手册. 北京：化学工业出版社，1982.

[2] 大连理工大学化工原理教研室. 化工原理课程设计. 大连：大连理工大学出版社，1994.

[3] 李淑培. 石油加工工艺学. 北京：中国石化出版社，1991.

[4] 林世雄. 石油炼制工程. 第3版. 北京：石油工业出版社，2000.

[5] 米镇涛. 化学工艺学. 北京：化学工业出版社，2006.